이야기로 듣는
야생화 비교도감

이명호 지음

푸른행복

책머리에

　야생화란 '사람이 돌보지 않는 야생상태에서 저절로 자라서 피는 꽃'을 말한다. 스스로 환경에 적응해서 살아가는 식물이기 때문에 늘 소박하고 강인한 면이 돋보이는 꽃이다. 야생화는 인위적인 조작이나 사치를 거부하는 꽃이다. 바위틈을 좋아하는 야생화는 늘 바위틈에서 자라고 절벽을 좋아하는 야생화는 늘 절벽을 찾아야만 볼 수 있다. 야생화는 자생지의 인위적인 이동을 거부하는 꽃이다. 사람이 제아무리 좋은 흙과 기름진 양분을 제공해도 야생화는 잘 자라지 않는다. 현재 자라고 있는 그 자리가 야생화의 최적조건이기 때문이다. 후손 번식을 위해 야생에서 피는 꽃을 우리 인간들은 미의 목적 또는 경제적 수단으로 삼아서는 안 된다. 야생화는 야생에서 자라야 정말 예쁘고 가치 있는 목적을 실현시킬 수 있다. 야생화와 자연의 수평적인 친구가 바로 사람이었으면 하는 마음 간절하다.

　생물학을 전공하던 대학시절, 지도교수님의 조수로 활동을 시작하면서 줄곧 생태탐사를 따라다녔다. 조사 지역을 정해서 산에 가서 말뚝을 박고 노끈으로 묶어서 방형구를 설치한 다음, 각 방형구마다 출현하는 식물의 특성을 조사하고 밀도, 빈도, 피도를 측정하여 생태분석을 시작했던 때가 1980년이었다. 사진업을 하시는 형님의 어깨너머로 슬금슬금 촬영기술을 배워 탐사 때마다 사진을 찍으면 유독 내 사진이 좋다며 나를 격려해 주신 지도교수님의 말에 힘

입어 주말마다 꽃 사진을 찍게 되었다. 그때부터 지금까지 야생화를 촬영한 내 역사는 36년째이다. 지도교수님의 길을 따라서 대학원도 식물생태학으로 진로를 결정하면서 내 인생 최대의 목표는 '야생화 연구'가 되었고, 산에서 꽃만 만나면 모든 시름을 잊으면서 나만의 세계에 행복하게 도취할 수가 있었다. 자생지에서 예쁜 꽃을 만나는 순간이 다른 어떤 즐거움보다도 컸다.

36년 동안 매주 휴일마다 찍은 야생화 사진이 한국 야생화 4,600종을 기준으로 한다면 대략 4,400여 종이 촬영된 것 같고, 종 단위 이하의 품종, 변종, 아종을 포함한 7,000종을 기준으로 한다면 대략 6,500여 종이 현재까지 촬영된 것 같다. 그동안 여러 권의 식물도감을 만들기는 했지만, 쓸 때마다 아쉬움이 크게 남았다.

이 책은 기존 도감이나 백과사전에 실려 있는 평범한 설명식의 내용뿐 아니라, 식물의 특징을 설명하는 내용 이외에, 비슷한 식물들을 속(屬)단위로 묶어서 비교·관찰하고 특징을 구체적으로 보여주는 사진과 설명을 덧붙임은 물론, 관련 전설과 주변 이야기들을 넣어 지루하지 않도록 구성해 놓았다. 다시 말해서 해당 속명의 대표되는 식물에 대한 개괄적인 설명을 한 후, 그 무리에 속하는 다른 식물의 비교 특징을 알기 쉽도록 흥미롭게 설명해 놓은 책이다.

식물학의 기초를 이해하는 데 도움이 되도록 책의 앞면에는 식물학의 기본지식에 대한 설명을 붙였고, 식물학 용어해설은 책 뒷면에 자세히 달아 놓았다.

이 책으로 말미암아 야생화와 식물공부를 하는 분들이 우리 식물과 한 발짝 더 밀접하게 다가설 수 있기를 바란다.

2016년 이명호

차례

- 10 식물학의 기초
- ㄱ ▶
- 32 개미취
- 40 개불알꽃
- 48 개불알풀
- 56 겨우살이
- 64 광대수염
- 70 괭이눈
- 78 구상난풀
- 86 구슬붕이
- 93 구절초
- 103 기생식물
- 111 꽃마리
- 119 꽃창포
- ㄴ ▶

126 나팔꽃
136 노루귀
ㄷㅁ ▶
146 다래나무
155 단풍나무
167 동강할미꽃
174 동자꽃
181 메꽃
189 물봉선
198 민들레
ㅂ ▶
206 바람꽃
216 바위솔
225 박주가리
234 밤나무

245 복수초
255 부들
262 붓꽃
ㅅ ▶
272 상사화
279 송이풀
287 쑥부쟁이
297 쓴풀
ㅇ ▶
304 앉은부채
312 야생나리
323 양지꽃
333 용담
340 원지
347 원추리

ㅈ ㅊ ▶

356
제비꽃

365
조율이시

372
족도리풀

381
진달래

390
참나물

397
창포

404
철쭉꽃

ㅍ ㅎ ▶

413
피나물

421
할미꽃

431
향유

438
현호색

446
호랑가시나무

456
식물학 용어해설

464
참고문헌

식물학(Botany)의 기초

1. 식물의 특징

식물은 생태계에서 무기물을 재료로 사용하여 유기물로 만들어 생물이 살아가는 데 필요한 양분을 스스로 합성하는 생산자적 지위를 갖는다. 식물은 일반적으로 엽록체를 가지고 있으면서 광합성을 하여 양분을 만들고 꽃이나 홀씨로 번식하는 생물의 종류를 말한다. 일생동안 계속 성장할 수 있으며 대체로 활동력이 약한 편이다. 동물에 비해 체제가 비교적 간단하여 신경과 감각이 발달되지 않는다. 세포막 바깥쪽에는 단단한 세포벽이 있다. 세균류나 균류는 엽록체가 없어서 기생생활로 양분을 취한다. 체제가 발달된 순서로 보면, 세균류, 조류, 균류, 선태식물, 양치식물, 꽃식물 등으로 분류한다. 식물체는 크게 영양기관과 생식기관으로 구별할 수 있다. 고등식물인 꽃식물과 양치식물의 영양기관은 지상부로 뻗는 줄기, 광합성을 하는 잎, 양분을 흡수하고 식물체를 지탱하는 뿌리로 구성되어 있다. 생식기관은 꽃과 열매를 말하며, 이를 통해 자손을 번식시킨다.

2. 식물의 분류

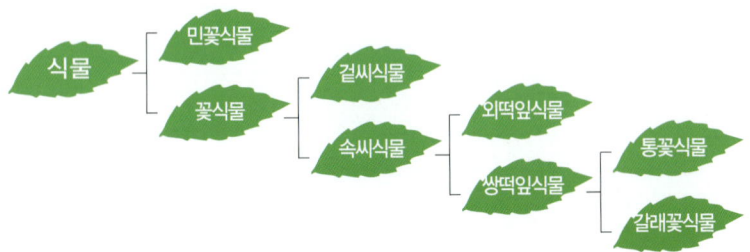

① **꽃식물** : 식물계에서 가장 진화한 식물이다. 꽃이 피고 열매를 맺어서 번식한다. 지구에 사는 대부분의 식물이 꽃식물이며, 이는 다시 겉씨식물과 속씨식물로 나뉜다. 꽃이 진 뒤 열매를 맺고 속에 든 종자로 번식하기 때문에 '종자식물' 이라고도 부른다.

Ex) 복수초, 제비꽃, 철쭉꽃, 진달래, 사과나무 등

▲ 복수초

▲ 제비꽃

▲ 철쭉꽃

② **민꽃식물** : 꽃이 피지 않고 홀씨로 번식하는 식물이다. '포자식물' 또는 '홀씨식물' 이라고도 부른다.

Ex) 우산이끼, 솔이끼, 고비, 고사리 등

▲ 우산이끼

▲ 솔이끼

▲ 고비

③ **겉씨식물** : 씨앗이 될 밑씨가 씨방 안에 들어 있지 않고 겉으로 드러나 있는 식물이다. 꽃잎과 꽃받침이 없으며 풍매화이다. 물관 대신 헛물관을 갖는다. 중복수정을 하지 않고 수정 전에 밑씨가 먼저 생긴다. '나자식물' 이라고도 부른다.
Ex) 소나무, 소철, 잣나무, 은행나무 등

▲ 소나무

▲ 소철

▲ 잣나무

④ **속씨식물** : 열매가 될 씨방 속에 밑씨가 들어 있는 식물이다. 대부분 꽃잎과 꽃받침을 가지고 있으며 충매화 또는 풍매화이다. 물관을 가지며 외떡잎식물과 쌍떡잎식물로 나뉜다. 중복수정을 하여 씨앗을 만든다. '피자식물' 이라고도 부른다.
Ex) 사과나무, 복숭아나무, 감나무, 밤나무 등 대부분의 꽃식물

▲ 사과나무

▲ 복숭아나무

▲ 감나무

⑤ **외떡잎식물** : 싹이 틀 때 떡잎이 1장 나오는 식물이다. 잎은 대개 가늘고 나란히맥으로 되어 있다. 줄기에는 형성층이 없으

며 관다발은 불규칙하게 흩어진다. 뿌리는 수염뿌리로 되어 있다. '단자엽식물' 이라고도 부른다.

Ex) 붓꽃, 광릉요강꽃, 개불알꽃, 참나리, 옥수수 등

▲ 붓꽃

▲ 광릉요강꽃

▲ 개불알꽃

⑥ **쌍떡잎식물** : 싹이 틀 때 떡잎이 2장 나오는 식물이다. 잎은 대개 둥글고 그물맥으로 되어 있다. 줄기에는 형성층이 있어서 부피생장을 한다. 관다발은 규칙적으로 배열된다. 뿌리는 원뿌리와 곁뿌리로 되어 있다. '쌍자엽식물' 이라고도 부른다.

Ex) 물봉선, 벌노랑이, 자귀풀, 강낭콩, 메밀 등

▲ 물봉선

▲ 벌노랑이

▲ 자귀풀

⑦ **통꽃식물** : 쌍떡잎식물 중에서 꽃잎이나 내화피의 일부 또는 전부가 붙어 있는 식물이다.

Ex) 은방울꽃, 나팔꽃, 도라지, 부용, 호박꽃 등

▲ 은방울꽃

▲ 나팔꽃

▲ 도라지

⑧ **갈래꽃식물** : 쌍떡잎식물 중에서 꽃잎이나 내화피가 낱낱이 떨어지는 식물이다.
  Ex) 채송화, 쥐손이풀, 벚꽃, 연꽃 등

▲ 채송화

▲ 쥐손이풀

▲ 벚꽃

3. 식물의 구조

1) 잎
  ① **구조와 역할** : 식물의 영양기관 중 하나이다. 줄기의 끝이나 둘레에 붙어 있으며 광합성작용, 호흡작용 및 증산작용을 한다. 색깔은 대개 녹색이며 모양은 넓적하거나 길쭉하다. 잎몸, 잎자루, 턱잎으로 이루어진다.

- **잎몸** - 잎사귀를 이루는 넓은 부분을 말하는데, '엽신'이라고도 부른다. 잎살과 잎맥으로 이루어진다. 잎의 가장 중요한 부분이다. 잎살은 잎의 표피 안쪽에 있는 녹색의 두꺼운 부분으로 잎에서 잎맥을 제외한 나머지 부분을 말한다. 엽록체를 품은 부드러운 세포로 되어 있다. 잎맥은 잎살 안에 분포되어 있는 관다발과 그것을 둘러싼 부분을 말하는데, 잎살을 튼튼하게 지탱해 주고 물과 양분의 통로가 된다.
- **잎자루** - 잎몸을 줄기나 가지에 붙게 하는 꼭지 부분이다. 잎을 햇빛이 드는 방향으로 향하게 한다.
- **턱잎** - 잎자루 밑에 붙은 한 쌍의 작은잎이다. 눈이나 어린잎을 보호하는 역할을 한다. 흔히 쌍떡잎식물에서 볼 수 있다.

[그림1 - 잎의 구조]

② **잎의 종류** : 갖춘잎과 안갖춘잎 그리고 홑잎과 겹잎으로 구분한다. 겹잎의 종류는 깃꼴홀수잎(아까시나무), 깃꼴짝수잎(활량나물), 2회깃꼴겹잎(자귀나무), 삼출잎(콩), 2회삼출잎(삼지구엽초) 등이 있다.
- **갖춘잎** - 잎몸, 잎자루, 턱잎을 모두 갖추고 있는 잎이다.
   Ex) 해당화, 산사나무, 나팔꽃, 사과나무, 완두콩 등

- **안갖춘잎** - 잎몸, 잎자루, 턱잎 중에서 어느 하나라도 없는 잎이다.
  Ex) 참나리, 말나리, 갈대, 옥수수, 잔디, 벼, 보리 등
- **홑잎** - 하나의 잎자루에 한 장의 잎만 붙어 있는 것이다.
  Ex) 벚나무, 산벚나무, 은행나무, 버드나무 등
- **겹잎** - 하나의 잎자루에 작은 잎이 여러 장 붙어 있는 것이다.
  Ex) 콩, 아까시나무, 칠엽수, 삼지구엽초 등

[그림2 - 잎의 종류]

③ **잎의 모양** : 식물의 종류에 따라서 잎의 모양은 다양하다. 박태기나무처럼 생긴 심장 모양도 있고 연잎꿩의다리처럼 생긴 둥근 모양도 있으며 소나무처럼 생긴 바늘 모양도 있다.

심장 모양(박태기나무)

둥근 모양(연잎꿩의다리)

달걀 모양(개연꽃)

손바닥 모양(고로쇠나무)

바늘 모양(소나무)

타원형(사과나무)

피침형(여뀌)

선형(버드나무)

[그림3 - 여러 가지 잎의 모양]

④ **잎차례** : 잎이 줄기나 가지에 붙어 있는 모양을 말한다. 식물의 종류에 따라서 각각 다르다. 어긋나기(애기나리), 마주나기(동자꽃), 돌려나기(선갈퀴), 뭉쳐나기(은행나무), 뿌리나기(민들레), 한잎나기(천남성) 등으로 다양한 모습이다.

어긋나기(애기나리)

마주나기(동자꽃)

돌려나기(선갈퀴)

뭉쳐나기(은행나무)

뿌리나기(민들레)

한잎나기(천남성)

[그림4 - 여러 가지 잎차례]

식물학의 기초 • 17

⑤ **식물의 광합성** : 지구상의 생물이 빛을 이용하여 화합물의 형태로 에너지를 저장하는 광화학반응으로 지구상의 생물계에서 볼 수 있는 가장 중요한 화학작용의 하나이다. 지구상의 모든 생물은 삶을 유지하기 위해 에너지를 필요로 한다. 에너지의 전환과 저장은 생물의 최소 단위인 세포에서 일어나며 에너지는 화합물의 형태(ATP)로 저장된다. 모든 생물은 광합성으로 생성된 산물을 생체 내 연료로 사용하고 있으며 이것을 공급하는 방법이 엽록체에서 일어나는 광합성(photosynthesis)이다.

※ 식물의 광합성 :

$$6CO_2 + 12H_2O + 688kcal \Longrightarrow C_6H_{12}O_6 + 6O_2 + 6H_2O$$

- 생물의 호흡에 필요한 산소 공급
- 생물의 생활에너지 공급
- 생태계의 평형 유지

2) 꽃

① **구조와 역할** : 식물의 생식기관이며 암술, 수술, 꽃잎, 꽃받침으로 구성된다. 이 4가지의 존재 여부를 기준으로 갖춘꽃과 안갖춘꽃이 분류된다. 암술과 수술은 가루받이를 하여 열매를 맺고 열매 속에서 씨앗이 익어서 땅에 떨어지면 새로운 싹이 돋게 된다.

- **암술** - 꽃의 중심부에 있는 암컷 생식기관이다. 꽃을 구성하는 중요한 부분으로 암술머리, 암술대, 씨방의 3부분으로 되어 있다.
- **수술** - 암술을 에워싸고 있는 수컷 생식기관이다. 수술대와

꽃밥의 2부분으로 되어 있다.
- **꽃잎** - 꽃을 이루고 있는 낱낱의 조각 잎이다. 아름다운 모양과 색깔, 향기를 풍기면서 벌과 나비를 유혹하는 수단이 된다.
- **꽃받침** - 꽃의 가장 바깥쪽에서 꽃잎을 받치고 있는 꽃의 보호기관이다. 흔히 녹색이나 갈색이지만, 더러는 꽃잎처럼 화려한 것도 있다.
- **갖춘꽃** - 한 꽃 속에 암술, 수술, 꽃잎, 꽃받침을 모두 갖추고 있는 꽃이다.

  Ex) 참나리, 살구꽃, 벚꽃, 복숭아꽃 등
- **안갖춘꽃** - 한 꽃 속에 암술, 수술, 꽃잎, 꽃받침 중 어느 하나라도 갖추지 못한 꽃이다.

  Ex) 튤립, 보리, 벼, 호박 등

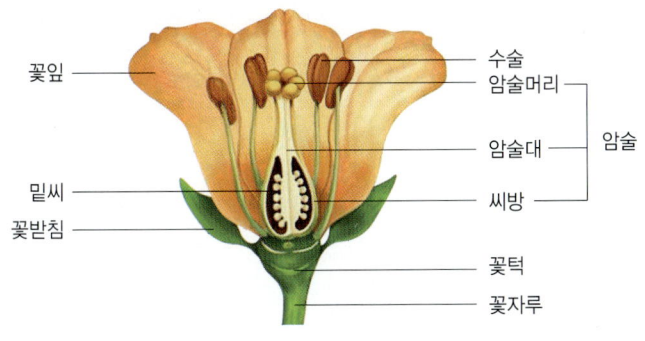

[그림5 - 꽃의 구조]

② **꽃의 종류** : 식물의 종류에 따라서 아주 다양하다. 한 꽃 속에 암술과 수술의 존재 여부에 따라 양성화와 단성화 그리고 중성화로 나눌 수 있다. 단성화로 꽃이 피는 식물은 다시 암수한그루와 암수딴그루로 크게 나누어진다. 꽃잎이 붙는 횟수에 따라 홑꽃과 겹꽃으로 나누고 꽃잎이 갈라진 모양에 따라 통

꽃과 갈래꽃으로 나눌 수 있다.

- **양성화** - 한 꽃 속에 암술과 수술을 모두 가지고 있는 꽃이다.
  Ex) 진달래, 철쭉꽃, 복숭아, 사과 등
- **단성화** - 한 꽃 속에 암술이나 수술 중 어느 하나만 가지고 있는 꽃이다.
  Ex) 소나무, 호박, 수박, 오이 등
- **중성화** - 암술과 수술이 모두 퇴화하여 없는 꽃이며 '무성화' 라고도 부른다.
  Ex) 불두화, 수국, 메꽃, 애기메꽃 등

▲ 진달래(양성화)

▲ 소나무(단성화)

▲ 불두화(중성화)

- **암수한그루** - 암꽃과 수꽃이 한 그루에 피는 단성화이다.
  Ex) 밤나무, 소나무, 신갈나무, 갈참나무 등
- **암수딴그루** - 암꽃과 수꽃이 각각 다른 나무에 피는 단성화이다.
  Ex) 생강나무, 다래나무, 은행나무, 소철 등
- **홑꽃** - 1겹의 꽃잎으로 이루어진 꽃이다.
  Ex) 병아리꽃나무, 사과나무, 딸기, 황매화 등
- **겹꽃** - 2겹 이상의 꽃잎으로 이루어진 꽃이다.
  Ex) 장미, 쭉단화, 불두화, 국화 등
- **통꽃** - 꽃잎의 밑부분이 서로 붙어 있는 꽃이다.
  Ex) 용담, 메꽃, 나팔꽃, 진달래 등

- **갈래꽃** - 꽃잎이 1장씩 따로따로 떨어져 있는 꽃이다.
  Ex) 함박꽃나무, 뱀딸기, 양지꽃, 목련 등

▲ 밤나무(암수한그루)

▲ 생강나무(암수딴그루)

▲ 병아리꽃나무(홑꽃)

▲ 장미(겹꽃)

▲ 죽단화(겹꽃)

▲ 용담(통꽃)

▲ 메꽃(통꽃)

▲ 함박꽃나무(갈래꽃)

▲ 뱀딸기(갈래꽃)

③ **꽃차례** : 꽃이 줄기나 가지에 붙는 모양도 다양하다. 대부분의 식물은 1개의 꽃대에 여러 송이의 꽃이 함께 달리는데, 이들은 각기 일정한 순서와 모양을 가지고 있다. 꽃이 피는 순서와 모양은 식물의 종류에 따라 다르다.

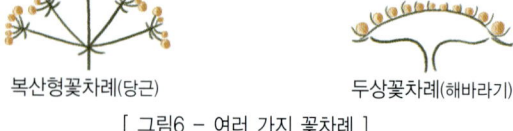

[그림6 - 여러 가지 꽃차례]

④ **열매** : 식물이 수정된 후 씨방이나 꽃턱, 꽃받침이 변해서 된 것이다. 열매에는 양분이 있어서 동물들의 중요한 먹이가 된다. 대개는 이 속에 씨앗이 들어 있다. 씨앗은 대부분 싹을 틔우고 자라서 같은 종의 식물을 번식시키는 중요한 일을 한다.
- **참열매** - 씨방이 자라서 된 열매이다.
  Ex) 호박, 오이, 복숭아, 가지, 수박, 토마토, 포도, 감, 콩, 완두 등
- **헛열매** - 꽃턱, 꽃받침과 같은 씨방 이외의 부분이 자라서 된 열매이다.
  Ex) 사과, 배, 딸기, 석류, 파인애플 등

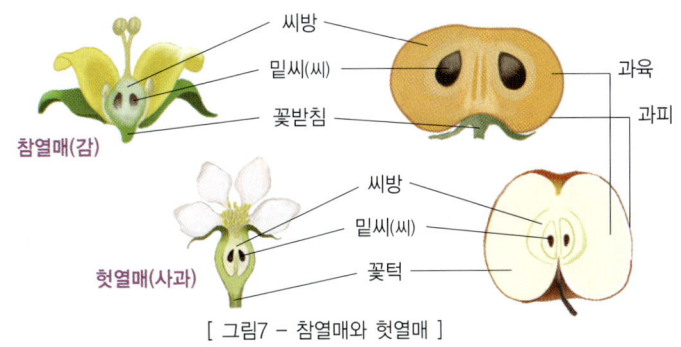

[그림7 – 참열매와 헛열매]

3) 줄기

① **구조와 역할** : 식물의 영양기관 중 하나이다. 식물체를 튼튼하게 지탱시켜 주고 뿌리로부터 흡수한 물과 잎에서 만든 양분을 관다발을 통해서 운반하는 역할을 한다. 줄기는 표피, 관다발, 속으로 이루어져 있다.

- **표피** - 줄기를 둘러싸고 있는 겉껍질에 해당하는 부분이다. 식물체 내부를 보호하며 수분의 증발을 방지한다.
- **관다발** - 겉씨식물과 쌍떡잎식물에 있는 조직의 하나이다. 뿌리, 줄기, 잎 속에 있으며 물의 이동통로인 물관과 양분의 이동통로인 체관으로 이루어져 있다. 물관과 체관 사이에 있는 형성층(부름켜)은 부피생장을 담당한다.
- **속** - 식물 줄기의 중심부에 있는 관다발에 싸인 조직이다. 물렁물렁하고 연한 것이 특징이다.

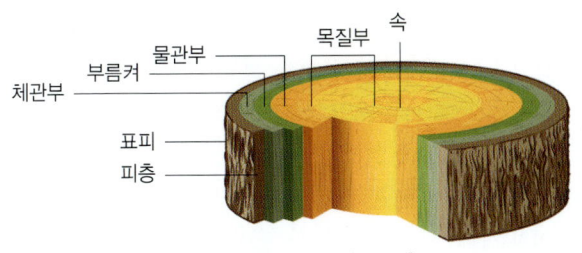

[그림8 – 줄기의 구조]

② **줄기의 종류** : 식물의 종류에 따라서 다양하다. 대부분의 줄기는 위로 뻗으면서 곧게 자라지만, 환경변화에 따라 특이하게 변한 줄기도 있다. 동자꽃의 보통줄기, 나팔꽃의 감는줄기, 고구마의 기는줄기, 감자의 덩이줄기, 포도와 머루의 덩굴손, 탱자나무의 가시, 대나무의 땅속줄기, 선인장의 잎줄기, 참나리의 주아, 천남성의 알줄기, 참나리의 비늘줄기, 칸나의 뿌리줄기 등은 모두 줄기가 변태되어 만들어진 것들이다.

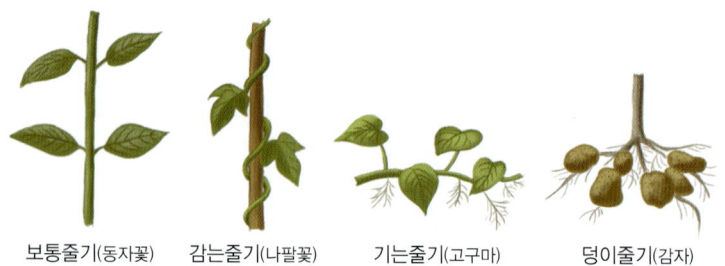

보통줄기(동자꽃)   감는줄기(나팔꽃)   기는줄기(고구마)   덩이줄기(감자)

[그림9 - 줄기의 종류]

4) 뿌리

① **구조와 역할** : 식물의 영양기관 중 하나이다. 식물체의 밑동으로서 보통 땅속에 묻히거나 다른 물체에 박혀 수분과 양분을 빨아올리고 식물체가 쓰러지지 않도록 지탱하는 작용을 한다. 또한 잎에서 만들어진 광합성 양분이 줄기를 통해 운반되어 오면, 그 양분을 저장하기도 한다. 뿌리의 생장은 뿌리 끝에 있는 생장점에서 이루어지는데, 생장점은 뿌리골무라는 죽은 세포로 둘러싸여 보호받고 있다. 뿌리는 표피로 둘러싸여 있는데, 이 표피세포의 일부가 밖으로 길게 자란 것이 뿌리털이다. 뿌리는 뿌리털을 통해서 흙 속의 물과 무기양분을 빨아들인다. 표피 안쪽에는 뿌리에서 빨아들인 물과 무기양분이 올

라가는 통로인 물관과 잎에서 만든 광합성 양분이 내려오는 통로인 체관이 있다.

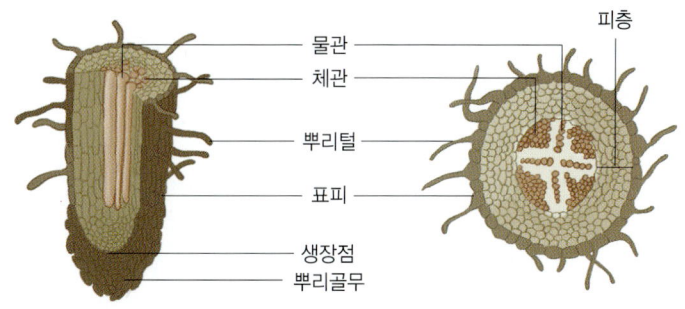

[그림10 - 뿌리의 구조]

② **뿌리의 종류** : 쌍떡잎식물과 외떡잎식물의 뿌리는 각각 다르다.
- **쌍떡잎식물** - 가운데에 굵고 곧은 원뿌리가 있고 그 주위에 많은 곁뿌리가 갈라져 나와 있다.
  Ex) 민들레, 호박, 명아주, 복숭아나무, 무궁화, 살구나무, 밤나무 등
- **외떡잎식물** - 원뿌리와 곁뿌리의 구별이 없이 굵기가 비슷한 여러 개의 수염뿌리가 한 곳에서 많이 뻗어 있다.
  Ex) 벼, 보리, 밀, 옥수수, 강아지풀, 백합, 닭의장풀, 붓꽃 등

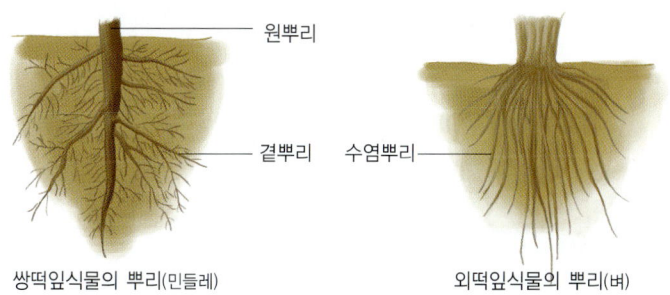

[그림11 - 뿌리의 형태]

4. 식물의 번식

1) 종자 번식(꽃식물)

① **수분과 수정** : 꽃식물은 대부분 종자로 번식을 하기 때문에 '종자식물' 이라고도 부른다. 종자(씨)를 맺기 위해서는 수분과 수정이 이루어져야만 한다. 수술에서 만들어진 꽃가루가 암술머리에 묻는 과정을 가루받이(수분)라 하고 두 생식세포가 하나로 합쳐지는 과정을 수정이라고 한다. 암술이 같은 그루 안의 꽃으로부터 꽃가루를 받는 일을 자가수분이라고 하고 다른 그루의 꽃으로부터 꽃가루를 받는 일을 타가수분이라고 한다. 어느 경우이든 식물은 스스로 움직일 수 없기 때문에 누군가의 도움을 받아야만 가루받이를 할 수 있다. 꽃가루를 암술머리로 옮겨주는 매개체를 중심으로 꽃식물은 풍매화, 충매화, 조매화, 수매화로 각각 나눌 수 있다. 수분이 이루어지면 꽃가루에서 자란 가늘고 긴 꽃가루관이 씨방 속의 밑씨에 이르고 꽃가루관 속의 정핵이 밑씨 속으로 들어가서 수정이 된다. 수정이 끝난 밑씨는 자라서 씨(종자)가 되고 씨방은 자라서 열매가 된다.

- **풍매화** : 꽃가루가 바람에 날려서 수분이 이루어지는 꽃이다. 빛깔은 화려하지 않고 대개 꽃잎과 꽃받침이 없다. 대부분의 겉씨식물과 외떡잎식물이다.

    Ex) 은행나무, 소나무, 벼, 옥수수 등

- **충매화** : 곤충에 의하여 꽃가루가 운반되어 수분이 되는 꽃이다. 대개 꽃잎이 화려하고 꿀이 많으며 특이한 향기를 내기도 한다. 대개 벌이나 나비 같은 곤충의 도움을 받으며 흔히 쌍떡잎식물에서 볼 수 있다.

    Ex) 살구꽃, 복숭아꽃, 무궁화, 호박꽃 등

- **조매화** : 새가 꽃가루를 옮겨주는 꽃이다. 열대지방의 식물은

조매화가 많지만, 온대지방에서는 그리 흔하지 않다. 우리나라에서는 동박새가 동백나무의 수분에 관계하는 정도이다.

Ex) 동백꽃, 바나나, 파인애플, 선인장 등

- **수매화** : 물에 의해 꽃가루가 암술머리로 운반되어 수분이 되는 꽃이다.

  Ex) 검정말, 나사말, 붕어마름, 물수세미 등

▲ 은행나무(풍매화)

▲ 살구꽃(충매화)

▲ 동백꽃(조매화)

▲ 검정말(수매화)

② **씨앗을 퍼뜨리는 방법** : 대부분의 식물은 스스로 멀리 움직일 수가 없기 때문에 여러 가지 다양한 방법으로 씨앗을 멀리까지 퍼뜨리고 있다. 소나무와 단풍나무의 씨앗은 날개가 있고 민들레의 씨앗은 갓털이 있어서 바람을 타고 멀리까지 날아간다. 진득찰은 겉면에 끈적끈적한 털이 있고 도깨비바늘이나 가막사리 등의 씨앗은 갈고리 모양의 가시가 있기 때문에 동물들의 몸에 붙어서 이동한다. 수박, 참외, 딸기, 포도처럼 맛이 있는 열매는 동물에게 먹혔다가 소화되지 않은 상태로 배설물과 함께 나옴으로써 멀리 퍼져 나간다. 봉선화나 괭이밥 및 대부분의 콩과식물은 익으면 꼬투리가 힘차게 터지면서 씨앗이 퍼지고 마름이나 야자나무의 열매에는 공기주머니 같은 것이 있어서 물에 떠서 이동하여 멀리까지 퍼진다.

2) 포자 번식(민꽃식물)

꽃이 피지 않는 민꽃식물은 홀씨(포자)를 만들어서 번식한다. 고사리나 고비와 같은 양치식물은 잎 뒷면에 홀씨주머니(포자낭)가 있는데, 이곳에서 만든 홀씨가 땅에 떨어져서 싹이 돋는다. 이끼나 버섯과 같은 민꽃식물도 같은 방법으로 홀씨를 만들어서 번식을 하는데, 이를 포자 번식이라고 한다. 홀씨는 현미경으로 보아야만 겨우 관찰이 될 정도로 매우 작은 알갱이인데, 홀씨주머니가 터져서 공기 중으로 나와 바람을 타고 떠돌다가 적당한 장소에 떨어지면 싹이 돋는 방법으로 번식을 한다.

3) 그 밖의 번식방법

꽃식물은 주로 씨앗으로 번식을 하지만 때로는 잎이나 줄기, 뿌리 등의 영양기관을 통해 번식(생식)을 하는 경우도 있는데, 이를 영양생식이라고 한다. 영양생식은 암술이나 수술과 같은 성구별이 없이 일어나기 때문에 무성생식에 해당된다. 잎이나 줄기, 뿌리에 의한 다양한 번식방법이 있다. 빠른 시간에 많은 개체를 번식시키거나, 우수한 형질을 그대로 물려받게 하는 데에 주로 이용되는 방법이다.

① **꺾꽂이** - 식물의 줄기나 가지, 뿌리를 잘라서 흙 속에 꽂으면 뿌리가 내려서 번식이 된다. '삽목' 이라고도 부른다.
   Ex) 고구마, 장미, 개나리, 포도, 국화 등
② **잎꽂이** - 잎을 잘라서 흙 속에 꽂으면 뿌리가 내린다.
   Ex) 산세베리아, 베고니아, 제라늄 등
③ **접붙이기** - 접가지를 나무의 부름켜에 붙여 번식시키는 방법이다. '접목' 이라고도 부른다.
   Ex) 감나무, 사과나무, 귤나무 등
④ **휘묻이** - 가지를 휘어서 흙 속에 묻으면 뿌리가 내린다. '취목' 이라고도 부른다.

Ex) 미선나무, 개나리, 뽕나무 등
⑤ **포기나누기** - 많이 퍼진 포기를 나누어서 심는다. '분주'라고도 부른다.
Ex) 붓꽃, 부추, 난초 등
⑥ **알뿌리나누기** - 많이 달린 알뿌리를 나누어서 심는다.
Ex) 수선화, 다알리아, 칸나, 백합 등

▲ 고구마(꺾꽂이)

▲ 산세베리아(잎꽂이)

▲ 감나무(접붙이기)

▲ 미선나무(휘묻이)

▲ 붓꽃(포기나누기)

▲ 수선화(알뿌리나누기)

[개미취]

국화과(科)

개미떼처럼 바글바글, 예쁜 사랑을 나누는 **개미취**

▲ 개미떼처럼 모여 피는 개미취

들국화의 한 종류

가을에 피는 들국화의 무리에서 빼놓을 수 없는 것이 바로 개미취 종류이다. 모습이 제법 소담스러우며 은근한 향기를 풍기는 우리 야생화의 모습을 그대로 담고 있는 꽃들이기 때문이다. 쑥부쟁이, 구절초와 더불어서 개미취 종류들도 가을산과 들판을 화려하게 수놓는 들국화의 한 종류로 대접을 받을만한 꽃들이다. 밑에서부터 곧게 올라온 줄기의 윗부분에서 많은 가지가 갈라지

❶ 개미취_ 꽃 ❷ 개미취_ 위로 곧게 올라간 모습

면서 꽃이 바글바글, 개미떼들이 넓게 모여 사랑을 나누는 모습처럼 꽃을 피운다.

다른 들국화 종류와의 비교

기본종인 개미취는 옆으로 퍼지지 않고 위로 곧게 자라 올라가서 줄기 끝에서 꽃이 산방상으로 달리는 것이 특징이다. 그래도 벌개미취나 좀개미취의 경우는 키가 작으며 몸체가 꽤 안정감 있게 생긴 반면, 개미취의 경우 큰 것은 키가 약 2~3m 정도 되는 것도 있어서, 꽃이 피면 무거워서 제 몸무게를 못 이겨 쓰러지는 경우도 종종 볼 수 있다. 개미취류의 잎 모습은 쑥부쟁이류와 대개 비슷하지만, 키가 훨씬 크고 꽃 색이 짙은 것이 특징이다. 개미취 종류들은 모두 물기가 많은 산이나 들판에서 자라는 여러해살이풀이다. 여름의 끝자락에서부터 늦은 가을까지 꽃이 피며 연한 자주색 또는 분홍빛을 띤 자주색으로 온 산천을 수놓는다.

개미취의 특징

전국의 산지 숲 속에서 자라는 여러해살이풀이다. 높이는 보통 1.5~2.5m 정도이다. 줄기는 곧게 서며 뿌리줄기가 짧고 위쪽에서 가지가 갈라지며 온몸에 까칠까칠한 짧은 털이 있다. 뿌리에 달린 잎은 꽃이 필 무렵 없어지는데, 길이 60cm, 폭 12cm로 뭉쳐난다. 긴 타원형이며 밑부분이 점점 좁아져서 잎자루의 날개가 되고 가장자리에 물결 모양의 톱니가 있다. 줄기에 달린 잎은 좁고 어긋나며 길이 20~30cm, 폭 6~10cm로 끝이 뾰족하고 가장자리에 날카로운 톱니가 있다. 잎자루는 길이 9~20cm이고 위로 올라갈수록 작아진다.

개미취의 꽃과 열매

꽃은 7~10월에 분홍빛을 띤 자주색으로 핀다. 원줄기 끝과 가지 끝에 달린 지름 2~3cm의 많은 두상화가 모여 산방꽃차례를 이룬다. 꽃자루는 길이 1.5~5cm이며 짧은 털이 빽빽하게 난다. 총포는 반구형으로 길이 7mm, 폭 13~15mm이고, 포는 끝이 뾰족한 피침형으로 짧은 털이 난다. 설상화는 붉은 자주색이고 관상화는 노란색이다. 관모는 흰색이며 길이 6mm 정도이다. 장소에 따라 꽃의 빛깔이 진하기도 하고 연하기도 하다. 열매는 수과(瘦果)로 10~11월에 익으며 표면에 길이 3mm 정도의 털이 있다.

개미취 무리들의 비교 특징

종류를 열거해 보면, 기본종인 개미취(*Aster tataricus* L. f.)를 비롯해서 벌개미취(*Aster koraiensis* Nakai), 좀개미취(*Aster maakii* Regel), 갯개미취(*Aster tripolium* Linnaeus) 정도를 들 수가 있다. 개미취는 일명 '자원'이라고도 불리며 땅속줄기는 짧고 땅위줄기에는 짧은 강모가 드문드문 나 있어서 거친 느낌이 든다. 작은 꽃들이 줄기 끝에서 개미떼처럼 많이 피고 잎을 취나물처럼 먹을 수 있다고 하여 '개미취'라는 이름이 붙었다. 한국특산식물인 벌개미취는 전국의 산과 들에서 자란다고 도감에는 쓰여 있으나, 실제 그곳에서 자생하는 모습은 찾을 수가 없다. 식물체의 크기

비교 개미취, 갯개미취, 벌개미취, 좀개미취

▲ 개미취_ 잎

▲ 개미취_ 꽃

▲ 갯개미취_ 잎

▲ 갯개미취_ 꽃

▲ 벌개미취_ 잎

▲ 벌개미취_ 꽃

▲ 좀개미취_ 잎

▲ 좀개미취_ 꽃

도 적당하고 꽃도 예쁘면서 아무 곳에서나 잘 자라는 특성 때문에 전국 일대에 폭넓게 분포하고는 있으나, 현장을 잘 관찰해 보면 모두 사람이 인위적으로 심어놓은 곳에서만 발견이 된다. 심어놓은 곳에서만 자란다면 분명히 야생화는 아닌데, 참으로 이상한 일이다. 따라서 이 식물이 한국에만 분포하는 특산식물이라는 점을 감안하여 여러 해 동안 유심히 관찰해 본 결과, 백두산 일대의 산기슭 및 저지대 평원에서 군락을 이루어 대규모로 자생하는 모습을 관찰할 수가 있었다. 벌개미취는 비교적 물기가 많은 곳에서 잘 자라는 여러해살이풀이고 키도 70~130cm 정도이기 때문에 사람이 서서 관찰하기에 아주 좋은 꽃이다. 몸체에 비해 꽃도 크면서 활기가 있어 보이고 개화기가 오래 지속되는 꽃이라서 더욱 좋다. 아무 곳에서나 잘 자라는 식물이기 때문에 코스모스처럼 도로변에 심어도 좋은 식물이다. 좀개미취는 오대산 이북의 산골짝의 냇가 근처에서 자라는 여러해살이풀이다. 키는 작고 가지가 많이 갈라져서 옆으로 넓게 퍼져 자라면서 많은 꽃을 피우는 것이 특징이다. 갯개미취는 바닷가 습지에서 자라는 두해살이풀이다. 키는 30~100cm이고 몸 전체에 털이 없다. 꽃은 붉은빛을 띤 자주색으로 피는데, 개미취 종류들 중에서 유일하게 바닷가 근처에서 볼 수 있는 꽃이다. 이 꽃이 필 때쯤 해변의 습지에서는 나문재와 칠면초가 곱게 단풍이 들어 온 바다를 빨갛게 수놓는 모습을 볼 수 있다.

자생지의 보존

야생식물이 식용과 약용으로 아무리 효용가치가 높다고 해도 야생에서 함부로 채취하거나 남획을 해서는 안 된다. 현장에서 식물을 뽑아 옮기기보다는 씨를 받아 번식시켜 잘 기르면서 적절히 활용해 줘야만 한다. 식물이 현재 야생상태로 자라고 있는 그 자리를 '자생지(自生地)'라고 하는데, 자생지는 식물이 살아가기에

▲ 개미취_ 무리

좋은 모든 조건을 갖춘 곳이다. 기후나 토양, 강수량, 일교차, 습도 등 모든 조건이 맞아야 식물은 제대로 자랄 수 있는데, 자생지는 이 조건을 모두 만족시키는 곳이다. 사람이 노력을 들여서 식물을 기르는 장소를 '재배지(栽培地)'라고 하는데, 재배지는 자생지의 모든 조건을 충족시킬 수가 없다. 아무리 좋은 조건을 인위적으로 만들어도 절대 자생지를 따라갈 수가 없다. 고산지대의 축축한 바위 곁에 붙어 자라는 솜다리나 난장이바위솔 같은 식물은 늘 공기 중의 습도가 높아야 되고 밤과 낮의 기온차가 커야만 자랄 수 있는 식물이다. 고산지대와 같은 높은 습도와 일교차를 사람이 만든다는 건 절대 불가능한 일이다. 외국에서 판매용으로 도입된 식물이거나 야생식물의 형질을 개량시켜 기를 수 있도록 만들어 놓은 식물을 원예식물이라고 하는데, 재배지에서 이 원예식물을 길러야 죽이지 않고 잘 번식시킬 수 있다. 귀한 야생식물은 노력을 다해 길러도 처음에는 좀 사는 것 같지만, 몇 년 지나면 죽을 수밖에 없는 것들이 대부분이다. 야생식물은 자생지에서 제멋대로 자라야 하고 원예식물은 사람이 노력을 들여서 예쁘게 길러줘야만 된다. 아무리 중요한 목적이 있어도 식물의 자생지는 파괴되지 않도록 우리 모두가 힘을 합쳐 노력해야 되겠다.

용도 및 번식법

꽃이 아름다워 관상용으로 많이 기른다. 도로변을 장식하거나 공원에 심어 길러도 좋다. 어린순을 나물로 먹고 뿌리와 성숙한 개체는 약으로 쓰인다. 가을 또는 이른 봄에 채취하여 햇볕에 말리고 사용하기에 앞서서 잘게 썬다. 또는 썰어 놓은 것에 꿀을 넣어 약한 불에 볶아서 말린 것을 사용하기도 한다. 주로 기침

▲ 벌개미취에 앉은 거꾸로여덟팔나비

을 완화하고 진해거담제로 쓴다. 또 이뇨제, 항종양제, 항생제, 항바이러스제 및 항궤양제의 성분을 가지고 있는 것으로 알려져 있다. 한방과 민간에서는 뿌리와 풀 전체를 토혈, 천식, 폐결핵성 기침, 만성기관지염, 이뇨 등에 처방하기도 한다. 약으로 쓸 때는 탕으로 하거나 환제 또는 산제로 하여 사용한다. 취나물의 하나로서 흔히 채식되고 있으나 쓴맛이 강하므로 데쳐서 여러 날 흐르는 물에 우려낸 다음 말려 오랫동안 갈무리해 두었다가 조리한다. 오래도록 갈무리해 두는 것은 쓴맛을 없애기 위한 방법이다. 번식은 10~11월에 받은 종자를 바로 뿌리거나 냉장고에 보관했다가 이듬해 봄에 뿌린다. 땅속의 뿌리줄기를 봄철에 갈라 심어도 된다.

[흰개불알꽃]

빼어난 미모의 멸종위기 야생화

개불알꽃

난초과(科)

▲ 개불알꽃_ 지상부

🌱 가장 자연스러운 이름

야생식물의 이름 속에는 어느 정도 그 식물의 특징이 담겨 있기 때문에 생김새와 특징을 잘 관찰하면 저절로 이름을 기억할 수가 있다. 개불알꽃은 이름 그대로 누가 봐도 개불알꽃이다. 구태여 그 특징에 대한 설명이 필요 없이도 말이다. 식물의 특징을 제대로 살린 좋은 이름을 부르기 민망스럽다고 하여 일부 사람들이 인위적으로 다른 이름을 갖다 붙인 것이 있는데, 그게 바로 '복주

❶ 개불알꽃_ 새싹 ❷ 개불알꽃_ 잎 ❸ 흰개불알꽃_ 무리 ❹ 개불알꽃_ 무리

머니꽃', '주머니꽃' 또는 '복주머니난'이라는 이름이다.

개불알꽃의 관찰

개불알꽃은 둥글고 길게 늘어진 아래쪽 순판의 모습이 누가 봐도 개불알꽃인 것이다. 다른 어떤 설명도 필요 없고, 그냥 보기만 해도 개불알꽃의 특징을 가졌음을 금방 알아차릴 수 있다. 식물의 이름이 민망하다거나 창피스러움에 관계없이 누가 봐도 쉽게 수긍을 할 수 있는, 이름만 듣고도 식물의 특징을 머릿속으로 그려볼 수 있는 자연스러운 이름이 가장 좋다. 옛날부터 전통적으로 불리어오던 자연스러운 이름을 굳이 바꿀 필요가 없다.

▲ 개불알꽃_ 얼치기 군락

개불알꽃의 특징

개불알꽃은 우리나라 각처의 산지에서 자라는 여러해살이풀이다. 난초과(科)의 여러해살이풀로 전체에 가는 털이 있고 뿌리줄기는 짧고 크며, 옆으로 뻗으면서 마디에서 수염뿌리가 내린다. 줄기는 곧게 서며 높이 25~40㎝ 정도이다. 잎은 3~5개가 어긋나고 타원형이며, 길이 8~20㎝, 폭 5~8㎝이다. 털이 드문드문 나며 밑쪽은 잎집이 된다. 산의 풀밭에서 자라는데, 줄기 끝에 핀 꽃 모양이 개의 불알처럼 생겼다고 해서 '개불알꽃' 또는 꽃이 주머니같이 생겨서 '복주머니꽃'이라고도 하며, 꽃이 둥글고 가운데에 구멍이 뚫려 있어 '요강꽃'이라고도 부른다. 생육환경은 숲 속의 반그늘이나 양지쪽의 낙엽수 아래에서 자란다.

개불알꽃의 꽃과 열매

5~7월에 길이 4~6㎝의 홍자색 또는 분홍색의 둥근 꽃이 줄기 끝에 1개씩 달린다. 드물게 흰색으로 꽃이 피는 것도 있다. 포엽은 잎과 같은 모양이며 길이 7~10㎝이다. 위쪽의 꽃받침조각은

서로 붙어 있으며 끝이 2개로 갈라진다. 측부의 꽃잎 2개는 난상 피침형으로 끝이 뾰족하며 밑쪽에 약간의 털이 있다. 순판은 길이 3.5~5cm로 큰 주머니 모양이며 안쪽에 긴 털이 산재한다. 열매는 삭과이며 7~8월에 익는다.

개불알꽃 무리들의 비교 특징

기본종인 개불알꽃(Cypripedium macranthum Sw.)은 꽃이 짙은 분홍색으로 피는데, 깊은 산 숲 속에서 자란다. 필름카메라로 사진을 찍던 20~30년 전까지만 해도 산에서 많이 볼 수 있던 꽃이었는데, 이제는 정말 찾기 어려운 식물이 되어버렸다. 백두산 주변에서는 꽃이 가끔 흰색으로 피는 모습을 볼 수 있기도 하다. 꽃이 노란색으로 피는 것을 노랑개불알꽃(Cypripedium calceolus L.)이라고 하고, 본래의 붉은색과 흰색, 노란색이 어우러져서 여러 색깔들로 화려하게 꽃이 피는 얼치기들이 백두산 주변에서는 군락을 이루면서 자라는 모습을 볼 수 있기도 하다. 꽃이 얼룩무늬를 이루고 있고 개불알꽃보다 크기가 훨씬 작은 털개불알꽃(Cypripedium guttatum Swartz var. koreanum Nakai)은 온몸이 많은 털로 덮여있는 것이 특징이다. 2장의 마주나는 잎이 요강처럼 둥글게 배열되어 줄기를 감싸고, 순판이 세로로 깊게 갈라진 광릉요강꽃(Cypripedium japonicum Thunb.)은 광릉 지역에서 처음 발견되어 붙여진 이름이다. 모두 자생지에서 보호받고 자라야 할 소중한 꽃들이다.

멸종위기식물로 지정이 된 꽃

예전에는 전국 어디서든 무더기로 군락을 이루며 자라던 개불알꽃이 이제는 정말 찾아보기 힘들게 되었다. 누가 봐도 예쁘다는 생각을 떨쳐버릴 수 없는 개불알꽃이, 이제는 눈 씻고 찾아야 겨우 한두 송이 확인하면 다행일 정도로 찾기 어렵게 변해버렸다.

개불알꽃, 흰개불알꽃, 광릉요강꽃, 노랑개불알꽃, 털개불알꽃 비교

▲ 개불알꽃_ 꽃

▲ 흰개불알꽃_ 지상부

▲ 광릉요강꽃_ 잎

▲ 광릉요강꽃_ 꽃

▲ 노랑개불알꽃_ 잎

▲ 노랑개불알꽃_ 꽃

▲ 털개불알꽃_ 잎

▲ 털개불알꽃_ 꽃

개불알꽃 • 45

과연 누구의 탓일까? 옮기면 100% 죽을 수밖에 없는 이 꽃이 예쁘게 생겼다는 이유 때문에 인간의 손에 의해서 자꾸 옮겨지고 죽기를 반복하다가 드디어 2012년에는 멸종위기식물로 지정되고 말았다. 벌과 나비를 유혹해서 후손을 번식시킬 목적으로 피는 예쁜 꽃 때문에 종족마저 사라질 위기에 처하게 된 것이 몹시 안타깝기만 하다.

🌿 개불알꽃의 자생지

우리나라에는 붉은색으로 피는 한 종류밖에 없지만, 백두산 근처의 산지에서는 여러 가지 다양한 색으로 피는 개불알꽃 종류를 확인할 수가 있다. 붉은색, 노란색, 흰색을 기본으로 하지만, 이들 색깔이 적절히 조화되어 여러 가지 다양한 모습으로 6~7월의 산지와 들판을 화려하게 수놓고 있다. 도감상의 이름으로는 개불알꽃, 흰개불알꽃, 노랑개불알꽃, 털개불알꽃 그리고 이와 특징이 가장 비슷하게 생긴 광릉요강꽃, 이 모든 것들은 야생의 난초과(科) 식물이면서도 가장 귀한 멸종위기식물에 속한다. 누가 봐도 탐을 낼 정도로 미모도 빼어난 꽃이다.

❖ 개불알꽃의 전설

여름철 줄기 끝에 늘어져 피는 꽃이 흡사 개의 불알과 비슷하다고 하여 개불알꽃이라는 이름이 붙었다고도 하며 개가 주인을 구한 일화가 전해지기도 한다. 고장의라는 목수가 일을 끝내고 개와 함께 어둠을 헤치며 집으로 가는데, 갑자기 개가 바짓가랑이를 물어 당기면서 놓지 않았다. 고장의는 하는 수없이 쉬어가기로 하고 앉아서 담뱃불을 붙이기 위하여 부싯돌을 치는데, 그만 부싯돌의 불씨가 멀리 날아갔다. 불씨가 떨어진 곳을 보니 앞이 까마득한 벼랑이었고 그곳에는 이름 모를 예쁜 꽃이 피어 있었다. 개가 주인의 목숨을 구한 것이다. 그래서 훗날 그 꽃을 '개불알꽃'이라 불렀다고 한다. 개불알꽃은 '개불란·복주머니꽃·복주머니란·까치오줌통'이라고도 불린다.

야생식물의 보호

야생식물은 야생에서 자랄 때 가장 강하고 인간의 손에 의해 길러질 때는 가장 약한 법이다. 원예식물은 인간의 손에 의해 길러지는 식물이므로 온갖 사랑과 정성을 받으면서 곱게 길러져야 한다. 그리고 예쁘고 귀한 야생식물은 야생에서 강하게 자랄 수 있게 사람들은 헛된 욕심을 버리고 지구상의 유일한 생산자인 식물이 스스로 경쟁을 하고 환경의 도움을 받으며 맘껏 자랄 수 있도록 해야 한다. 식물과 동물이 어우러져 사는 바람직한 생태 공간을 사람들이 침해하지 않는다면 바로 이것이 지상낙원이 아닐까?

용도 및 번식법

꽃이 아름다워 주로 관상용으로 이용되며 한방에서는 오공칠(蜈蚣七)이라 하여 뿌리를 포함한 전초를 가을에 캐어 깨끗이 씻어 햇볕에 말린 후 이뇨(利尿), 거어(祛瘀), 소종(消腫), 류머티즘 동통(疼痛), 타박상 등의 질환에 약용으로 쓰며 꽃은 그늘에 말려 갈아서 분말로 지혈에 사용

▲ 개불알꽃_ 얼치기 꽃

한다. 뿌리는 부기를 빼주고 백대하에 효과가 있다. 7~8월에 결실되는 종자로 번식하지만 종자 발아율이 낮기 때문에 포기나누기로 번식을 시킨다. 최근에는 씨를 조직 배양하여 대량으로 번식시키기도 한다.

[눈개불알풀]

현삼과(科)

가장 자연스러운 이름을 가진 야생화 개불알풀

▲ 개불알풀_ 지상부

🌱 자생식물과 귀화식물

개불알풀은 우리 자생식물이지만 유럽에서 귀화된 종이라는 설도 있다. 큰개불알풀, 선개불알풀, 눈개불알풀은 유럽 및 아프리카, 아시아에서 건너온 귀화식물이다. 대개의 식물이 그러하듯 개불알풀 종류들도 자생식물은 귀하지만 귀화식물은 꽃피는 시기가 길고 번식력이 왕성한 탓에 전국 각지에 널리 퍼져 자라는 것을 볼 수 있다. 본래부터 우리 땅에서 자라기 시작하여 현재까

❶ 개불알풀_ 잎 ❷ 개불알풀_ 꽃

지 그대로 자라고 있는 식물을 자생식물이라 하고 외국에서 처음 자라던 식물이 우리 땅으로 건너와서 스스로 적응하여 현재 자라고 있는 식물을 귀화식물이라 부른다. 사람의 도움을 받지 않고 야생에서 스스로 자라면서 꽃을 피우는 식물을 야생식물이라 하는데, 자생식물과 귀화식물은 모두 야생식물에 포함된다. 크기가 아주 작으면서 흔하게 자라기 때문에 사람들의 시선을 벗어나 있는 것처럼 보이는 이 식물들도 잘 관찰하면 예쁘고 소중한 식물임을 알 수가 있다.

개불알풀의 특징

개불알풀은 길가의 풀밭이나 들판에서 자라는 두해살이풀이다. 높이는 5~20cm이고 부드러운 짧은 털이 있으며 밑에서부터 가지가 갈라져 옆으로 자라거나 비스듬히 선다. 잎은 밑쪽에서는 마주나고 위쪽에서는 어긋나며 난상 원형이고 톱니가 있다. 줄기 아래쪽의 잎은 짧은 잎자루가 있으나 위쪽의 것은 잎자루가 없다. '봄까지꽃' 또는 '시금초'라고도 불린다. 여름철 꽃이 진 뒤 맺히는 열매가 두 쪽씩 짝을 이루면서 달리는데, 그 모양이 개의 불알과 같다고 하여 '개불알풀'이라 부르게 되었다. 남부 해안과 일부 섬 지방의 양지쪽에서는 한겨울에도 꽃이 피는 것을 볼 수 있다. 생육환경은 햇빛이 잘 드는 곳이면 어디서든지 잘 자란다.

개불알풀의 꽃과 열매

5~6월 연한 자주색 꽃이 잎겨드랑이에 1개씩 달린다. 가는 꽃대는 잎과 거의 같은 길이이고 화관은 지름이 3~4㎜이며 통 부분이 짧다. 수술은 2개이고 암술대는 길이 1㎜ 정도이다. 꽃받침은 4개로 깊게 갈라지고 꽃받침조각은 난형으로 끝이 둔하며 빛깔은 녹색이다. 열매는 콩팥 모양의 삭과이며 중앙부에 세로로 깊은 홈이 있으며 양단이 둥글다. 전면에 부드러운 털이 나며 8~9월에 익는다. 종자는 1.2㎜의 난형이며 희미한 주름이 있다.

두해살이풀의 유용한 생존방식

개불알풀 종류들은 다른 어떤 꽃보다도 봄소식을 빨리 전하는 꽃인데, 이는 바로 두해살이풀이라는 생태적인 이유에서 비롯된다고 할 수 있다. 일반적으로 두해살이풀들은 다른 봄꽃들이 자라기 전에 꽃을 피우고 열매를 맺는 식물들이 많다. 지난해 가을에 이미 뿌리를 내리고 싹을 틔우고 있다가 기온이 갑자기 올라가면 시도 때도 없이 꽃을 피워대는 편이다. 이미 지난해 싹을 내고 있었으니 꽃을 피우고 열매를 맺는 일은 다른 봄꽃보다 빠른 것이 당연할 것이다. 이런 전략은 개불알풀을 비롯한 두해살이풀이 살아가는 아주 유용한 생존방식이 된다. 빠르면 1~2월에도 양지쪽에서 피는 꽃을 볼 수 있지만, 대부분은 5~6월에 꽃이 피는 편이다.

개불알풀 무리들의 비교 특징

개불알풀이라는 이름이 붙은 꽃도 여러 종류가 있다. 꽃은 연한 자주색이며 크기가 아주 작은 것이 개불알풀[*Veronica didyma*

비교 개불알풀, 눈개불알풀, 선개불알풀, 큰개불알풀

▲ 개불알풀_ 꽃

▲ 개불알풀_ 열매

▲ 눈개불알풀_ 꽃

▲ 눈개불알풀_ 열매

▲ 선개불알풀_ 꽃

▲ 선개불알풀_ 열매

▲ 큰개불알풀_ 꽃

▲ 큰개불알풀_ 열매

Tenore var. *lilacina* (Hara) Yamazaki]이다. 개불알풀은 꽃의 지름이 대략 3~4㎜ 정도이며, 큰개불알풀의 꽃에 비해 크기가 1/3 이하로 작다. 전국 어디서나 흔하게 자라는 큰개불알풀에 비해, 개불알풀은 개체수도 적은 편이어서 눈에 잘 보이지 않는다. 큰개불알풀(*Veronica persica* Poir.)은 꽃의 지름이 대략 8~10㎜ 정도인데, '큰'자가 접두사로 붙었음에도 불구하고 그리 크지는 않은 편이다. 이외에도 귀화식물이면서 꽃이 작고 똑바로 서서 자라는 선개불알풀(*Veronica arvensis* L.), 털이 굉장히 많고 줄기가 옆으로 뻗으면서 길게 자라는 눈개불알풀(*Veronica hederaefolia* L.)도 있다. 눈개불알풀은 줄기가 처음부터 옆으로 기면서 길게 자라기 때문에 다른 종류들과 쉽게 구분이 된다. 최근에 귀화한 선개불알풀과 큰개불알풀이 개불알풀의 서식처를 점유하기 때문에 개불알풀의 개체군은 크기가 대폭 축소되었다. 늦게 굴러들어온 돌이 박힌 돌을 빼내는 형국이다. 개불알풀과 큰개불알풀은 선개불알풀과 쉽게 구분되며 줄기 아랫부분에서부터 갈라져서 땅에 누워 기면서 자란다. 반면에 선개불알풀은 분지는 하지만, 모든 줄기가 위로 똑바로 서고 열매도 위로 선다. 개불알풀과 큰개불알풀의 경우는 열매가 아래로 처져 달리는 것이 큰 특징이다.

이름에 대한 논란

개불알풀이라는 이름에 대해 논란이 많은 편이다. 열매의 모습에서 자연스럽게 붙여진 이름을 보고 어떤 사람들은 이름이 재미있다고 하고 어떤 사람들은 망측하다고도 한다. 그래서 최근에는 봄소식을 빨리 전한다는 의미로 '봄까치꽃'이라 고쳐 부르는 사람들도 많아졌다. 그런데 한자로는 땅에 깔린 비단이라 하여 '지금(地錦)'이라 하고 서양에서는 꽃이 새의 눈을 닮았다고 하여 'Bird's eye'라 부르기도 한다.

▲ 큰개불알풀 꽃(좌)과 개불알풀 꽃(우)

🌿 가장 자연스러운 이름

식물의 이름은 그 식물의 특징을 가장 잘 나타내주는 이름으로 자연스럽게 지어 부르는 것이 좋다. 이름만 들어도 그 식물의 특징을 연상할 수 있는 이름이 가장 좋은 이름이다. 옛날부터 전해져 내려오는 구술적인 이름도 무시할 수가 없다. 듣기에 민망스럽다고 인위적으로 고쳐 부르거나 어떤 용도나 인위적인 목적을 개입시켜 불러서는 안 된다. 개불알꽃은 꽃모습이 그렇게 생겼고 개불알풀은 열매의 모습이 누가 봐도 그렇게 생겼다. 그 식물의 특징을 잘 관찰하기만 하면 저절로 식물의 이름이 연상되는 것인데, 이를 복주머니꽃이나 봄까치꽃으로 고쳐 부른다면 도무지 어색하기만 할 뿐이다.

🌿 봄소식을 기쁘게 전해 주는 꽃

이 종류들 중에서는 큰개불알풀이 주변에 가장 많다. 우리 주변에서 흔하게 볼 수 있고 귀화식물이라는 이유로 사람들의 관심이 떨어지긴 했지만, 봄소식을 가장 먼저 전하는 앙증맞은 꽃이 바로 큰개불알풀이다. 그래서 큰개불알풀의 꽃말도 '기쁜 소식'이다. 봄은 기대를 한껏 부풀게 하는 계절이다. 다른 꽃에 비해서 꽃이 크지도 않고 화려하지도 않지만, 기쁜 봄소식을 전하기 위해 겨울의 어려운 시간을 이겨내고 꽃을 피웠으니 얼마나 대견스러울까? 따스해지는 봄날 밖으로 나가 큰개불알풀의 꽃에 눈 맞춤 한 번 해보는 일도 괜찮을 것 같다. 그 날에는 기분 좋은 기쁜 소식이 전해질 지도 모를 일이기 때문이다.

용도 및 번식법

관상용으로 심거나 밀원식물로 많이 쓰인다. 어린순은 나물로 먹으며, 뿌리는 중풍, 요통 등의 약으로 쓰인다. 9월경에 받은 종자를 바로 뿌리거나 종이에 싸서 상온이나 냉장보관 후 이듬해 봄에 일찍 뿌리면 싹이 튼다. 번식력이 좋은 식물이다. 키가 작은 식물이어서 화분에 심어두면 좋다. 실내에서 키우면 11월이나 12월에도 한 번 더 꽃을 피우기 때문에 관상용으로 좋은 식물이다.

▲ 개불알풀_ 꽃과 줄기

[꼬리겨우살이]

겨우살이

겨우살이과(科)

반기생식물로 겨우 살아가는

▲ 겨우살이_ 잎과 열매

🌿 반기생식물

겨우살이는 엽록소가 있어서 광합성을 하지만 필요한 양분을 모두 만들 능력이 없어 양분의 일부를 숙주에 의존하며 생활하는 식물로, 숙주식물에서 유기물과 무기물을 흡수하여 종속 영양적으로 생활하는 식물이다. 이처럼 광합성은 하지만, 일부 부족한 양분을 다른 숙주로부터 얻는 식물을 반기생식물(半寄生植物)이라고 한다. 반면에, 억새에 기생하는 야고처럼 엽록소가 없어 광

❶ 겨우살이_ 잎 ❷ 겨우살이_ 열매

합성을 하지 못하여 스스로 양분 합성을 할 수 없기 때문에 다른 식물이나 동물의 사체에 기생하여 자라는 전기생식물도 있다.

겨우겨우 일생을 살아가는 식물

겨우살이는 반기생생활의 형태로 일생을 살기 때문에 겨우겨우 살아가는 식물이라는 의미도 있고 낙엽이 떨어지고 난 이후 앙상한 가지에서만 이들의 존재를 확인할 수 있다는 점에서 '겨울에 살아있는 식물'이라는 의미로 '겨우살이'라 부르게 된 것이다. 봄부터 가을까지는 잎도 푸르고 꽃도 피지만 넓은 활엽수들의 잎에 가려서 보이지 않기 때문에 이들의 존재를 확인할 수가 없다. 사진을 예쁘게 찍기 위해서는 잎이 다 떨어지고 난 겨울을 기다릴 수밖에 없다. 그래서 겨우살이는 꽃 사진은 볼 수가 없고 열매와 잎을 찍은 사진만 볼 수가 있다.

겨우살이의 숙주

겨우살이는 참나무, 밤나무, 물오리나무, 팽나무, 서어나무 등에 기생하는 상록관목이다. 우리나라에서는 천이과정의 극상림은 주로 신갈나무와 서어나무가 차지하고 있기 때문에 이들이 주로 겨우살이의 숙주(宿主, host)가 되는 것이다. 겨우살이 종류들은 모두 키가 크고 늙은 교목(喬木, arbor)들의 상부 꼭대기에 붙어서 자라기 때문에 아무리 망원렌즈를 써서 당겨도 촬영하기는 무척 힘이 든다.

겨우살이의 특징

겨우살이는 둥지처럼 둥글게 자라 지름이 1m에 달하는 것도 있다. 잎은 마주나고 다육질이며 피침형으로 잎자루가 없다. 가지는 둥글고 황록색으로 털이 없으며 마디 사이가 3~6cm이다. 꽃은 4~6월에 가지 끝에 황색으로 피고 꽃대는 없으며 작은 포는 접시 모양이고 암수딴그루이다. 화피는 종 모양으로 4갈래이며 열매는 둥글고 10월에 연한 노란색으로 익는다. 잎이 떨어진 이후 열매는 관찰이 잘 되나, 잎이 무성한 시기에 피는 꽃은 잎에 가려져 관찰이 어렵다. 아주 높은 나무 꼭대기에 작은 꽃이 피지만, 잎 속에 묻혀 있기 때문에 꽃을 촬영한다는 것은 도저히 불가능한 일이다.

겨우살이 삼형제의 비교 특징

열매가 연한 황색으로 달리는 기본종을 겨우살이[*Viscum album* var. *coloratum* (Kom.) Ohwi]라 하고, 열매가 적색으로 익는 종을 붉은겨우살이[*Viscum album* for. *rubroauranticum* (Makino) Ohwi]라 부른다. 2종류의 특징은 아주 비슷하며 열매의 색깔만 다를 뿐이다. 겨우살이가 많이 달리는 깊은 산중에서 이들을 잘 관찰해 보면, 노란색 열매들의 군락 속에서 대략 10%의 비율로 붉은색 열매가 달리는 것을 볼 수 있다. 같은 나무에서도 열매가 노란색과 빨간색이 함께 달리는 경우도 있다. 열매가 꼬리처럼 주렁주렁 늘어지면서 많이 달리는 것을 꼬리겨우살이[*Hyphear tanakae*

비교 겨우살이, 꼬리겨우살이, 붉은겨우살이

▲ 겨우살이_ 열매

▲ 겨우살이_ 형태

▲ 꼬리겨우살이_ 열매

▲ 꼬리겨우살이_ 형태

▲ 붉은겨우살이_ 열매

▲ 붉은겨우살이_ 형태

(Fr. et Sav.) Hosokawa]라고 부르는데, 이는 좀 동떨어진 곳에서 특별한 모양으로 달리는 열매이다. 강원도 지역의 높고 험한 산에서 주로 볼 수 있는 식물이다. 겨우살이와 붉은겨우살이, 꼬리겨우살이 3형제는 서로 비슷한 특징을 갖지만, 동백나무겨우살이와 참나무겨우살이는 전혀 다른 엉뚱한 모습을 하고 있다.

동백나무겨우살이의 특징

동백나무겨우살이[*Korthalsella japonica* (Thunb.) Engl.]는 동백나무, 사스레피나무, 사철나무, 광나무, 감탕나무 등에 기생하는 식물로 다른 겨우살이 종류와는 모습이 아주 딴판이다. 높이는 5~30cm이고 가지는 녹색이며 털이 없다. 마디가 많고 많이 갈라지며 마디 사이가 편평하다. 잎은 퇴화되어 작고 마디의 위 끝에 돌기처럼 달린다. 동백나무는 나무가 비교적 크고 튼튼하기 때문에 동백나무겨우살이가 많이 기생하여 자라는 모습을 볼 수 있지만, 사스레피나무처럼 약하고 작은 나무는 동백나무겨우살이가 기생을 하기 시작하면 이내 양분을 뺏겨서 말라죽기 때문에 쉽게 관찰할 수가 없다.

참나무겨우살이의 특징

참나무겨우살이(*Loranthus yadoriki* Sieb.)는 제주도에서 볼 수 있는 상록기생관목이다. 생육환경은 구실잣밤나무, 까마귀쪽나무, 동백나무, 후박나무, 육박나무, 생달나무, 참나무 등에 기생하며 자란다. 키는 40~60cm이고 1m에 달하는 것도 있다. 잎은 길이 3~6cm이고 넓은 타원형이다. 뒷면에는 적갈색 털이 빽빽하게 있으며 마주나거나 어긋나고 가장자리는 밋밋하다. 꽃은 암수한그루로 같은 잎겨드랑이에서 2~3송이의 꽃자루가 있는 적갈색 꽃이 핀다. 꽃봉오리는 활처럼 구부러지고 길이는 약 2cm이며 안쪽은 흑갈색으로 광택이 나고 통 모양이다. 끝은 4개로 갈라지고 뒤로 젖혀지며 수술은 4개

비교 동백나무겨우살이, 참나무겨우살이

▲ 동백나무겨우살이_ 잎

▲ 동백나무겨우살이_ 형태

▲ 참나무겨우살이_ 꽃

▲ 참나무겨우살이_ 형태

이고 암술대는 꽃덮개통 밖으로 나온다. 열매는 10월에 타원형으로 달리고 월동 후 황색으로 익으며 적갈색으로 퍼진 털이 있다.

야생식물의 보호

겨우살이나 바위솔처럼 약이 된다고 하는 식물은 야생에 수가 암만 많아도 사람들이 기를 쓰고 채취하러 다니기 때문에 몇 년 내에 쉽게 개체수가 급감하거나 사라지는 것을 볼 수 있다. 겨우살이가 붙어 자라는 신갈나무 밑에 감춰둔 톱을 몇 개나 주워 땅속에 묻어버린 적도 있었는데, 야생식물은 야생에서 잘 자랄 수 있도록 우리 사람들이 보호해 주는 것이 마땅하다. 약으로 쓰는 식

▲ 노란색 열매들 속에 붉은색 열매가 달려 있는 모습

물은 일정 구역 안에서 인위적으로 번식을 시키거나 밭에서 대량으로 재배하여 약으로 쓰는 것이 좋고 야생의 것은 자연이 주인이기 때문에 우리 사람들은 한발 양보하는 것이 마땅하다.

용도 및 번식법

생약에서 기생목(寄生木)은 겨우살이 전체를 말린 것이며, 숙주인 나무에 해를 주지만 약으로 쓰기도 한다. 한방에서 줄기와 잎을 치한(治寒), 평보제(平補劑), 치통, 격기(膈氣), 자통(刺痛), 요통(腰痛), 동상, 동맥경화에 사용한다. 동의보감 기록에는 성질이 평하고 맛은 쓰고 달며 독이 없다. 힘줄, 뼈, 혈맥, 피부를 충실하게 하며 수염과 눈썹을 자라게 한다. 요통, 옹종과 쇠붙이에 다친 곳을 낫게 한다. 임신 중에 하혈하는 것을 멎게 하며 안정시키고 몸 푼 뒤에 있는 병과 봉루를 낫게 한다고 씌어 있다. 열매는 산새들이 좋아하는 먹이가 되며, 이 열매를 먹은 새의 변을 통해 다른 나무로 옮겨져서 번식이 된다. 더러는 열매 속의 과육이 끈적거려서 새가 물었다가 삼키지 못하고 옆 가지에 부리를 비비며 떼어낼 때 옮겨지기도 하며, 그 자리에서 새싹이 나와 번식하는 경우도 있다.

[섬광대수염]

꿀풀과(科)

광대수염

꽃잎이 광대를 닮고 꽃받침이 수염을 닮은

▲ 광대수염_ 지상부

🌸 꽃의 관찰법

광대는 흔히 수염을 달고 춤을 추며 묘기를 부리는 사람일까? 꽃의 이름에서 얼른 느껴지는 쉬운 생각이다. 꽃을 관찰할 때 외관상의 모양도 중요하겠지만, 구조적인 면에서 보다 세부적으로 관찰할 필요가 있다. 꽃잎의 상순이 모자창처럼 앞으로 굽어서 광대를 연상케 하고 꽃받침이 가늘고 끝이 뾰족하게 5개로 갈라져서 수염을 연상케 하므로 이 꽃은 '광대수염'이라는 이름으로 불

▲ 광대수염_ 꽃봉오리와 꽃

리게 되었다.

광대수염의 특징

꿀풀과(科)의 여러해살이풀이며 산지의 숲 속 그늘진 곳에서 자란다. 생육환경은 토양의 비옥도에 관계없이 잘 자라며 키는 약 30~60cm 정도이다. 줄기는 곧게 서고 네모지며 털이 약간 있다. 잎은 마주나고 잎자루가 있으며 달걀 모양이다. 잎끝이 뾰족하고 밑은 둥글거나 심장 모양이며 길이 5~10cm, 폭은 3~8cm이다. 잎 가장자리에 톱니가 있고 양면에 털이 있으며 주름이 진다. 전국의 습기 많은 물가나 또는 숲 속에서 볼 수 있다.

광대수염의 꽃과 열매

5~6월에 연한 붉은빛을 띤 자주색 또는 흰색 꽃이 마주난 잎겨드랑이에 5~6개씩 층층으로 달려서 핀다. 꽃받침은 길이 1.3~1.8cm로 5갈래로 갈라지고 끝이 뾰족하며 가장사리에 털이 있다. 화관은 윗입술꽃잎이 앞으로 굽어 말리고 흰털이 있으며, 아랫입

술꽃잎은 밑으로 넓게 퍼진다. 꽃을 앞에서 보면 잔털이 나 있으면서 입을 벌리고 있는 모양을 하고 있다. 4개의 수술 중 2개가 길고 암술이 1개 있다. 열매는 분과로 도란형이고 3개의 능선이 있으며, 길이 3㎜ 정도이고 7~8월에 익는다.

광대수염 무리들의 비교 특징

꿀풀과(科)의 광대수염 종류들도 꽤 많고 다양한 편이다. 이들의 잎은 모두 마주나며 생김새도 조금씩 다르긴 하지만, 무엇보다도 뚜렷한 구분점은 털의 유무와 꽃의 색깔 및 잎의 모양이라 할 수 있다. 어디서나 흔하게 볼 수 있는 광대수염[*Lamium album* var. *barbatum* (Siebold & Zucc.) Franch. & Sav.]은 꽃 색이 흰색이라고는 하지만, 잘 관찰해 보면 우윳빛처럼 뿌옇거나 붉은빛을 띤 연한 자주색이며 짧은 털이 다수 있는 것을 확인할 수 있다.

섬광대수염과 왜광대수염의 비교

울릉도에서 자라는 섬광대수염(*Lamium takesimense* Nakai)은 눈이 부실 정도로 흰 순백색의 꽃을 자랑하며 몸에 털이 없고 꽃이 크게 피는 것이 특징이다. 이름 앞에 접두사로 '섬'자가 붙는 식물은 대개 울릉도 자생식물들이 많다. 울릉도 고유의 환경 특징에 적응하여 울릉도 자체의 생체 특징을 나름대로 가지고 있다. 섬광대수염도 다른 곳에서는 찾을 수 없는 울릉도 고유의 특징을 많이 가진 식물이라 할 수 있다. 왜광대수염(*Lamium album* L.)은 잎이 아주 길고 끝이 뾰족하며 꽃이 백색으로 피는 것이 특징이다. 몸에 털은 있지만 아주 짧고 양이 적은 편이어서 얼핏 보기에는 털이 눈에 잘 띄지 않으며 줄기와 잎이 말갛게 보이는 것이 특징이기도 하다. 한국에서도 특별한 장소에서 자라는 모습을 드물게 볼 수 있다고 기록되어 있으나, 본 사진은 2010년 7월 몽골 야생화 탐사 시에 운 좋게 발견되어 촬영한 사진이다.

비교 광대수염, 섬광대수염, 왜광대수염, 호광대수염

▲ 광대수염_ 잎

▲ 광대수염_ 꽃

▲ 섬광대수염_ 잎

▲ 섬광대수염_ 꽃

▲ 왜광대수염_ 잎

▲ 왜광대수염_ 꽃

▲ 호광대수염_ 잎

▲ 호광대수염_ 꽃

호광대수염의 분류와 특징

▲ 광대수염_ 개화 초기 모습

백두산을 비롯한 북부지방에서 주로 자라는 호광대수염(*Lamium cuspidatum* Nakai)은 키에 비해서 꽃이 유난히 작게 피는 느낌이 들며, 꽃 색은 뿌연 우윳빛 바탕에 분홍색의 얼룩무늬가 꽃잎 끝부분에 살짝 들어 있는 것이 특징이다. 호광대수염은 다른 종류들에 비해 잎자루가 길고 난상 피침형이며 끝이 길게 꼬리처럼 뾰족해진다. 꽃잎은 연한 홍자색이며 윗부분의 잎겨드랑이에 층층으로 모여 달린다. 전국 어디서나 흔하게 자라면서 쉽게 볼 수 있는 광대수염 외에는 각기 독특한 장소에서 독특한 모습으로 귀하게 발견되는 셈이다.

용도 및 번식법

어린순을 나물로 먹으며 뿌리를 포함한 전초는 약으로 쓴다. 자궁질환, 비뇨기질환, 월경불순에 꽃을 달여 먹으면 효험이 있다. 8월경에 익은 종자를 바로 화분에 뿌리거나 종자를 신문지나 화장지 같은 종이에 싸서 보관하고 있다가 이듬해 2월경에 뿌려 종자를 발아시킨 후 화분이나 화단에 옮겨 심으면 된다. 햇살이 잘 드는 창가에서 화분으로 기르거나 화단에 심어 길러도 좋다.

[괭이눈]

범의귀(科)

고양이의 눈을 닮은 괭이눈

▲ 괭이눈_ 지상부

🌿 이른 봄에 노란색으로 피는 꽃

겨울 기운이 채 사라지지도 않은 양지쪽 바위 근처에서 작은 꽃이 노랗게 옹기종기 모여 피면서 봄을 맞을 채비를 한다. 산골짜기 개울가의 물기가 축축한 바위에 붙어서 자라는데, 보면 볼수록 아름다운 우리 꽃이다. 꽃을 알면 알수록 작은 꽃들에 관심이 가고 더 많이 보인다. 남들이 보지 않는 작은 꽃들을 앉아서 봐야 하고 엎드려서도 봐야 한다. 사랑스러운 마음을 갖고 봐야만 예뼈 보이는 것이다. 꽃이 많이 피는 봄날에는 어디든 나가서 관찰하고 자연을 사랑하는 예쁜 마음을 갖도록 한다.

꽃 모양이 고양이 눈을 닮아서 붙여진 이름

'괭이'는 '고양이'의 사투리로 보석함 같은 꽃 모양이 고양이의 눈을 닮아서 붙여진 이름이다. 작은 꽃송이와 살짝 보이는 안쪽의 수술이 어둠 속에서 빛나는 고양이의 눈처럼 생겼다. 괭이눈은 노란색의 꽃을 달고 있는 모습도 예쁘지만, 꽃이 피고 난 후에 결실을 맺어놓은 모습이 마치 작은 그릇에 모래를 담아놓고 소꿉놀이를 하는 것 같아 더욱 앙증맞기도 하다. 언제 보아도 탐스럽고 예쁜 모습을 하고 있다.

괭이눈의 탐사

괭이눈은 주로 물기가 많은 바위 위나 절벽 아래쪽에서 자라기 때문에 이들을 사진으로 예쁘게 담기가 아주 어렵다. 바위가 미끄러워 발을 헛디딜 수가 있고 절벽 난간에 몸을 기대어 안전하게 자세를 고정시키기가 매우 힘들다. 몸이 편안하게 고정된 후에 셔터를 눌러야 사진이 예쁘게 찍히기 마련인데, 불편한 자세에서는 좋은 사진이 나오기가 좀처럼 어렵기 때문이다. 또 일반적으로 공을 많이 들일수록 예쁜 사진이 찍히는데, 암만 공을 들여 촬영을 해도 쓸 만한 사진 한 장 얻기가 무척 어려울 때도 있다. 때문에 사진을 찍는 사람들은 자생지의 조건에 따라 위험을 감수하면서 찍는 일이 허다하기도 하다.

괭이눈의 특징

산과 들의 습지에서 자라는 여러해살이풀이다. 줄기는 땅 위로 뻗고 마디에서 잔뿌리를 내린다. 꽃줄기는 곧게 서고 털이 없으며 높이는 5~20cm이다. 잎은 길이 5~20mm, 폭 5~18mm로 엷은 녹색이며, 꽃줄기에 2장씩 마주난다. 잎은 달걀 모양이고 안으로 굽은 톱니가 있으며 잎자루는 짧다. '금요자'라고도 부른다. 괭이눈 종류들은 봄철에 산에서 많이 볼 수 있지만, 기본종인 괭이눈은 아주 귀하다. 도감에 실린 사진이나 인터넷의 자료들은 대부분 털괭이눈이나 선괭이눈 사진을 올려놓고 괭이눈이라 말한다. 오

▲ 괭이눈_ 꽃과 잎

류로 인해 괭이눈을 정확히 구별하는 데에 큰 지장이 초래되고 있다. 기본종인 괭이눈은 잎이 마주나고 털이 없으며 선괭이눈처럼 줄기가 말갛거나 투명하지 않아야 한다.

괭이눈의 꽃과 열매

4~5월경 가지 끝에 엷은 황색의 작은 꽃들이 뭉쳐서 피며 꽃 둘레의 잎도 연한 황색을 띤다. 꽃받침조각은 4개의 둥근 모양으로 곧게 서고 꽃잎은 없으며 수술은 4개로 꽃받침조각보다 짧다. 꽃밥은 노란색이다. 열매는 삭과로서 2개로 깊게 갈라지고 갈라진 조각은 크기가 서로 다르며 끝에 1개의 봉합선이 있어 햇빛 아래에서 보면 고양이 눈 같아서 괭이눈이라 부르게 되었다는 설도 있다. 종자는 6월에 다갈색으로 익고 윤기가 돌며 젖꼭지 모양의 돌기가 있다.

씨앗을 퍼뜨리는 방법

술잔처럼 생긴 괭이눈의 열매 속에 달걀처럼 생긴 작은 씨앗이 담겨 있다. 빗방울이 떨어지면서 물방울이 닿는 탄력을 이용하여

씨앗이 멀리까지 튀어나간다. 빗물이 떨어지면서 튀는 물방울보다 더 멀리 튀어나가는 씨앗의 모습은 신비한 모습으로 비춰진다. 멀리까지 튀어나가지 못하고 남은 씨앗들은 나중에 몸이 삭을 때 그 자리에 떨어지게 된다. 괭이눈이 씨앗을 퍼뜨리는 생존법으로 멋진 광경이 연출되기도 한다.

곤충을 유혹하는 방법

괭이눈의 꽃이 아주 작아서 곤충들의 눈에 잘 띄지 않기 때문에 곤충들을 불러들이기 위해 마술을 부린다. 꽃이 필 때에는 꽃 주변의 잎 2~4개가 꽃처럼 보이기 위해 노란색으로 변한다. 괭이눈의 꽃이 큰 꽃처럼 보여서 곤충들이 멀리에서도 괭이눈의 꽃을 쉽게 확인할 수 있도록 유인책을 펼치는 것이다. 곤충들이 이 꽃 저 꽃을 옮겨 다니다가 가루받이가 완료되면 꽃 주변의 잎은 다시 원래 상태의 녹색으로 돌아와 광합성작용으로 영양분을 만들어 튼튼한 씨앗을 탄생시킨다. 식물의 꽃은 생식수단이기 때문에 괭이눈은 곤충을 끌어들이면서 후손을 남기려고 하는 번식전략을 교묘하게 쓰고 있는 셈이다. 대부분의 괭이눈 종류가 다 그렇긴 하지만, 특히 털괭이눈과 금괭이눈의 경우가 가장 뚜렷하다고 할 수 있다.

괭이눈 무리들의 비교 특징

괭이눈의 무리들은 얼핏 보아서는 모두 비슷해 보이지만, 잘 관찰해 보면 서로 다른 특징을 많이 갖고 있다. 기본종인 괭이눈(*Chrysosplenium grayanum* Maxim.)은 잎차례가 서로 마주나고 온 몸에 털이 없는 것이 특징이다. 자생지는 강원도 이북의 높은 산지인데, 주로 백두산 지역에서 자라는 걸 볼 수 있다. 괭이눈의 분류는 크게 잎차례와 털의 유무라고 할 수 있는데, 잎이 마주나는 것은 기본종인 괭이눈을 비롯하여 털괭이눈(*Chrysosplenium*

▲ 꽃 주변의 잎이 노란색으로 변해 꽃처럼 보이는 괭이눈

pilosum MAX.), 흰털괭이눈[*Chrysosplenium pilosum* var. *fulvum* (N.Terracc.) H. Hara], 금괭이눈(*Chrysosplenium pilosum* var. *valdepilosum* Ohwi), 선괭이눈(*Chrysosplenium sinicum* Maxim.) 등이고, 잎이 어긋나는 것은 산괭이눈[*Chrysosplenium japonicum* (Maxim.) Makino], 애기괭이눈(*Chrysosplenium flagelliferum* F. Schmidt), 오대산괭이눈[*Chrysosplenium alternifolium* L. var. *sibiricum* (Stephan) Seringe], 가지괭이눈(*Chrysosplenium ramosum* Maxim) 등이다. 털이 많은 것으로는 털괭이눈과 흰털괭이눈을 비롯하여 금괭이눈, 산괭이눈 등이고 털이 없는 것으로는 괭이눈, 선괭이눈, 오대산괭이눈 등이 있다. 털괭이눈 중에서 꽃 주변의 잎이 더 넓게 황색으로 많이 변하는 것을 금괭이눈이라고 하는데, 자라면서 모양을 잘 관찰해 보면 털괭이눈과 별로 다를 바가 없다. 한 때는 천마산에 많이 자생한다고 하여 천마괭이눈으로 불리기도 했었지만, 궁극적으로는 모두 털괭이눈으로 통일되어야 할 것으로 보인다.

🌿 봄을 기다리는 설레임

겨울에 눈이 제법 많이 오고 기온이 낮을수록 봄을 기다리는 마음이 더욱 간절해진다. 고양이 눈처럼 생긴 괭이눈 종류들도 바

비교 괭이눈, 산괭이눈, 금괭이눈, 선괭이눈, 털괭이눈, 흰털괭이눈

▲ 괭이눈_ 꽃과 줄기

▲ 산괭이눈_ 꽃

▲ 금괭이눈_ 꽃

▲ 선괭이눈_ 꽃

▲ 털괭이눈_ 꽃

▲ 흰털괭이눈_ 꽃

가지괭이눈, 산괭이눈, 애기괭이눈, 오대산괭이눈 비교

▲ 가지괭이눈_ 잎과 줄기

▲ 산괭이눈_ 잎과 줄기

▲ 애기괭이눈_ 잎과 줄기

▲ 오대산괭이눈_ 잎과 줄기

위틈에 웅크리고 앉아 설레는 마음으로 봄을 기다리고 있을 것이다. 기온이 높아지면 바위틈에서 '야옹' 소리를 내면서 괭이눈의 노란 꽃이 툭 튀어나올 것만 같다.

용도 및 번식법

봄에 어린잎과 줄기를 나물로 먹고 관상용으로 심는다. 최근에 약용식물에 관한 관심이 높아지면서 약효에 관한 많은 연구가 진행되고 있다. 7월경에 익는 종자를 종이에 싸서 냉장보관 후 가을에 실내에 있는 화분에 뿌리거나, 가을과 이른 봄에 포기를 나누어 화분에 옮겨 심는다. 토양을 기름지게 해주고 햇빛이 많이 드는 화단에 심어 기른다.

[나도수정초]

노루발과(科)

기생생활로 살아가는 희귀식물 **구상난풀**

▲ 구상난풀_ 지상부

🌿 기생식물의 의미

식물이면서도 스스로 양분 합성 능력이 없기 때문에 다른 식물에 의존해서 살아가는 식물을 기생식물이라 한다. 엽록소를 가지고 광합성을 하면서 스스로 생활하는 식물을 독립영양생물이라 한다면, 이 식물들은 모두 종속영양생물이 되는 것이다. 엽록소가 없기 때문에 몸에는 어디에도 녹색이라곤 찾아볼 수가 없는 것이 특징이다. 이 종류의 식물들은 숙주식물에 전적으로 의존해서 양

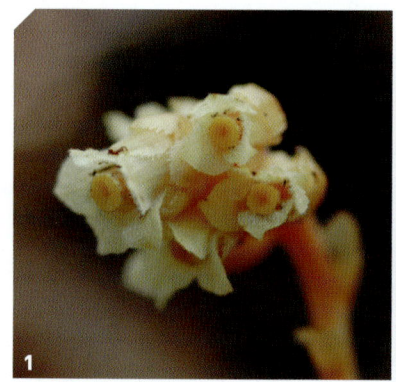 

❶ 구상난풀_ 꽃 ❷ 구상난풀_ 햇볕을 받아 검게 변한 모습

분을 받아먹는 전기생식물(全寄生植物)들인데, 생물의 사체나 그 분해도상의 것, 배설물 등을 영양원으로 하는 사물기생식물, 즉 부생식물에 속한다.

부생식물의 의미

동식물의 고사체나 배설물 또는 이것들이 분해되어 생긴 유기물을 생활에 필요한 영양원으로 하는 식물을 부생식물(腐生植物, saprophyte)이라고 한다. 광합성 능력이 없어서 기생생활을 한다는 특징을 갖지만, 죽은 동식물의 사체나 배설물들을 분해하면서 생성된 유기물들을 영양원으로 이용하기 때문에 자연계의 물질순환상 분해자로서 중요한 역할을 하는 셈이다. 만약 이들이 없다면 자연계의 그 많은 사체나 배설물을 과연 어찌 청소할 수가 있을까? 그런 측면에서 이들은 생태계에 중요한 분해자의 역할을 통해 물질순환의 한 부분을 담당하고 있는 것이다.

노루발과의 4종류 비교 특징

노루발과(科)에는 4가지 기생식물 종류가 있다. 모양은 진부 비슷하게 생겨 있지만, 잘 관찰하면 조금씩 다른 뚜렷한 특징을 갖는 것을 알 수 있다. 먼저 이들을 두 무리로 크게 분류하면 구상난풀 종류와 수정난풀 종류로 나눌 수 있다. 2종류는 모두 추석 무렵인 8~9월에 꽃이 피는데, 구상난풀(Monotropa hypopithys L.)은 몸의 색깔이 연한 황갈색이고 수정난풀(Monotropa uniflora L.)은 수정처럼 맑은 흰색이다. 몸 전체는 흰색이고 암술머리만 노란색을 띠고 있는 수정난풀을 일명 '수정초'라고 부르기도 한다. 이와 비슷하게 닮았지만, 같은 식물이 아니고 좀 다른 식물이라는 뜻으로 붙은 이름인 '나도수정초'와 '너도수정초'라는 식물이 있다. 나도수정초[Monotropastrum humile (D. Don) H. Hara]는 시기적으로 가장 빠른 6월 초에 피면서 몸 전체는 흰색인데, 암술머리만 파란색을 띠고 있어서 유난히 돋보이는 꽃이다. 또한 너도수정초(Monotropa hypopithys var. glaberrima Hara)는 이름은 수정초 쪽이지만, 특징은 구상난풀 쪽이라 할 수 있다. 구상난풀은 몸이 황갈색이며 털이 많은데 비해 너도수정초의 몸에는 털이 없다. 꽃 색은 구상난풀과 같은 황갈색이지만 몸에 털이 없어서 반들반들 광택이 있어 보이는 것이 특징이다. 피는 시기는 6월 말과 7월 초순이다. 즉, 수정난풀과 친한 쪽은 나도수정초이고, 구상난풀과 친한 쪽은 너도수정초라 할 수가 있다.

꽃이 아래로 피고, 열매는 위로 달리는 특징

노루발과(科)의 식물들은 꽃과 열매가 달리는 방향이 다르다. 꽃이 처음에는 땅을 보고 피지만, 차츰 옆을 향하게 되고 꽃이 지면서 차츰 고개를 들어 올리다가 열매는 똑바로 하늘을 향하는 것이 특징이다. 이것은 마치 할미꽃이 땅을 향하여 꽃이 피지만, 열매는 똑바로 하늘을 보며 달리는 특징과도 같은 것이다. 노루발과(科)의 식물들 중에서 광합성을 하지 못하는 대표적인 식물인 구상난풀과 수정난풀도 노루발 종류의 다른 식물들과 공통의 특징을 갖는다. 노루발과(科)의 식물에는 대표적인 노루발을 비롯

비교 구상난풀, 너도수정초, 수정난풀, 나도수정초

▲ 구상난풀_ 지상부

▲ 구상난풀_ 열매

▲ 너도수정초_ 지상부

▲ 너도수정초_ 열매

▲ 수정난풀_ 지상부

▲ 수정난풀_ 열매

▲ 나도수정초_ 지상부

▲ 나도수정초_ 열매

해서 매화노루발, 분홍노루발, 호노루발, 홀꽃노루발, 새끼노루발, 콩팥노루발 등이 있는데, 이들은 모두 광합성을 하여 필요한 양분을 스스로 만들며 살아가는 식물들이다.

구상난풀의 특징

우리나라 전국 산지에서 자라는 여러해살이 부생식물이다. 구상나무 숲 속에서 자란다는 뜻에서 구상난풀이라 부르게 되었다. 생육환경은 빛이 잘 들지 않고 습기가 많은 곳에서 자란다. 엽록소는 없고 식물 전체가 엷은 황갈색을 띤다. 줄기는 높이 10~20cm 정도이고 육질로 된 원기둥 모양이며 잔털이 나 있다. 잎은 어긋나고 비늘 모양이며 불규칙하고 톱니가 있다. 뾰족한 잎이 퇴화된 비늘처럼 생겨서 20~30개가량 있으며 길이는 1~1.5cm, 폭은 0.5~0.7cm 정도이다. 밑부분의 잎은 작고 빽빽이 나지만 윗부분의 것은 크고 성기게 붙는다.

구상난풀의 꽃과 열매

꽃은 줄기 끝에 총상으로 달리며 연한 황백색이다. 8~9월에 종 모양으로 달려 아래를 향해서 피며 수술은 8개이고 암술은 적갈색을 띤다. 햇볕을 받으면 황갈색의 꽃 부분이 검게 변한다. 꽃받침잎은 거꾸로 세운 피침형으로 길이 1~1.2mm이고 열매가 커지면서 떨어진다. 꽃잎은 4개로 쐐기형 비슷한 긴 타원형이고 길이 1~1.5cm이다. 열매는 9월경에 둥글게 달리고 끝부분에 암술대가 남아 있다. 한라산의 구상나무 숲 속 및 전국의 소나무 군락 아래에서 자란다. 너도수정초는 구상난풀과 같지만, 몸에 털이 없으며 꽃이 피는 시기가 6월 말이나 7월 초순인 점이 다르다.

수정난풀의 세부 특징

전국의 산지 숲 속에서 자라는 여러해살이 부생식물이다. 구상난풀과 수정난풀은 부생식물의 양대 산맥이다. 생육환경은 토양에 부엽질이 풍부하고 반그늘 혹은 음지에서 자란다. 키는 10~20㎝이고 잎은 비늘과 같은 것이 퇴화되어 어긋나며 긴 줄기를 이루고 있다. 꽃은 8~9월에 피고 길이 1.5~2.5㎝, 폭이 1.4~1.8㎝로 종형이며 흰색이다. 긴 줄기를 따라 끝에 1개씩 아래를 향해 달리고 각각의 꽃은 포엽에 싸여져 있다. 꽃받침잎은 1~3개, 꽃잎은 3~5개이다. 열매는 9~10월에 익으며 둥근 모양으로 길이가 2.5㎝, 폭은 2㎝가량이며 종자는 타원형으로 길이 0.5~1㎜, 폭 0.5~1㎜로 아주 작다. 수정난풀은 엽록소가 없어 식물체가 전체적으로 희고 마르면 검게 변한다. 수정란풀, 수정란, 수정초, 석장초 등의 별칭이 있다. 수정난풀은 암술머리가 황색이지만, 나도수정초는 암술머리가 청색이며 꽃이 6월 초에 일찍 피는 점이 다르다.

용도 및 번식법

햇볕이 들면 잎이 거뭇해지고 마르기 때문에 원예용으로 키우기

❶ 수정난풀_ 꽃　❷ 나도수정초_ 꽃

▲ 구상난풀_ 지난해의 열매와 꽃이 시들어가는 모습

가 어렵고 조건이 되지 않는 환경에서는 잘 자라지 못하여 쉽게 볼 수 없는 식물이다. 9월경에 달리는 종자를 낙엽수 아래에 바로 뿌린다. 종자는 바로 뿌려야 하며 보관한 후, 뿌리게 되면 발아율이 낮기 때문에 번식법으로 바람직하지 않다. 부생식물이기 때문에 가정에서 키우기는 불가능하며 외부에서 키울 때는 햇볕이 강하게 들지 않는 낙엽수 아래에 심는다. 물은 3~4일에 한 번씩 주며 직접적으로 물이 줄기에 닿지 않게 줘야 한다.

[봄구슬붕이]

용담과(科)

작은 구슬을 닮은 꽃 구슬붕이

▲ 구슬붕이_ 지상부

🌿 작은 구슬을 닮은 꽃

구슬붕이는 작은 구슬을 닮아 앙증맞게도 생긴 꽃이다. 어릴 때 유일한 장난감이었던 구슬은 종일토록 지루함을 달래주기도 했지만, 주머니에 가득 넣고만 있어도 그저 행복했던 시절이 있었다. 유리구슬, 쇠구슬, 옥구슬 등 종류에 구애받지 않고 구슬은 모두가 예쁘게 생겼다. 개구쟁이들의 보물이 구슬이듯이 꽃을 사랑하는 사람들의 보물은 바로 구슬붕이가 아닐까? 꽃을 찍는 사람이면 누구나 한 번쯤 만나고 싶어하는 꽃이니까 말이다. 구슬붕이는 작고 예쁜 구슬을 닮았으며 정말 앙증맞게 생긴 꽃으로 보면 볼수록 감동이다. 입은 뾰족하게 벌어져 있고 생김은 길쭉한 종모양인데, 앉아서 천천히 오래도록 관찰할수록 더 예뻐 보이는 꽃이다. 아주 작은 용담이 땅에 붙어서 낮게 자라고 있는 모습 같기도 하다.

구슬붕이의 특징

전국의 양지바른 들판이나 낮은 산지에서 자라는 두해살이풀이다. 생육환경은 햇볕이 잘 들며 토양의 비옥도가 높고 습기가 충분한 곳을 좋아한다. 줄기는 밑에서 여러 대가 모여나며 가지가 많이 갈라지고 높이 3~8cm이다. 뿌리에서 난 잎은 2~3쌍으로 십자가 모양으로 늘어서는데, 마치 돌려난 것처럼 보인다. 잎은 길이 1~4cm의 피침형이고 끝이 까락처럼 뾰족하며 잎자루는 없다. 줄기에서 난 잎은 마주나고 작으며 밑부분이 합쳐져 잎집을 이루며 줄기를 싸고 있다.

구슬붕이의 꽃과 열매

꽃은 5~6월에 가지 끝의 짧은 꽃자루에 달리며 연한 자주색이다. 꽃받침은 5갈래로 갈라지고 달걀 모양이며 끝이 가시처럼 된다. 화관은 종 모양으로 길이 1.2~1.5cm이며 화관 갈래 사이에 작은 갈래가 있다. 꽃자루는 짧고 꽃받침통은 길이 4~6mm이다. 화관통은 꽃받침보다 2배 정도 길다. 수술은 5개, 암술은 1개다. 열매는 삭과이고 긴 자루가 있어 화관 밖으로 나오며 9~10월에 익고 2개로 갈라진다. 종자는 방추형으로 편평하고 매끄럽다.

구슬붕이 무리들의 비교 특징

큰구슬붕이(*Gentiana zollingeri* Faw. for. *zollingeri*)는 전국적으로

❶ 구슬붕이_ 꽃 ❷ 구슬붕이_ 열매

흔해서 눈에도 잘 띄며 키도 크고 꽃 색이 짙어서 비교적 구별이 잘 되는 편이다. 한 줄기에 여러 송이의 꽃이 피고 꽃줄기가 매우 짧거나 없는 것이 특징이다. 밑에서부터 작은잎이 마주나기 시작하여 위로 올라갈수록 커지는 큰구슬붕이의 특징에 반하여, 구슬붕이(*Gentiana squarrosa* Ledeb.)와 봄구슬붕이[*Gentiana thunbergii* (G. Don) Griseb.]는 밑에서는 큰 잎이 돌려나고 위로 올라가면서 작은잎이 마주나는 특징을 지닌다. 구슬붕이는 꽃받침이 뒤로 다소 자빠지지만 봄구슬붕이는 똑바로 위를 향하며 뒤로 젖혀지지 않는다. 마치 서양민들레와 토종민들레의 꽃받침에 비유하면 될 것 같다.

구슬붕이와 봄구슬붕이의 구별

봄구슬붕이는 구슬붕이보다 훨씬 귀한 편이며 꽃 색이 짙은 하늘색이고 줄기가 밑에서부터 길게 퍼지면서 갈라지는 것이 특징이다. 봄구슬붕이는 꽃이 피는 시기도 4~5월로 한참 빠른 편이다. 구슬붕이는 줄기가 짧게 갈라지면서 5~7월에 늦게 꽃이 핀다. 구슬붕이는 낮은 곳에서 자라지만, 봄구슬붕이는 비교적 높은 곳

비교 구슬붕이, 봄구슬붕이, 큰구슬붕이, 꼬인용담, 흰그늘용담

▲ 구슬붕이_ 꽃

▲ 구슬붕이_ 꽃잎이 뒤집힌 모습

▲ 봄구슬붕이_ 지상부

▲ 큰구슬붕이_ 지상부

▲ 꼬인용담_ 지상부

▲ 흰그늘용담_ 지상부

에서 자란다. 구슬붕이의 꽃은 연한 자주색이지만, 봄구슬붕이는 푸른빛이 강한 짙은 자주색이다. 두 식물의 뿌리잎은 로제트 모양으로 돌려나며 뿌리잎이 줄기잎보다 크다. 구슬붕이는 꽃받침이 뒤로 젖혀지지만, 봄구슬붕이는 뒤로 젖혀지지 않고 꽃잎 쪽으로 바짝 붙는 특징이 있다.

흰그늘용담과 꼬인용담의 특징

구슬붕이와 외형은 같지만 꽃이 완전히 흰색으로 피는 것은 흰그늘용담(Gentiana pseudo-aquatica Kusnezov)이라고 부른다. 다른 꽃들 같으면 이름을 흰구슬붕이라고 불러야 할 텐데 말이다. 구슬붕이와 흰그늘용담은 서로의 특징이 비슷해도 이름이 아주 엉뚱해서 재미있다. 꼬인용담[Gentianopsis contorta (Royle) Ma]은 꽃잎이 꼬여서 나선상으로 돌아가며 말리는 모습 때문에 붙은 이름이다. 길쭉한 꽃봉오리의 위쪽만 살짝 벌어져서 꽃이 피는데, 기다란 꽃잎이 반 바퀴 정도 돌아가며 꼬여 있는 모습이다. 큰구슬붕이와 가장 비슷하게 닮아 있는데, 꽃잎 끝부분이 나선상으로 꼬여 있는 것으로 구분을 하면 된다. 꽃받침은 각이 진 종 모양이다. 흰그늘용담과 꼬인용담은 이름에 '용담'이라는 글자가 들어 있지만, 식물의 특징이 용담보다는 구슬붕이 쪽에 더 가깝다.

자연을 보호하는 길

대부분의 귀한 꽃은 거의 자연에서만 자란다. 몇 종류 예외가 있긴 하지만, 옮겨서 죽이는 것은 일부 사람들의 탐욕이 불러온 비참한 결과로 야생의 귀한 꽃들이 그렇게 다 없어져 가니 참 안타까운 일이다. 예전에는 산에만 오르면 실컷 볼 수 있었던 꽃들이 이제는 멸종위기 목록에 올라있는 것들이 많다. 자생지에서 자라고 있는 예쁜 꽃을 혼자서 소유하려는 생각을 가지면서 말로만 주장하는 자연보호는 필요가 없다. 자연을 보호하는 진정한 길은

▲ 구슬붕이_ 무리

귀한 꽃은 자생지에서만 보는 일이라 할 수 있으며, 소중한 것일수록 옮기면 죽는다는 사실을 알아야만 한다.

용도 및 번식법

주로 관상용으로 쓰이며 잎과 줄기는 약으로도 쓴다. 지상부는 소염과 청열작용 등이 있다. 두통과 입 안이 쓰고 눈이 충혈되며 소리가 안 들리는 중상에 약으로 쓴다. 9월경에 익은 종자를 받아 뿌리면 다음 해에 꽃을 피운다. 옮겨 심기가 거의 불가능한 식물이기 때문에 집에서는 기르기가 어려우므로 자생지에서 번식을 시키는 것이 좋다.

[바위구절초]

국화과(科)

신이 내린 가장 향기로운 가을꽃 구절초

▲ 구절초_ 지상부

🌿 가을 들국화의 대표종

가을철 산행을 하다 보면 양지바른 들판이나 산기슭에서 희거나 붉은 꽃이 줄기에서 한 송이씩 올라와 무리지어 피는 모습을 볼 수 있다. 깊게 갈라진 잎은 마치 쑥을 닮았으면서도 그리 크지 않은 모습이다. 허리를 굽히지 않고서도 쉽게 관찰할 수 있는 꽃이라서 더욱 정겹고 양지바른 언덕에서 옹기종기 모여 자라는 모습을 보면 신비감에 사로잡히게 된다. 가던 길을 멈추고 그 향을 맡고 있노라면 어느새 마음까지 그윽한 향취에 빠져들게 되는데, 그 주인공이 바로 구절초다. 구절초는 신이 내린 가장 향기로운 가을꽃이다. 가을에 피는 쑥부쟁이, 개미취 종류들과 함께 이 구절초 무리들은 들국화의 대표종으로 손꼽힌다.

구절초의 유래

들국화로 잘 알려진 구절초는 음력 5월 5일 단오에는 줄기가 5마디가 되고 9월 9일 중양절에는 9마디가 된다고 하여 '구절초(九節草)'라 불린다. 중양절에는 제비가 강남으로 돌아가고 뱀이 돌에 입을 닦고 땅속으로 들어가 동면을 하며 갈가마귀와 기러기가 오는 날이라고 한다. 이 날은 또한 국화의 명절로도 잘 알려져 있다. 중국에서는 이 날에 풍광이 좋은 언덕에 올라 가을 산야를 바라보며 국화주를 마셨고 장수와 함께 사악한 악귀를 쫓아 재앙을 막는 것을 기원했다고 한다. 이때 마셨던 국화주를 담은 재료는 구절초였는데, 구절초는 바로 장수의 영약이라고 믿어왔기 때문이다. 가을에 피는 야생화들은 대개 국화과(科)의 식물들인데, 이들은 모두 생김새가 비슷해서 보통 소국(小菊)으로 통한다. 또 구절초는 선모초(仙母草)라 불리기도 하는데, 그것은 흰 꽃잎이 신선보다 더 돋보인다고 하여 붙여진 이름이기도 하다.

구절초의 특징

국화과(科)에 속하며 야생에서 자라는 여러해살이풀이다. 높은 지대의 능선에서 군락을 이루며 자라지만, 들에서도 흔히 자란다. 우리나라에는 전국적으로 분포되어 자라고 있다. 땅속뿌리가 옆으로 뻗으면서 새싹이 나오고 높이는 30~70㎝ 정도이다. 뿌리에서 돋는 잎과 줄기 아래쪽에 달리는 잎은 깃 모양으로 2회 갈라진다. 잎은 길이 2~3.5㎝의 난형 또는 넓은 난형이다. 가장자리가 깃 모양으로 깊게 갈라지고 잎자루가 길다. 측열편은 흔히 4개

❶ 구절초_ 잎 ❷ 구절초_ 꽃

이고 긴 타원형이며 끝은 뭉툭하고 톱니가 있다. 아래쪽의 잎은 넓고 크지만, 위로 올라갈수록 작아지고 가늘어진다. 길게 뻗은 근경에서 새싹이 나오거나 종자로 번식을 한다.

구절초의 꽃과 열매

꽃은 9~10월에 줄기 끝과 가지 끝에 한 송이씩 하늘을 향해서 핀다. 꽃의 지름은 5~8㎝이며 흰색 또는 연분홍색 꽃이 두상꽃차례를 이룬다. 두상화의 가장자리 흰색 꽃은 설상화이며 끝이 얕게 2~3개로 갈라지고, 가운데의 노란 꽃은 관상화이며 끝이 5개로 갈라진다. 꽃받침조각은 긴 타원형이고 갈색이다. 국화과의 식물들은 줄기가 많이 갈라져 그 끝에 모두 꽃이 피는데, 구절초는 꽃이 줄기 끝에 한 송이씩 피는 것이 다르다. 구절초는 가을을 대표하는 우리 꽃 중의 하나이다. 꽃도 예쁘지만, 내면에서 발산되는 그윽한 향기가 사람들의 마음을 사로잡는다. 홀로 핀 꽃보다는 무리지어 함께 피어 있는 모습이 더 아름답다. 같은 종류라도 꽃이 피는 시기나 자생지 환경에 따라 꽃의 색깔이 조금씩 다른 경우가 있다. 10~11월에 타원형의 수과(瘦果)가 달려서 익는다. 수과는 긴 타원형이며 밑으로 약간 굽는다.

▲ 구절초_무리

구절초와 산구절초

전국적으로 분포하여 어디서나 흔하게 볼 수 있는 종류는 대개 2종이다. 그 2종은 바로 구절초(Chrysanthemum zawadskii var. latilobum Kitamura)와 산구절초(Chrysanthemum zawadskii Herbich)인데, 구절초는 비교적 낮은 지대에서 많이 자라지만, 산구절초는 높은 산 위에서 군락을 이루면서 자라는 모습을 볼 수 있다. 구절초는 산구절초에 비해 키가 크고 꽃도 크다. 잎이 둥글며 얕게 갈라지는 것이 특징이다. 구절초는 잎이 넓은 대표종이라 하여 '넓은잎구절초'라고도 부른다. 산구절초는 구절초보다 높은 곳에서 자라며 꽃도 작고 체구가 왜소한 편이다. 잎은 좁고 깊게 갈라지며 갈라진 끝은 뾰족하다. 산구절초는 잎이 가는 대표종이라 하여 '가는잎구절초'라고도 부른다. 구절초와 산구절초는 공통으로 후손 번식을 위한 번식전략을 쓰고 있다. 처음 꽃이 필 때에는 연한 분홍색이 많지만, 벌 나비를 유인해서 수정을 마친 뒤에는 차츰 흰색으로 변하는 모습을 볼 수 있다. 곤충의 눈에 더 빨리 띄기 위해서 시기별로 꽃 색을 바꾸는 전략을 쓰는 것이다.

비교 구절초, 산구절초

▲ 비교적 낮은 지대에서 자라는 구절초

▲ 높은 산 위에서 자라는 산구절초

구절초 무리들의 비교 특징

그 이외의 종류들은 특별한 지역에서 자라는 모습을 볼 수 있는데, 잎의 넓이에 따라 크게 2종류로 분류할 수 있다. 잎이 크고 넓은 종류로는 구절초를 비롯해서 낙동구절초(*Chrysanthemum zawadskii* subsp. *naktongense* Y. N. Lee), 서흥구절초[*Chrysanthemum zawadskii* var. *leiophyllum* (Nakai) T. B. Lee], 남구절조

구절초, 낙동구절초, 남구절초, 서흥구절초, 바위구절초, 울릉국화, 포천구절초, 한라구절초 비교

▲ 구절초_ 지상부

▲ 낙동구절초_ 지상부

▲ 남구절초_ 지상부

▲ 서흥구절초_ 지상부

▲ 바위구절초_ 지상부

▲ 울릉국화_ 지상부

▲ 포천구절초_ 지상부

▲ 한라구절초_ 지상부

[*Chrysanthemum zawadskii* var. *yezoense* (Maek.) Y. N. Lee]를 들 수 있고, 잎이 좁은 종류로는 산구절초를 비롯해서 바위구절초 [*Chrysanthemum zawadskii* Herbich var. *alpinum* (Nakai) Kitamura], 한라구절초[*Chrysanthemum zawadskii* Herb. ssp. *coreanum* (Nakai) Y. Lee], 포천구절초(*Chrysanthemum zawadskii* Herbich var. *teuisectum* Kitagawa), 울릉국화[*Chrysanthemum zawadskii* Herb. var. *lucidum* (Nakai) T. Lee]를 들 수 있다. 낙동구절초, 서홍구절초, 남구절초의 잎은 다 함께 넓지만, 각기 모양은 조금씩 다르다. 낙동구절초는 낙동강 주변에서 자라고 서홍구절초는 황해도 서홍 근처의 참나무 숲 속에서 자라며 남구절초는 남쪽 섬과 해안 지역에서 자란다. 바위구절초는 백두산과 북부 지역의 높은 지대에서 자라고 한라구절초는 한라산의 높은 지대에서 자란다. 잎은 모두 짧고 깃 모양으로 깊게 갈라지나, 바위구절초는 줄기 하나에 꽃이 한 송이씩 피는 반면 한라구절초는 가지가 갈라져서 많은 꽃이 한꺼번에 달린다. 포천구절초는 경기도의 한탄강 주변과 강원도의 동강 주변에서 자라며 어느 종류보다 잎이 가장 가늘고 길게 갈라진 것이 특징이다. 울릉국화는 울릉도 나리분지에서 자라며 몸 전체에 윤기가 있고 털이 없으며 흰색으로 꽃이 핀다. 구절초 종류들을 세부적으로 분류하는 데에는 꽃보다 잎을 잘 관찰하는 것이 중요하다. 구절초 종류들은 대개 붉은 꽃과 흰 꽃을 함께 볼 수 있지만, 남구절초와 울릉국화는 언제나 꽃이 흰색이다.

산국과 감국의 비교

방향이 좀 다르긴 하나, 산국과 감국도 구절초와 같은 무리에 속한다. 꽃은 노란색이지만, 잎 모양은 틀림없이 구절초의 형태를 그대로 닮았다. 산국[*Dendranthema boreale* (Makino) Ling ex Kitam.]은 전국의 산과 들에서 고루 자라는데, 줄기가 어느 정도 올라와서 가지가 갈라지기 때문에 전체적으로 둥근 모습이다. 감

❶ 산국_ 지상부 ❷ 감국_ 지상부 ❸ 흰감국_ 지상부

국[*Dendranthema indicum* (L.) Des Moul.]은 해변 지역과 남부지방 일대에서 자라는 모습을 주로 볼 수 있는데, 이미 뿌리에서 여러 개의 줄기가 올라오고 각 줄기는 위로 곧게 자라기 때문에 대부분 앙상한 모습이다. 키는 산국이 크고 감국이 작지만, 꽃과 잎은 감국이 훨씬 크다. 꽃이 흰색으로 피는 흰감국[*Dendranthema indicum* f. *albescens* (Makino) T. B. Lee]도 가끔 발견이 된다. 산국은 작은 꽃이 많이 달리는 것으로도 감국과 쉽게 비교할 수 있다. 서리가 내릴 때까지 노란색으로 온 들판을 수놓고 은근한 향기를 늦게까지 온 세상에 퍼뜨리는 아름다운 꽃이다.

🌿 소중한 우리의 꽃

가을철 시골길을 걷다 보면 양지바른 산비탈에서 가장 먼저 눈에 띄는 꽃이 바로 구절초다. 가꾸지 않아도 우리 산하를 곱게 장식하는 들꽃이기에 더욱 정겹다. 누가 돌보지 않아도 튼튼한 뿌리를 내려 생존하면서 짙은 향기를 풍겨내는 꽃이다. 단풍이 물들기 시작하고 푸르던 들판이 누렇게 말라가는 가을 산야에 핀 꽃들이 눈부시게 아름답다. 여름에 피던 많은 꽃들이 모두 시드는 계절에 청초한 빛을 뽐내는 구절초, 작지만 강인하고 기품이 있는 이 꽃은 머릿속까지 스며드는 청량한 향기를 지녔다. 구절초야말로 우리 민족의 정서를 듬뿍 담고 있는 꽃이기에 더욱 독특한 애착을 느낀다. 정말 소중히 보호해야 할 우리 꽃이다.

용도 및 번식법

관상용으로 가치가 높기 때문에 정원에 심어 기르기도 한다. 꽃은 봉오리 때 따서 말려 차로 마시기도 하고 어린순은 나물로도 먹는다. 꽃이 달린 전초를 그늘에서 말려 한방과 민간에서 부인냉증, 무월경, 폐렴, 기관지염, 해소, 감기, 인두염, 고혈압, 위장병, 치풍 등을 다스리는 데 사용한다. 양지쪽 건조한 지역에서 잘 자라는 구절초는 따뜻한 성질을 지니고 있으며 맛은 쓰다. 구절초 술은 신경통에 좋으며 중풍 치료제나 보혈강장제로 쓰이기도 한다. 구절초 꽃잎을 삶은 물에 머리를 감으면 비듬이 없어지고 베개 속으로 사용하면 두통을 없애고 머리를 맑게 한다. 단전을 따뜻하게 하거나 자궁허랭(子宮虛冷)을 치료하고 생리를 조절하거나 몸을 덥게 하며 소화기능을 촉진하는 효능이 있다. 식물 전체에서 그윽한 향기가 나기 때문에 뜰에 심어두면 좋다. 햇빛이 잘 비치고 배수가 잘 되는 곳에서 잘 자란다. 번식은 땅속에 있는 근경이나 종자로 한다. 늦가을에 잘 여문 씨를 받아 봄에 뿌리면 다음 해부터 꽃이 피기 시작한다. 여름에 줄기의 끝부분을 7㎝ 정도 잘라 모래에 꽂아두면 곧 뿌리를 내린다. 봄이나 가을에 포기나누기를 해줘도 된다.

[백양더부살이]

열당과(科)

요상스럽게 생긴 기생식물 의 생활사

▲ 대흥란_ 지상부

🌿 기생식물의 정의

기생식물(寄生植物)은 다른 식물에 기생하여 양분을 흡수하며 살아가는 식물을 말한다. 종류도 많거니와 다른 식물들에 비해 생김새가 특이하거나 몸의 구조가 요상스럽게 생긴 식물들이 많은 편이다. 대표적인 예로 겨우살이와 새삼이 있는데, 이들은 뿌리가 없거나 또는 스스로 뿌리를 없앴기 때문에 다른 식물에 기생하여 양분을 흡수하며 자라는 특이한 식물들이다.

전기생식물과 반기생식물 비교

▲ 야고

▲ 겨우살이

전기생식물과 반기생식물

기생식물을 영양 형식에서 보면, 야고처럼 완전히 다른 식물에 영양을 전적으로 의존하는 전기생식물(全寄生植物)이 있다. 전기생식물은 엽록소가 없으므로 전체에서 녹색이라고는 찾아볼 수가 없다. 반면에 겨우살이나 꼬리겨우살이처럼 스스로 엽록소를 가지고 광합성을 행하는데도 불구하고 스스로 만든 양분만으로는 부족하기 때문에 다른 숙주식물에서 유기물과 무기물을 흡수하여 종속 영양적으로 생활하고 있는 반기생식물(半寄生植物)이 있다. 기생식물은 변형된 뿌리를 이용해 다른 숙주식물(host plant)의 관다발에서 양분을 흡수하는 방법을 이용한다. 기생식물 중에서 새삼, 실새삼 같은 경우는 완전히 광합성을 하지 못하지만, 예외적으로 겨우살이 같은 경우는 일부 광합성을 통해 양분을 만들어내기도 한다. 야고나 새삼처럼 광합성을 하지 못하여 전적으로 양분을 숙주에 의존하는 식물을 전기생식물이라 하고 겨우살이처럼 일부 광합성을 하는 기생식물을 반기생식물이라 한다.

활물기생식물과 사물기생식물

전기생식물 중에는 야고·불로초·초종용·백양더부살이·개종

비교 활물기생식물과 사물기생식물

▲ 실새삼

▲ 수정난풀

용·새삼·실새삼처럼 살아있는 다른 생물에 기생하는 활물기생식물(活物寄生植物)과 수정난풀·나도수정초·구상난풀·무엽란·대흥란·천마처럼 생물의 시체나 그 분해도상의 것, 배설물 등을 영양원으로 하는 사물기생식물(死物寄生植物)이 있다. 활물기생과 사물기생이란 섭취하는 탄소원·질소원 기타 영양물질의 화학적 특수성의 차이에 의한 것이 아니고 활물기생에서는 숙주에게서 기생식물의 생육에 필요한 물질, 즉 비타민·호르몬 등을 필요로 하지만, 사물기생에서는 이러한 공여물질을 필요하지 않은 점에서 양자의 뚜렷한 생활양식의 차이를 볼 수 있다.

숙주식물에 붙는 위치에 따른 분류

기생식물의 뿌리를 흡기(吸器)라 하는데, 흡기가 숙주식물에 붙는 위치에 따라 식물의 특징을 구분하기도 한다. 겨우살이와 새삼은 흡기가 줄기나 잎에 붙으므로 줄기기생식물(shoot-parasitic plant)이라고 하고 흡기가 뿌리에 붙는 열당과의 불로초, 초종용, 야고 등은 뿌리기생식물(root-parasitic plant)이라고 한다.

줄기기생식물과 뿌리기생식물 비교

▲ 새삼

▲ 불로초

부생식물의 중요성

부생식물(腐生植物, saprophyte)은 동식물의 고사체(枯死體)·배설물 또는 이것들이 분해되어 생긴 유기물을 생활에 필요한 영양원으로 하는 식물을 말한다. 종속 영양식물이며 광합성 능력이 없는 식물적 미생물군의 대부분이 여기에 속한다. 토양의 부생식물군은 녹색식물이 매일 생산하는 유기물에 필적하는 양을 혐기적 또는 호기적으로 분해한다. 고사체의 유기물을 무기물로 분해하므로 자연계의 물질순환상 분해자로서 중요한 역할을 한다. 부생식물들은 동식물의 사체나 배설물들을 분해하거나 분해되어 생성된 유기물들을 흡수하여 양분을 얻게 된다. 대표적인 부생식물로는 수정난풀과 구상난풀이 있으며, 이들은 생태계의 중요한 분해자 역할을 함으로써 물질순환의 한 부분을 담당하고 있다.

기생식물 무리들의 비교 특징

야고(*Aeginetia indica* L.)는 한라산의 억새군락 밑에서 자라는데, 9월에 연한 홍자색을 띠면서 핀다. 최근 서울 하늘공원(구:난지도)에 야고가 피는데, 이는 억새를 제주도에서 가지고 온 후 거기에 씨앗이 남아 있던 것이 핀 것으로 생각이 된다. 다른 지역에서는

비교 야고, 불로초, 초종용, 백양더부살이, 개종용, 겨우살이

▲ 야고_ 지상부

▲ 불로초_ 지상부

▲ 초종용_ 지상부

▲ 백양더부살이_ 지상부

▲ 개종용_ 지상부

▲ 겨우살이_ 지상부

나지 않는데 하늘공원에서 나는 이유는 쓰레기 매립에 의한 가스 발생으로 인해 주변의 온도가 올라가서 그런 것이 아닐까라는 추정을 해본다. 불로초[*Boschniakia rossica* (Cham. & Schltdl.) B. Fedtsch.]는 백두산의 두메오리나무 군락 밑에서 자라므로 '오리나무더부살이'라고도 부르며, 이들을 찾기 위해서는 먼저 두메오

수정난풀, 나도수정초, 구상난풀, 무엽란, 대흥란, 천마 비교

▲ 수정난풀_ 지상부   ▲ 나도수정초_ 지상부
▲ 구상난풀_ 지상부   ▲ 무엽란_ 지상부
▲ 대흥란_ 지상부   ▲ 천마_ 지상부

리나무 군락지를 확인해야 한다. 초종용(*Orobanche coerulescens* Stephan)은 해변가의 모래땅 사철쑥 뿌리에서 기생하고 백양더부살이(*Orobanche filicicola* Nakai)는 들판의 쑥 뿌리에 기생하므로 먼저 이들의 숙주를 잘 확인해야 쉽게 찾을 수 있다. 개종용(*Lathracea japonica* Miquel)은 울릉도의 음습한 숲 속 교목 뿌리

▲ 개종용_ 꽃

에 기생하고 겨우살이(*Viscum album* var. *coloratum* Ohwi) 종류들은 모두 높은 산 활엽교목들의 꼭대기에서 겨울에 확인할 수 있다. 부생식물인 수정난풀(*Monotropa uniflora* L.), 나도수정초 [*Monotropastrum humile* (D. Don) H. Hara], 구상난풀(*Monotropa hypopithys* L.), 무엽란(*Lecanorchis japonica* Blume), 대흥란(*Cymbidium nipponicum* Makino), 천마(*Gastrodia elata* Blume) 등은 사물기생을 하므로 뚜렷한 장소 없이 전국의 산지 여기저기에서 드물게 발견이 된다.

용도 및 번식법

기생식물은 어느 것이든 매우 귀하며 대개는 한약재나 또는 민간에서 약으로 쓰는 것들이 대부분이다. 다른 나무나 풀에 기생하여 자라기 때문에 인위적으로 기를 수 없는 식물이므로 야생에서 잘 자랄 수 있도록 보호를 하는 것이 바람직하다.

[꽃마리]

지치과(科)

시계의 태엽처럼 돌돌 말려서 피는 꽃마리

▲ 꽃마리_ 지상부

🌿 꽃마리의 어원

꽃마리라는 식물은 꽃송이가 시계의 태엽처럼 돌돌 말려서 피어 난다고 해서 '꽃말이'라는 이름이 붙었다가 점차 '꽃마리'로 변 하여 만들어진 이름이다. 꽃이 필 때 꽃봉오리가 태엽처럼 돌돌 말려 있다가 꽃대가 펴지면서 밑에서부터 한 송이씩 피는 것을 관찰할 수 있다. 흔하게 보이는 꽃이지만, 정말 신기하고 볼수록 정이 가는 우리 꽃이다.

🌿 서 있는 사람은 도저히 볼 수 없는 꽃

꽃의 지름이 2㎜ 안팎에 불과하니 서 있는 사람은 도저히 관찰할 수 없는 꽃이다. 이 꽃을 예쁘게 촬영하려면 접사렌즈를 장착하고 엎드려서 바람이 불지 않는 순간을 한없이 기다려야 한다. 한참을 엎드려 있으면 가슴이 답답하고 호흡이 곤란해지기도 하는데, 이런 인내심을 발휘해야 비로소 맘에 드는 사진을 얻게 되는 것이다. 예쁜 사진을 얻기 위해서는 기다림의 미덕이 필요한 꽃이다.

🌿 봄부터 여름까지 볼 수 있는 꽃

꽃은 봄부터 여름까지 연한 하늘색으로 피고 줄기 끝에 총상꽃차례를 이루며 달리는데, 꽃 속에 노란 동그라미가 있어서 더 예쁘다. 꽃마리는 농촌 들녘에서 일찌감치 봄을 알리는 봄꽃이다. 시골의 들녘뿐만이 아니라 도시의 개천가 또는 아파트 화단의 빈터 등 어디서나 쉽게 자라는 꽃이다. 봄부터 여름까지는 매일 아침 출근길, 아파트 화단 가장자리에서 숱한 꽃마리가 피고 지는 모습을 눈으로 확인할 수 있다.

🌿 꽃마리의 특징

전국 각처의 들이나 밭둑, 길가에서 자라는 두해살이풀이다. 생육환경은 반그늘 혹은 양지에서 자란다. 줄기는 높이가 10~30㎝이고 밑에서부터 가지가 갈라져 한군데에서 많은 개체들이 모여 난 것처럼 보인다. 식물 전체에 짧은 털이 잔뜩 나 있다. 뿌리에서 나온 잎은 긴 잎자루가 있고 뭉쳐나며 난형 또는 타원형이다. 줄기에서 나온 잎은 어긋나고 긴 난형 또는 긴 타원형으로 가장자리가 밋밋하며 잎자루가 없다. 겨울을 난 잎은 여러 장이 함께 땅을 덮으며 옆으로 퍼진다. '잣냉이'라고도 부른다.

❶ 꽃마리_ 잎 ❷ 꽃마리_ 꽃

꽃마리의 꽃과 열매

꽃은 4~6월에 연한 하늘색으로 피고 줄기와 가지 끝에 총상꽃차례를 이루며 달린다. 꽃차례는 윗부분이 말려 있는데, 태엽처럼 풀리면서 아래쪽에서부터 차례로 올라가면서 꽃이 핀다. 꽃받침은 5개로 갈라지고 갈라진 조각은 삼각형이고 털이 있다. 화관은 지름이 2㎜ 정도이고 5개로 갈라진다. 수술은 5개이다. 열매는 4개의 분과로 갈라지는 분열과이고 짧은 자루가 있으며 꽃받침으로 싸여 있다. 분과는 8월경에 익으며 매끄럽고 위쪽이 뾰족하다.

꽃마리 무리들의 비교 특징

기본종인 꽃마리(*Trigonotis peduncularis* Benth.)는 전국에 많이

꽃마리, 꽃바지, 덩굴꽃마리, 참꽃마리 비교

▲ 꽃마리_ 꽃봉오리와 꽃

▲ 꽃바지_ 꽃과 잎

▲ 덩굴꽃마리_ 지상부

▲ 참꽃마리_ 지상부

자라기는 하지만, 꽃이 워낙 작아서 많은 사람들의 관심에서 벗어나 있는 편이다. 이보다 1~2개월쯤 늦게 피면서 크고 화려함을 자랑하는 꽃이 있는데, 바로 참꽃마리와 덩굴꽃마리이다. 꽃이 눈에 잘 띌 정도로 예쁘고 모습이 뚜렷하지만, 막상 만나면 서로 비슷해서 구별하기가 아주 어려운 편이다. 참꽃마리(*Trigonotis nakaii* Hara)는 꽃이 줄기의 마디마다 하나씩 달리기 때문에 꽃과 잎이 번갈아서 하나씩 배열이 된다. 덩굴꽃마리[*Trigonotis icumae* (Maxim.) Makino]는 잎이 모두 줄기 아래쪽에 붙고 꽃차례는 잎이 없는 줄기 끝에 달리기 때문에 이를 잘 비교하면 쉽게 구별이 된다. 꽃바지[*Bothriospermum tenellum* (Hornem.) Fisch. et C. A. Mey.]는 꽃마리와 비교하면 줄기와 잎에

비교 지치, 당개지치, 모래지치, 반디지치, 왜지치, 물망초

▲ 지치_ 지상부

▲ 당개지치_ 지상부

▲ 모래지치_ 지상부

▲ 반디지치_ 지상부

▲ 왜지치_ 지상부

▲ 물망초_ 지상부

누운 털이 많고 잎은 쭈글쭈글하며 끝이 뾰족하다. 꽃은 잎겨드랑이에서 한 송이씩 피고 꽃 속에 노란 동그라미가 없는 점도 꽃마리와 다른 특징이다.

🌿 지치 무리들의 비교 특징

지치(*Lithospermum erythrorhizon* Siebold & Zucc.) 무리들도 이름은 다르지만, 꽃마리와 연관이 아주 깊은 식물이다. 산야의 풀밭에서 두해살이풀로 자라며 '지초'라고도 부른다. 야생식물이지만, 밭에서 많이 심어 기르는 탓에 야생에서는 보기 어려워진 식물이다. 반디지치(*Lithospermum zollingeri* A. DC.)는 건조한 풀밭이나 모래땅에서 군락을 이루면서 자라고 있는 모습이 간혹 발견된다. 모래지치[*Argusia sibirica* (L.) Dandy]는 바닷가 모래땅에서 자라며 꽃이 크고 탐스럽게 생겼다. 당개지치(*Brachybotrys paridiformis* Maxim. ex Oliv.)는 중부 이북 지역의 산속 음습지에서 자라며 꽃이 자주색이고 화려한 모습이다. 백두산을 비롯한 북부지방에서 자라는 왜지치(*Myosotis sylvatica* Hoffm.)는 7∼8월에 꽃이 피는데, 모습이 마치 원예종의 물망초와 비슷하게 생겼다. 높은 지대 음습한 산지의 풀밭에서 무리지어 자라는 꽃이다. 물망초(*Myosotis alpestris* F. W. Schmidt)는 유럽이 원산지로 많은 원예품종들이 만들어져 관상용으로 심어 기르는데, 물망초라는 이름은 영어의 'Forget-me-not'을 한자로 옮긴 것으로 여기에는 발을 헛디뎌 물에 빠져 죽어가면서 '나를 잊지 말아줘'라고 했다는 전설이 담겨 있는 꽃이다.

🌿 작지만 소중한 꽃

꽃마리를 잡초처럼 여기면서도 쉽게 눈을 떼지 못하는 이유는 그 안에 소중함이 살아 숨 쉬고 있기 때문이다. 작은 꽃을 관찰할 때에는 항상 겸손하게 몸을 낮춰야 자세히 볼 수가 있는데, 소중한 생명체에 감사하는 뜻으로 앉아 절을 하면서 가까이 보면 더 예쁘다. 늘 감사하는 마음으로 자연을 관찰하고 꽃을 찾아 나서도록 했으면 좋겠다.

▲ 꽃마리_ 무리

용도 및 번식법

꽃마리는 한방에서 지상부 전체를 '부지채'라고 하여 약으로 쓰고 있다. 꽃이 피었을 때 식물체를 채취하여 즙을 내어 먹거나 햇볕에 말린 것을 달여서 복용하면 수족의 근육마비, 야뇨증, 대장염, 이질에도 좋고, 풍을 없애주는 효능도 있다. 또한 예전에는 종기의 독을 풀어준다고 하여 풀을 찧어서 붙이거나 말린 약재를 가루로 만들어 종기에 바르기도 하였다. 그리고 이른 봄에는 금방 올라온 잎을 나물로 해먹거나 죽을 쑤어 먹기도 했다. 약간 맵고 쓴맛이 있기 때문에 데쳐서 서너 시간 찬물로 우려내서 조리를 하면 색다른 맛을 느낄 수 있다. 8월에 받은 종자를 화단이나 화분에 바로 뿌리거나 종이에 종자를 싸서 보관 후 이듬해 봄에 뿌리면 된다.

[꽃창포]

붓꽃과(科)
꽃창포
무리들의 여름 대행진

▲ 꽃창포_ 지상부

🌿 붓꽃과(科)의 식물 무리

붓꽃과(科)의 식물을 크게 두 무리로 나눈다면 붓꽃 무리들과 꽃창포 무리들로 쉽게 나눌 수 있다. 이들 중 붓꽃 무리들은 아주 많은 종류를 확보하고 있는데 반해, 꽃창포 무리들은 특징과 모양에 따라 소수 몇 종류로 구별을 할 수가 있다. 식물을 관찰할 때 외형만 대충 훑어보는 방식으로 하지 말고 세밀하게 비교·관찰하여야만 한다. 꽃의 구조가 어떤지? 꽃잎과 꽃받침은 있는지? 암꽃과 수꽃은 구분이 되는지? 잎의 모양은 어떤지? 털은 있는지? 오감을 총동원하여 세밀하게 관찰해야만 식물의 특징을 제대로 파악할 수가 있다.

꽃창포의 특징

붓꽃과(科)의 여러해살이풀이며 습기가 있는 산지에서 자란다. 줄기는 곧게 서고 높이가 60~120㎝이며 여러 개가 모여난다. 뿌리줄기는 짧고 갈색 섬유로 싸여 있으며 근경은 옆으로 뻗고 수염뿌리가 난다. 줄기는 녹색이며 무더기로 나고 곧추선다. 잎은 어긋나며 표면은 녹색이고 광택이 있으며 길이 20~60㎝, 폭 5~15㎜이고 가운데 맥이 뚜렷하다. 잎은 칼 모양이고 끝은 점차 뾰족해지며 밑은 엽초를 이룬다. 꽃이 화려하고 예쁜 탓에 오래전부터 재배하면서 개량을 거듭하여 모양과 색깔이 다양한 수많은 품종이 개발되어 있다. 햇빛이 많이 드는 습지에서 잘 자란다.

꽃창포의 꽃과 열매

꽃은 7~8월에 줄기나 가지 끝에 붉은빛이 강한 자주색으로 핀다. 꽃의 밑부분은 잎집 모양의 녹색 포 2개가 둘러싼다. 외화피는 3개이고 맥이 있으며 안쪽에 가늘고 짙은 황색 줄무늬가 있다. 내화피는 3개이고 외화피와 어긋나며 곧게 서고 길이가 4㎝ 정도이다. 암술머리는 3갈래로 갈라지고 갈라진 조각 밑부분에 암술머리가 있다. 수술은 암술머리 뒤에 위치한다. 씨방은 하위(下位)이고 열매는 삭과이며 긴 타원 모양으로 9월에 익는다. 종자는 반원형이고 편평하며 갈색으로 익는다. 관상용으로 심어 기르며 전국의 산지에 드물게 분포한다.

붓꽃과 꽃창포의 비교

붓꽃(*Iris sanguinea* Donn ex Horn)의 외화피 아래쪽에 들어 있는

❶ 꽃창포_ 꽃봉오리 ❷ 꽃창포_ 열매 ❸ 붓꽃_ 꽃봉오리 ❹ 붓꽃_ 열매

흰색, 노란색, 자주색으로 혼합된 어수선한 그물무늬에 비해서, 꽃창포[*Iris ensata* var. *spontanea* (Makino) Nakai]는 외화피 안쪽에 가늘고 길게 들어 있는 노란색의 줄무늬가 꽤도 가지런하고 정결한 편이다. 꽃잎의 색깔이 어떠하든 꽃창포 무리들의 가운데 발달된 가늘고 긴 황색 줄무늬는 모두 공통이다. 외화피의 모양도 붓꽃보다는 훨씬 갸름하고 날씬하게 뻗은 주걱 모양이다. 붓꽃의 꽃 색은 푸른 자주색이지만, 꽃창포는 붉은 자주색이라서 구별이 잘 된다. 여러 가지 꽃창포 종류들을 모두 한데 묶어서 비교해 본다.

꽃창포 무리들의 비교 특징

기본종인 꽃창포는 꽃잎의 색이 붉은 자주색이다. 흰꽃창포(*Iris*

ensata var. *spontanea* for. *alba* Y. N. Lee)는 흰색이고 노랑꽃창포 (*Iris pseudoacorus* L.)는 노란색이다. 꽃창포와 흰꽃창포는 꽃줄기가 갈라지지 않고 곧게 올라와서 끝에 꽃이 하나씩 달리지만, 노랑꽃창포와 흰노랑꽃창포는 꽃줄기가 여러 번 갈라진 다음 줄기 끝에 꽃이 2~3개씩 달리는 점이 다르다. 흰노랑꽃창포는 노랑꽃창포 군락에서 꽃이 유난히 연한 색으로 피는 것을 말하는데, 도감에 정식 명칭으로 올라 있지는 않다. 꽃창포와 흰꽃창포는 습기가 많은 산지의 양지쪽에서 자라지만, 노랑꽃창포와 흰노랑꽃창포는 원산지인 유럽에서 들여와 연못가에 심어 기르는 원예종이다.

꽃창포를 닮은 아이리스(Iris)

속명이 아이리스(Iris)인 꽃들 중에서 야생으로 자라는 우리의 꽃은 붓꽃 무리들과 꽃창포 무리들이지만, 외국에서 들여와서 다양하게 개량하여 만든 원예종들은 특별한 우리말 이름을 붙일 수 없기 때문에 속명인 아이리스를 이름으로 부를 수밖에 없다. 비교적 색이 단조로운 붓꽃이나 꽃창포에 비해서, 원예종으로 품종 개량을 하여 기른 아이리스 종류들은 색상도 다채롭고 모양도 아주 다양하고 화려한 편이다.

꽃창포에 얽힌 사연

예로부터 머리 감을 때 천연세제로 사용되어 왔던 '창포'라는 천남성과(科)의 습지식물이 있는데, 샴푸가 처음 개발되고 나서 광고로 꽃창포 사진을 잘못 실었던 해프닝이 있었다. '인공적으로 만든 샴푸의 성능이 천연세제에 가깝다'는 뜻으로 게재한 꽃 사진이 창포 사진이어야 했지만, 애석하게도 이 꽃창포 사진을 잘못 올렸던 것이다. 식물에 대한 이해가 부족해서 발생된 큰 오류였던 것이다. 식물의 비슷한 이름인 창포, 꽃창포, 돌창포, 석창포

비교 꽃창포, 흰노랑꽃창포, 노랑꽃창포, 흰꽃창포, 붓꽃, 아이리스

▲ 꽃창포_ 꽃

▲ 흰노랑꽃창포_ 꽃

▲ 노랑꽃창포_ 꽃

▲ 흰꽃창포_ 꽃

▲ 붓꽃_ 꽃

▲ 아이리스_ 꽃

▲ 꽃창포_ 무리

에 대한 구별방법도 잘 이해할 수 있어야 하겠다.

용도 및 번식법

관상용으로 기르며 뿌리줄기를 약으로 쓴다. 습기가 많은 곳에 심어두면 해마다 예쁜 꽃을 볼 수 있어서 좋다. 노랑꽃창포를 연못 가장자리에 심으면 오염된 수질이 자정작용으로 맑게 걸러진다. 9월에 결실되는 종자를 냉장보관 후 이듬해 봄에 뿌리는데, 종자가 딱딱하기 때문에 물에 넣고 3~5일 정도 종자를 불려서 사용한다. 잎이 올라오는 봄철에 분주하여 번식시켜도 된다.

[둥근잎나팔꽃]

꽃 모양이 나팔을 닮은 나팔꽃

메꽃과(科)

▲ 나팔꽃_ 지상부

🌿 전국 어디서나 쉽게 볼 수 있는 꽃

메꽃과(科)의 한해살이 덩굴식물인 나팔꽃은 인도 및 중앙아시아가 원산지이지만, 오래전부터 우리나라에 들어와서 굳건히 터를 잡고 자라고 있기 때문에 모두들 우리 토종식물로 알고 있는 편이다. 나팔꽃은 대기오염 물질인 오존이나 이산화황에 민감하게 반응해 들깨, 지의류와 함께 오염의 정도를 알아보는 지표식물로 쓰인다. 나팔꽃과 많이 닮아있는 고구마와 유홍초, 둥근잎유홍초 무리들은 열대아메리카로부터 들어와서 원예 또는 식용으로 이용되고 있는 식물들이다. 나팔꽃은 대개 관상용으로 심지만 길가나 빈터에 야생으로 자라기도 하여 전국 어디서나 쉽게 볼 수 있는 꽃이다.

나팔꽃의 유래

나팔꽃은 인도와 네팔이 원산지인 듯하며 중국을 거쳐 우리나라에 들어와 널리 퍼져 자란다. 나팔꽃은 원래 씨앗을 약으로 쓰기 위해서 들어온 것이라고 하는데, 꽃 모양이 나팔 모양을 닮았다. 넙죽이 벌어진 통꽃의

▲ 나팔꽃_ 줄기와 열매

꽃잎 속에서 나팔 소리가 터져 나와 울려 퍼질 듯한 모습이어서 나팔꽃이란 이름이 붙여졌다. 꽃은 아침 일찍 피었다가 점심때가 지나면 서서히 오므라든다. 야생하는 메꽃은 꽃 모양이 나팔꽃과 비슷하지만 대낮에 꽃이 핀다. 나팔꽃은 색깔도 다양하여 많은 변종이 탄생되고 있다. 그래서 이 꽃을 '바람둥이꽃'이라 하여 정절을 중히 여기는 미망인들은 심기를 꺼렸다고 한다. 꽃잎이 일찍 피었다가 시들기 때문에 정절과 지조가 없는 것으로 간주된 것이다. 나팔꽃 씨앗은 '견우자'라고 하며 운동계 질환과 음식 체증을 다스리는 가정상비약으로 사용되어 왔다. 견우자(牽牛子)라는 이름이 무엇 때문에 붙었을까? 옛날에는 나팔꽃 씨앗을 주고 그 대가로 소 한 마리를 끌고 왔기 때문에 견우자라는 이름이 붙여졌다고 한다.

나팔꽃의 특징

메꽃과(科)의 덩굴성 한해살이풀이며 주변의 물체에 지지하여 자라는 덩굴식물이다. 줄기에는 아래쪽을 향한 털들이 빽빽이 나며 길게 뻗어 다른 식물이나 물체를 왼쪽으로 3m 정도 감아 올라간다. 잎은 어긋나고 긴 잎자루를 가지며 둥근 심장 모양이고 잎몸의 끝이 보통 3개로 갈라진다. 갈라진 가운데 조각은 타원 모양으로 넓고 양가의 조각은 작고 짧다. 갈라진 조각의 가장자리는 밋밋하고 톱니가 없으며 표면에 털이 있다. 잎몸은 길이와 폭이 각각 7~14㎝ 정도이다.

나팔꽃의 꽃과 열매

꽃은 7~9월에 청자색, 홍자색, 흰색, 붉은색 등 여러 가지 빛깔로 피고 잎겨드랑이에서 나온 꽃대에 1~3송이씩 달린다. 나팔 모양으로 생긴 통꽃이 아침 일찍 피었다가 낮에는 오므라들어 시든다. 꽃받침은 깊게 5개로 갈라지고 갈라진 조각은 가늘고 길며 끝이 뾰족하며 뒷면에 긴 털이 있다. 화관은 지름이 10~13㎝이고 깔때기처럼 생겼다. 꽃봉오리는 붓끝 같은 모양으로 오른쪽으로 말리는 주름이 있다. 수술은 5개, 암술은 1개이다. 열매는 9~10월에 결실이 되며 꽃받침 안에 들어 있다. 열매는 3칸으로 나누어진 둥근 삭과이며 3칸에 각각 2개씩의 세모진 종자가 들어 있다.

대기오염의 측정도구

나팔꽃은 최근 학교나 학자들의 실험재료로 많이 쓰이고 있는데, 이는 대기오염의 측정도구로서 중요성을 인정받고 있기 때문이다. 나팔꽃의 잎은 미량의 대기오염물질인 오존·이산화항·옥시단트 등에 민감하게 반응하여 잎의 표면에 붉은 반점을 형성한다. 나팔꽃은 덩굴의 아랫잎이 피해를 받아도 윗잎은 꾸준히 자

❶ 나팔꽃_ 청자색 꽃 ❷ 나팔꽃_ 붉은색 꽃 ❸ 나팔꽃_ 흰색 꽃 ❹ 나팔꽃_ 열매

라기 때문에 오염물질이 계속 방출되는 곳에 놓아두면 시간에 따른 오염 정도를 알아낼 수 있다. 특히 이산화황의 농도에 따른 대기오염을 측정하는 지표식물로 유용하게 쓰이고 있다.

나팔꽃 무리들의 비교 특징

나팔꽃 무리들은 여러 종류가 귀화되어 관상식물로 이용되고 있고 더러는 농경지와 생활주변에 발생하여 잡초로 취급받으며 자라고도 있다. 나팔꽃[*Pharbitis nil* (L.) Choisy]은 보통 잎이 3갈래로 갈라지면서 꽃 색깔이 매우 다양하게 피는 편이고 잎이 갈라

나팔꽃, 미국나팔꽃, 둥근잎나팔꽃, 둥근잎미국나팔꽃 비교

▲ 나팔꽃_ 잎   ▲ 나팔꽃_ 붉은색 꽃과 열매

▲ 미국나팔꽃_ 잎   ▲ 미국나팔꽃_ 청자색 꽃

▲ 둥근잎나팔꽃_ 잎   ▲ 둥근잎나팔꽃_ 붉은색 꽃   ▲ 둥근잎나팔꽃_ 열매

▲ 둥근잎미국나팔꽃_ 잎   ▲ 둥근잎미국나팔꽃_ 연한 청자색 꽃

비교 애기나팔꽃, 별나팔꽃, 고구마, 유홍초, 둥근잎유홍초

▲ 애기나팔꽃_ 잎

▲ 애기나팔꽃_ 흰색 꽃

▲ 별나팔꽃_ 잎

▲ 별나팔꽃_ 연한 홍자색 꽃

▲ 고구마_ 잎

▲ 고구마_ 꽃

▲ 유홍초_ 꽃과 잎

▲ 둥근잎유홍초_ 꽃과 잎

▲ 둥근잎나팔꽃_ 무리

지지 않고 둥근 심장 모양으로 생긴 둥근잎나팔꽃[*Ipomoea purpurea* (L.) Roth]도 있다. 나팔꽃과 둥근잎나팔꽃은 꽃받침이 꽃잎 쪽으로 바짝 올라붙는 것이 특징이다. 잎에 유난히 털이 많고 갈라진 잎의 모양이 호리병을 닮은 모양이면서 가늘고 긴 꽃받침이 꽃잎 쪽으로 붙지 않고 뒤로 자빠지는 형태를 취하고 있는 미국나팔꽃(*Ipomoea hederacea* Jacq.)이 있는가 하면, 잎이 갈라지지 않고 둥근 모양이면서 미국나팔꽃의 특징을 그대로 지니고 있는 둥근잎미국나팔꽃(*Ipomoea hederacea* Jacq. var. *integriuscula* A. Gray)도 있다. 식물체가 아주 작으면서 꽃이 흰색으로 투명하게 피는 애기나팔꽃(*Ipomoea lacunosa* L.)과 꽃잎 끝이 별처럼 뾰족하고 꽃이 연한 홍자색을 띠는 별나팔꽃(*Ipomoea triloba* L.)은 북아메리카에서 들어온 귀화식물이다. 열대아메리카에서 들어와 식용으로 재배하고 있는 고구마[*Ipomoea batatas* (L.) Lam.]도 연한 보라색과 흰색으로 꽃이 피는 것을 볼 수 있다. 열대아메리카가 원산인 유홍초(*Quamoclit pennata* Bojer)와 둥근잎유홍초(*Quamoclit angulata* Bojer)는 잎의 모양에 따라 쉽게 구별할 수 있다.

🌿 용도 및 번식법

관상용으로 전국 각지에서 재배하며 약재로도 많이 쓰인다. 한방

❖ 나팔꽃의 전설

아주 먼 옛날, 한 고을에 그림을 썩 잘 그리는 화공이 있었는데, 이 화공의 부인은 빼어난 미인으로서 이웃 마을에까지 그 소문이 자자했다. 어느 날 그 고을을 다스리는 원님도 화공의 부인에 대한 소문을 듣게 되었다. 원님은 자신의 욕심을 채우는 데 백성들의 원성 따위는 아랑곳하지 않는 사람이었기에 수단과 방법을 가리지 않고 자신의 권력을 이용하여 흑심을 채우려 하였다. "저 화공의 부인이 절세가인이라는데, 어떻게 하면 그 부인을 빼앗을 수 있을까?" 원님은 궁리 끝에 화공의 부인에게 억울한 죄명을 덮어씌워 감옥에 가두고 말았다. "저는 아무 죄도 짓지 않았습니다. 지아비와 함께 그저 욕심 없이 사는 보잘 것 없는 사람일 뿐입니다." 화공의 부인은 원님에게 애원하였지만 아무 소용이 없었다. 죄도 없이 하루아침에 죄인이 된 화공의 부인은 남편을 그리며 많은 날을 눈물로 지새우며 원님의 온갖 유혹을 뿌리쳤다. "지아비만이 내 사랑이니 그 누구도 내 마음을 흔들지 못할 것입니다." 완강히 버티며 남편만을 그리던 부인은 차츰 몸이 붓고 날이 어두워지면 눈앞이 캄캄해 사물을 구별할 수 없게 되었다. 부인을 빼앗긴 화공은 억울한 마음을 하소연할 길이 없어 날마다 부인이 갇혀있는 곳을 찾아갔지만 번번이 쫓겨날 뿐이었다. 부인이 아프다는 소문을 전해 들은 화공은 밤낮으로 허공만 바라보다가 마침내 미쳐 버리고 말았다. 미친 화공은 밖으로는 나오지 않고 집안에만 틀어박혀 그림을 한 장 그렸다. 화공은 완성된 그림을 갖고 부인이 갇혀있는 옥으로 찾아가 땅밑에 묻고 하염없이 눈물을 흘리다가 죽고 말았다. 그 후부터 부인은 밤마다 기이한 꿈을 꾸기 시작하는데, 남편이 서럽게 눈물을 흘리다가 사라지는 꿈이었다. 부인은 이상하게 생각하고 아침에 창을 열어 밖을 내다보니, 그 곳에는 한 줄기 아름다운 덩굴 꽃이 피어 있었다. 마치 피멍이 든 듯 담자색의 나팔 모양을 한 예쁜 꽃이었다. "나를 잃고 원한에 사무쳐 죽은 지아비의 넋이로구나. 당신은 이렇게라도 나를 찾아와 주셨군요."라며 부인은 죽은 남편을 생각하며 언제까지나 뜻을 굽히지 않았다고 한다. 훗날, 그 꽃의 생김새가 나팔 모양이라 하여 '나팔꽃'이라 불렀으며 나팔꽃의 씨앗은 부종, 수종, 이뇨, 요통, 야맹증, 태독 등에 다른 약재와 같이 처방되어 약으로 사용되었다.

▲ 둥근잎유홍초_ 무리

에서는 말린 나팔꽃 종자를 견우자(牽牛子)라고 하는데, 푸르거나 붉은 나팔꽃의 종자를 흑축(黑丑), 흰 나팔꽃의 종자를 백축(白丑)이라고 한다. 10월에 잘 익은 종자를 채집하여 햇볕에 말린다. 물에 푹 담가 부풀게 하거나 불에 볶아서 사용하기도 한다. 주로 운동계 질환과 음식 체증을 다스리는 데 쓴다. 대소변을 통하게 하고 부종, 적취, 요통에 효과가 있다. 견우자는 사하작용(瀉下作用, 설사가 나오도록 하여 독이나 열 또는 체한 것이 배설되도록 하는 작용)과 이뇨작용(利尿作用)이 강하고 기를 잘 내려 몸이 부을 때, 만성 신우신염, 간경화 등으로 복수가 찰 때 사용한다. 해수, 천식에 유효하며 완고한 변비, 기생충 제거에도 사용한다. 적용질환은 음식물에 체했을 때, 즉 오랜 체증이나 대소변을 보지 못할 때에 달여서 복용하며 그 밖에 복수(腹水)나 몸에 부기가 있을 때에도 쓴다. 흑축의 효과가 백축보다 빠르다. 약으로 쓸 때는 탕으로 하거나 생즙을 내거나 산제 또는 환제로 하여 사용한다. 씨의 생즙을 쓸 때에는 물에 불려 짓찧어서 생즙을 낸다. 임산부는 장복을 금한다. 민간에서는 나팔꽃에 잎이 많이 붙어 있을 때 뿌리에서 20㎝쯤 잘라서 말려 두었다가 동상에 걸렸을 때 이것을 달인 물로 환부를 찜질하기도 한다. 종자는 3~4년간 발아력이 보존된다. 종자 껍질에 가위 등으로 상처를 내서 파종하면 흡수가 잘 되어 발아가 잘 된다. 주로 울타리 주변에 관상용으로 심는다.

[노루귀]

미나리아재비과(科)

아기 노루의 귀를 닮은 노루귀

▲ 노루귀_ 지상부

🌿 이른 봄철에 피는 예쁜 꽃

눈이 채 녹지도 않은 이른 봄, 양지바른 산자락에서 방긋 웃으면서 고개를 내미는 노루귀의 자태는 가히 우리 야생화를 대표할만한 꽃이다. 낮으로는 따뜻하지만 아침저녁으로는 아직 날씨가 을씨년스럽게 추워서 그런지 온 몸에 솜털을 잔뜩 뒤집어쓰고 가련한 모습으로 꽃대를 피워 올리는 모습에 매료되어 촬영자들은 쉴 새 없이 셔터를 누르기에 바쁘다.

❶ 노루귀_ 어린잎 ❷ 노루귀_ 잎 ❸ 노루귀_ 꽃봉오리 ❹ 노루귀_ 열매

다채로운 색깔의 꽃

노루귀의 꽃 색은 참으로 다양하다. 분홍색, 자주색, 흰색, 청색, 보라색, 하늘색 등의 색깔이 다양하게 조화를 이루면서 여러 색깔로 꽃이 핀다. 꽃 색깔이 다채롭기 때문에 오래 보고 있어도 지루하지가 않다. 보는 이들도 모두 감탄을 연발하기 마련이다. 하지만 꽃 색깔에 따라서 종류가 달라지는 것은 아니다. 그렇기 때문에 분홍노루귀, 자주노루귀, 청노루귀, 흰노루귀라고 부르는 것은 잘못이고 색깔을 따로 표현하여 분홍색 노루귀, 자주색 노루귀, 청색 노루귀, 흰색 노루귀라고 불러야 옳다. 식물의 이름은 고유명사이기 때문에 암만 길어도 붙여서 써야 되지만, 도감에도 없는 이름을 맘대로 붙여 써서는 안 된다.

이름이 붙은 사연

전국의 각 지역 산지에서 비교적 흔하게 볼 수 있는 노루귀는 어릴 때 돋는 잎의 모양이 노루의 귀처럼 동그랗게 말리고 뒷면에 털이 보송보송하게 돋아 있는 모습 때문에 노루귀라고 불리게 되었다. 꽃이 잎보다 먼저 피기 때문에 꽃이 지면서 열매로 변할 무렵에 볼 수 있는 현상이다. 잎은 처음에 노루의 귀처럼 말려서 돋다가 자라면 나란한 모습으로 펼쳐진다. 꽃이 무척 예쁜 편이지만, 이름은 엉뚱하게도 잎 모양에서 유래된 것이다.

❶ 노루귀_ 분홍색 꽃　❷ 노루귀_ 보라색 꽃　❸ 노루귀_ 연분홍색 꽃
❹ 노루귀_ 청색 꽃　❺ 노루귀_ 하늘색 꽃　❻ 노루귀_ 흰색 꽃

▲ 노루귀_ 자주색 꽃과 흰색 꽃

🌿 노루귀의 촬영

노루귀의 예쁜 모습을 사진으로 찍어서 표현할 때에는 꽃자루에 돋은 털을 잘 살려야 한다. 정면광이나 측면광보다는 역광이나 반역광으로 찍어야 입체감이 잘 표현되고 부드러우며 보송보송한 털을 생동감 있게 표현할 수가 있다. 하지만 너무 과감하게 표현을 하려다 보면 아주 사진을 망치는 경우가 적지 않다는 점을 촬영자들은 명심해야 한다.

🌿 노루귀의 특징

노루귀는 우리나라 각처의 산지에서 자라는 여러해살이풀이다. 다소 경사진 숲 속에서 자라는데, 큰 나무들의 잎이 무성해지기 전에 꽃을 먼저 피운다. 생육특성은 나무 밑 양지쪽에서 자라며, 노루귀가 잘 자라는 곳의 토양은 비옥하다. 뿌리줄기가 비스듬히 자라고 마디가 많으며 검은색의 잔뿌리가 사방으로 퍼져나간다. 잎은 뿌리에서 뭉쳐나는데 3~6장이다. 길이 약 15㎝ 정도의 긴 잎자루를 가지며 3개로 갈라진다. 갈라진 잎은 달걀 모양이고 끝이 뭉뚝하다. 잎은 다소 두텁고 표면에는 간혹 흰 무늬가 있으며 뒷면에는 긴 털이 나 있다. 몸 전체에 희고 긴 솜털이 많이 달린다. 잎몸의 길이는 약 5㎝ 정도이다.

노루귀의 꽃과 열매

꽃은 3~5월에 잎보다 먼저 피는데, 뿌리에서 난 1~6개의 꽃줄기에 위를 향해 한 송이씩 달린다. 꽃은 흰색, 분홍색, 자주색으로 다양하게 피고 지름은 약 1.5㎝ 정도이다. 총포는 3개로 녹색이고 흰털이 빽빽이 난다. 꽃잎은 없고 꽃잎 모양의 꽃받침잎이 6~8개 있다. 꽃받침잎은 장타원형이며 꽃잎처럼 생겼다. 꽃받침 한가운데에 많은 수술과 암술이 둥글게 뭉쳐 있으며 황색이고 씨방에 털이 있다. 열매는 수과로서 퍼진 털이 나며 6월에 총포에 싸여서 익는다.

노루귀 무리들의 비교 특징

꽃의 색깔이 제법 다양한 노루귀(Hepatica asiatica Nakai)는 꽃이 먼저 피었다가 꽃이 시들 때쯤 되어서야 잎이 왕성하게 자라기 시작한다. 반면에, 섬노루귀와 새끼노루귀는 꽃과 잎을 함께 볼 수 있다는 점에 큰 특징이 있다. 산의 높이에 따라서 노루귀의 꽃이 피는 시기는 많이 차이가 난다. 대개 4월에 많이 볼 수 있는 노루귀의 꽃이 낮은 산에서는 3월이면 볼 수 있고 높은 산에서는 5월이 되어야 꽃잎이 펼쳐지는 모습을 관찰할 수 있다. 울릉도의 숲속에서 자생하는 섬노루귀(Hepatica maxima Nakai)는 다른 지역의 노루귀보다 훨씬 크고 튼튼하게 생겼으며 털도 아주 많은 편이다. 몸집이 아주 거대한 노루귀라고 하여 일명 '큰노루귀'라고도 불린다. 바람이 많고 기후가 거친 울릉도의 자생지 환경을 슬기롭게 소화하고 있는 식물이 바로 섬노루귀인 셈이다. 꽃은 대개 흰색이기는 하지만, 봉오리일 때와 꽃이 오므라져 있을 때에는 연한

비교 노루귀, 새끼노루귀, 섬노루귀

▲ 노루귀_ 잎 뒷면

▲ 노루귀_ 꽃

▲ 새끼노루귀_ 잎

▲ 새끼노루귀_ 꽃

▲ 섬노루귀_ 잎

▲ 섬노루귀_ 꽃

▲ 섬노루귀_ 열매

▲ 섬노루귀_ 지상부

분홍색을 띠고 또 가끔은 끝부분에서 울긋불긋한 색깔을 다양하게 띠는 것도 있다. 남쪽 섬지방에서 자라는 새끼노루귀(*Hepatica insularis* Nakai)의 꽃 또한 대부분 흰색이며 몸체가 아주 작은 편이다. 잎의 표면에 백색의 얼룩무늬 반점이 크게 나타나는 것이 큰 특징이다. 다른 식물에서는 몸체가 좀 작고 왜소하게 꽃이 피는 종류들의 이름 앞에 '애기~'나 '좀~'을 접두사로 붙이는 반면, 노루귀의 경우에는 '새끼~'를 붙여 부르는 것이 조금 다르다. 여름철 잎이 한창 무성할 때에는 잎 뒷면이 붉은 자주색을 띤다. 노루귀속(屬)의 식물은 전 세계적으로 약 7종밖에 되지 않는데, 우리나라에는 그 중 3종이 분포한다. 노루귀는 남해안부터 북부지방을 거쳐 만주, 우수리 등지까지 분포하므로, 섬노루귀나 새끼노루귀와는 분포 지역이 다르다. 울릉도에는 섬노루귀가 분포하고, 새끼노루귀는 주로 전남과 제주 등의 남부지방에 분포하는 반면, 노루귀는 전국적으로 분포한다.

◈ 노루귀의 전설

노루귀를 떠올릴 때마다 생각나는 아름다운 이야기가 있다. 경기도 화성시 봉담읍 분천리에 위치한 '노루고개'에 얽힌 함평이씨와 노루와의 만남이다. 옛날 산골에 함평이씨가 살고 있었다. 그는 집이 가난해 나무로 생계를 이어갔다. 어느 날 산에서 나무를 하고 있는 그에게 커다란 노루 한 마리가 달려와 그가 해 놓은 나뭇더미 속으로 들어가 숨었다. 그리고 조금 후에 포수가 뛰어와 노루 한 마리가 도망가는 것을 보지 못했느냐고 물었다. 함평이씨는 시치미를 뚝 떼고 모른다고 했다. 구사일생으로 목숨을 건진 노루는 그에게 고맙다는 인사를 하는 듯 머리를 끄덕이더니 산 중턱으로 그의 옷자락을 물고 끌었다. 어느 한 지점에 다다른 노루는 드러눕는 시늉을 해 보였다. 노루의 행동을 지켜보던 이씨는 마침내 그 뜻을 짐작했다. "아, 이 자리가 명당이라는 뜻이구나." 노루가 알려준 지점을 표시해 둔 이씨는 부모님이 돌아가시자 그 자리에 묘를 썼다. 그 후로 이씨의 자손들은 번창했고 그 가문에서 많은 공신이 나왔다고 한다. 이때부터 사람들은 이씨와 노루가 만난 이 고개를 '노루고개'라 불렀다.

▲ 새끼노루귀_ 무리

🌿 생명을 소중히 여기는 마음

자신의 목숨을 살려준 사람에게 고마움의 눈물을 글썽이며 고갯짓을 하였을 그 노루의 눈빛과 자태가 봄의 야생화 노루귀에서 고스란히 묻어난다. 생명을 소중하게 여기는 순박하고 아름다운 이씨의 마음, 그 마음에 보은하려는 노루의 맑은 몸짓은 가녀린 야생화의 생명과도 같다. 매년 맞이하는 봄, 우리도 생명을 소중하게 여기는 마음으로 내가 만나는 모든 풀꽃들을 사랑하며 살았으면 좋겠다. 또한 노루귀를 포함한 이 땅의 모든 야생화는 우리 모두의 중요한 식물자원이다. 때문에 한 포기라도 훼손됨이 없도록 철저히 자생지를 보호하는 태도를 가졌으면 한다. 야생식물은 야생에서 꽃이 피어야만 소중한 의미가 있고, 원예식물은 사람이 노력을 들여서 예쁘게 길러야만 훌륭한 가치를 발휘하는 법이니까 말이다.

▲ 섬노루귀_ 무리

용도 및 번식법

꽃이 아름답고 일찍 피기 때문에 관상용으로 가치가 있다. 뿌리를 포함한 전초는 약으로 쓴다. 봄에 어린잎을 나물로 무쳐 먹는다. 뿌리에는 독성이 있는 사포닌이 함유되어 있어 뿌리 부분을 제거하고 먹어야 안전하다. 민간에서는 8~9월에 포기로 채취하여 두통과 장 질환에 약으로 쓴다. 뿌리를 포함한 모든 부분을 약재로 쓰기도 하는데, 새끼노루귀와 섬노루귀도 함께 쓰인다. 여름에 채취하여 햇볕에 말려 잘게 썰어서 사용하면 진통, 진해, 소종의 효능이 있다. 적용질환은 두통, 치통, 기침, 장염, 설사 등이며 말린 약재를 달여서 복용한다. 가을에 뿌리 부분의 포기를 나누어 심는데, 6월에 받은 종자는 바로 뿌리고 종자 발아 후 20~30일이 지나면 양지쪽으로 옮겨 심는다.

[개다래]

다래나무과(科)

야생 열매의 최고봉 다래나무 이야기

▲ 다래나무_ 열매

🌿 야생 열매들의 최고봉

산에서 나는 야생 열매들 중에서 다래는 머루와 함께 옛날부터 으뜸으로 여겨왔던 귀한 먹거리로 인정받는 최고의 열매다. 열매의 맛이 달다고 하여 다래라고 부르게 되었다. 배를 굶주렸던 시절에는 구황식물로, 요즘 같은 풍요로운 시기에는 무공해 별미식품으로, 세월이 암만 변해도 인기가 떨어질 줄 모르는 값진 열매이다.

▲ 다래나무_ 생태 모습

새콤달콤한 맛

한 입에 쏘옥 들어오는 알맞은 크기이면서 새콤달콤한 맛을 낸다. 잘 익은 열매를 야생에서 따먹는 재미는 어느 다른 것에 비할 수 없는 신선한 맛이다. 열매 모습은 대충 볼 때 비슷하게 생겼지만, 자세히 관찰하면 종류별로 많은 특징을 가지고 있다. 식물의 특징을 모두 파악하기 위해서는 꽃과 잎 그리고 열매의 특징을 모두 세밀하게 관찰해야만 한다. 세밀하게 관찰하지 않고서는 종류를 정확하게 구별할 수가 없기 때문이다.

다래나무의 특징

다래는 전국 각처의 산에서 자라는 낙엽덩굴나무이다. 깊은 산 1,600m 이하의 골짜기 계곡이나 너덜바위 지역에 주로 분포한다. 군락성이 강하여 아주 큰 군락을 이루기도 하며, 다른 나무를 감아 올라가거나 바위에 기대어 뻗어 나간다. 생육환경은 깊은 산의 숲 속이니 토양이 깊고 부식질이 많은 곳에서 잘 자란다. 길이는 7m에 달하고 어린가지에는 잔털이 있다. 잎은 어긋나고 넓은 난형 또는 타원형이다. 길이 6~12㎝, 폭 3.5~7㎝로서 표면에 털이 없으며 뒷면 맥 위에 연한 갈색 털이 있지만 곧 없어진다. 끝은 뾰족한 타원형이고 가장자리에 바늘 모양의 잔톱니가 있으며 앞면에는 윤기가 있다. 잎자루는 길이 3~8㎝ 정도이며 잔털이 있다. 가을에는 노랗게 단풍이 든다.

다래나무의 꽃과 열매

꽃은 이가화로서 5월에 백색으로 피는데, 3~10개가 아래를 향해 달린다. 지름 2㎝ 정도이며 향기가 있다. 암꽃은 암술 끝이 여러 갈래로 갈라진 암술 1개와 퇴화된 헛수술이 있다. 수꽃은 40여 개의 수술과 퇴화된 암술이 있다. 꽃잎은 5장이고 기부에 갈색이 돌며 꽃받침잎은 긴 타원형이고 겉에 잔털이 있으며 5갈래로 갈라진다. 열매는 길이 2.5㎝ 정도로서 난상 원형이며 10월에 황록색으로 익으며 맛이 좋다.

다래나무 무리들의 비교 특징

흔히 야생 상태로 먹을 수 있는 열매를 그냥 다래라고 부르기는 하지만, 그 종류들을 구체적으로 구별해 보면, 다래(*Actinidia arguta* Planch.), 쥐다래[*Actinidia kolomikta* (Maxim. & Rupr.) Maxim.], 섬다래[*Actinidia rufa* (S. et Z.) Planch.]의 열매는 맛이 좋아서 먹을 수 있고, 개다래[*Actinidia polygama* (Siebold & Zucc.) Planch. ex Maxim.]의 열매는 맛이 쓰고 떫어서 먹을 수가 없다. 다래나무는 전국의 산지에서 자라는데, 꽃이 필 때 비교적 많은 꽃을 피우기 때문에 매개체인 벌과 나비가 쉽게 알아보고 모여든다. 하지만 개다래나무와 쥐다래나무는 피는 꽃의 수도 적을 뿐만 아니라 크기도 작고 방향이 아래를 향하고 있어서 벌과 나비가 쉽게 확인할 수가 없다. 그래서 꽃이 피는 시기에만 일시적으로 잎의 색깔이 화려하게 변해서 벌과 나비를 유혹하는 작전을 쓰게 된다. 다래나무와 개다래나무는 산의 높이에 관계없이 두루 자라지만, 쥐다래나무는 비교적 높은 산에서 자라는 모습을 볼 수 있다. 섬다래는 제주도와 전라남도 지방에서 자라는 걸 볼 수 있다.

식물의 번식전략

야생에서 자라는 개다래와 쥐다래의 꽃은 아래를 향해서 피고 줄기와 잎에 가려져 잘 보이지 않기 때문에 벌과 나비들이 쉽게 확인을 할 수가 없다. 꽃이 피는 번식기가 되면 개다래의 잎은 주로 흰색으로 변하여 벌과 나비를 유혹하게 되고, 쥐다래는 잎이 연한 홍색으로 변해서 유혹을 하게 된다. 번식이 필요한 시기에 잎의 색깔을 변화시켜서 곤충들의 눈에 잘 띄도록 함으로써 후손을 번식시키려고 하는 철저한 작전을 사용하는 것이다. 수분과 수정이 필요한 시기에는 멀리 있는 벌과 나비를 유혹하기 위해서 꽃 주변에 있는 잎의 색깔이 꽃잎처럼 변해서 곤충을 유혹하고, 더 이상 곤충의 도움이 필요 없게 된 시기에는 잎의 색이 원래의 녹색으로 돌아가는 치밀한 계획을 식물의 번식전략이라고 한다.

열매의 종류 비교

이 종류들의 꽃은 대부분 비슷하지만 열매의 모습은 각기 다른 편이다. 다래 열매는 둥글납작한 원형이고, 개다래와 쥐다래의 열매는 모양이 길쭉하게 생긴 타원형이다. 쥐다래의 열매는 타원형이지만 끝이 넓적하고 뭉툭하게 생겼으며, 개다래의 열매는 길고 끝이 뾰족하며 익으면 연한 주황빛으로 변한다. 다래와 쥐다래는 익으면 맛이 달고 좋지만, 개다래는 혀를 톡 쏘는 맛이 강하며 떫고 쓴맛이 있어서 먹지 못하는 것이 다르다. 개다래는 열매에 충영(蟲癭)이 생겨서 울퉁불퉁한 것이 많고, 남쪽 섬지방에서

다래나무, 개다래 비교

▲ 다래나무_ 잎

▲ 다래나무_ 열매

▲ 다래나무_ 암꽃

▲ 다래나무_ 수꽃

▲ 개다래_ 잎

▲ 개다래_ 열매

▲ 개다래_ 암꽃

▲ 개다래_ 수꽃

비교 쥐다래, 섬다래

▲ 쥐다래_ 잎

▲ 쥐다래_ 열매

▲ 쥐다래_ 암꽃

▲ 쥐다래_ 수꽃

▲ 섬다래_ 잎

▲ 섬다래_ 열매

▲ 섬다래_ 암꽃

▲ 섬다래_ 수꽃

▲ 개다래_ 충영　　　　　　　　▲ 개다래_ 잎의 생태 모습

자라는 섬다래는 열매가 갈색이고 표면에 털이 많아서 쉽게 구별이 된다. 잎과 줄기 표면에 짙은 갈색 털이 있고 열매 표면에도 짧은 갈색 털이 있기 때문에 쉽게 구별할 수 있다.

🌿 식물의 생태 파악

어느 지역이라도 산에 다래 종류들은 흔히 많지만, 꽃피는 덩굴을 봤다고 해서 가을에 열매를 따러 가면 판판이 실수하는 수가 있다. 다래 종류들은 암그루와 수그루가 따로 있고 암꽃과 수꽃이 각각 다른 나무에서 따로 핀다. 즉, 암꽃이 피는 덩굴을 확인하고 가을에 가야 열매를 딸 수가 있다. 줄기가 덩굴성이라서 다른 키가 큰 나무들을 칭칭 감고 높게 올라가며 원줄기는 희끗한 갈색인데다 잎은 아주 넓적한 타원형, 누가 봐도 한눈에 알 수 있는 정도이다.

용도 및 번식법

잘 익은 열매는 맛이 좋기 때문에 생식으로 하고 연할 때 잎을 따서 나물로 무쳐 먹는다. 줄기와 껍질로 바구니를 만들기도 하고 노끈으로 사용되기도 한다. 열매는 여러 가지 약리작용을 하는데, 열을 내리고 갈증을 멈추게 하며 이뇨작용도 한다. 만성간염이나 간경화증으로 황달이 나타날 때, 구토가 나거나 소화불량일 때도 효과가 있다. 비타민 C와 타닌이 풍부해서 피로를 풀어 주고 불면증, 괴혈병 치료에도 도움을 준다. 뜨거운 물을 끼얹어 건조시킨 것을 달여 마시면 신경통에도 좋다고 한다. 날로 먹거나 차 또는 과일주를 담가 먹기도 한다. 다래주도 몸을 따뜻하게 해주며 이뇨, 강심, 강장 등에 효능이 있다. 꿀을 넣고 조려서 정과를 만들기도 한다. 수액은 신장병 치료제로 사용한다. 개다래 열매에 충영이 생긴 것은 목천료(木天蓼)라 하여 귀중한 한약재로 쓰는데, 수족냉증, 요통, 류머티즘, 신경통 치료에 사용한다. 다래나무로 지팡이를 만들어 짚고 다니면 요통이 없어진다는 말도 있다. 줄기나 그해 올라온 부드러운 싹을 이용하여 봄과 가을에 꺾꽂이로 번식시킨다.

[시닥나무]

단풍나무과(科)

단풍의 진실과 **단풍나무** 무리의 상세 분류

▲ 가을에 붉게 물든 단풍나무 잎

🌿 노랗고 빨갛게 물드는 단풍

　가을이 되면 나뭇잎들이 붉거나 노란색으로 물이 드는 것을 흔히 단풍이라고 말을 하지만, 엄밀하게 '단풍나무'라는 식물종이 고유한 이름으로 따로 있는 것이다. 단풍나무 무리들은 다른 나뭇잎보다 유난히 더 짙고 더 아름다운 색깔로 곱게 물드는 활엽수인데, 단풍나무과(科)에 속하는 식물에도 여러 종류가 있다. 단풍나무와 당단풍나무는 가을에 붉게 물이 들지만, 고로쇠나무와 우산고로쇠나무는 흔히 노랗게 단풍이 드는 것을 볼 수 있다.

단풍나무 종류들의 공통 특징

단풍나무 종류들의 잎은 대개 손바닥을 넓게 펼친 모양으로 잎이 돋는데, 이런 모양을 장상(掌狀)이라고 한다. 단풍나무 종류들의 잎들은 대개 장상이긴 하지만, 신나무나 산겨릅나무의 경우엔 잎 모양만 가지고서는 전혀 공통성을 발견할 수가 없다. 단풍나무 종류들의 가장 뚜렷한 공통성은 바로 열매의 모양에서 찾을 수 있기 때문이다. 단풍나무과(科)의 모든 식물들은 열매가 2개씩 쌍으로 붙어서 V자 모양으로 달리는데, 넓게 날개가 붙어 있어서 익으면 꼭지가 떨어지면서 바람에 날려 멀리까지 퍼져나간다. 이런 열매를 시과(翅果)라고 부르는데, 이것이 바로 단풍나무과(科)의 식물들이 가지는 공통 특징이라 할 수 있다.

가을에 단풍이 드는 이유

단풍은 나뭇잎의 생육이 둔화되면서 나타나는 현상이며, 일반적으로 기온이 식물생육의 최저온도인 섭씨 5℃ 밑으로 떨어지기 시작하면 생겨난다. 계절이 가을로 바뀌면서 밤이 길어지고 태양빛은 약해지며 또 기온도 떨어진다. 이때부터 나뭇잎의 밑동에는 얇은 막이 생겨 잎과 줄기를 연결하는 통로를 막아 줄기로부터 올라오는 인과 마그네슘 등 영양분과 수분이 잎으로 공급되는 것을 억제하면서 광합성이 점점 둔화된다. 이에 따라 광합성이 일어나는 장소인 녹색의 엽록소는 더 이상 생성되지 못하고 남아 있던 엽록소도 햇빛에 파괴돼 감소하면서 잎의 색깔이 변하게 된다.

잎의 색소 변화

색깔 변화는 색소에 따라 다소 차이가 있다. 붉은색 단풍은 '안토시아닌'이란 붉은 색소가 만들어지면서 생겨난다. 또한 빨간색과 분홍, 파랑, 보라색을 띠는 색소인 '플라보노이드'의 일종인 '안토시아닌'은 광합성의 산물인 당이 더 이상 나무로 이동하지 못함에 따라 잎의 당 농도가 높아지고 낮 시간에 햇빛을 많이 받으면서 새롭게 만들어진다. 세포의 액체 부분에 있는 '안토시아닌'은 이 액체의 pH가 높고 낮음에 따라 산성에서는 붉은색을 띠고 중성과 알칼리성에서는 파란색을 나타낸다. 그러나 붉은색 단풍과 달리 노란색 단풍은 기존에 있던 색소가 겉으로 드러나는 경우이다. 잎에는 엽록소 외에 보조색소인 '카로티노이드'와 같은 광합성 색소가 있는데, 이 색소는 흡수된 빛에너지를 엽록소로 보내주는 기능을 한다. 카로티노이드 계열의 색소는 노란색이나 오렌지색을 나타내는 '카로틴'과 노란색을 띠는 '크산토필'로 구별된다. 이들 색소는 엽록소가 왕성하게 활동하는 때는 엽록소에 가려 자기 색깔을 내지 못하다가 엽록소가 소멸되면서 겉으로 드러난다. 한편 갈색 단풍은 '타닌'이란 갈색 색소가 겉으로 드러나면서 생기는 경우이다.

단풍의 진실

단풍은 가을에 나뭇잎의 빛깔이 변화하는 현상을 말한다. 엽록소 생산을 중지한 나뭇잎이 안토시아닌이나 카로틴 및 크산토필 색소를 만들어서 붉은색이나 노란색으로 변한다. 동일 수종이라도 가용성 탄수화물의 양에 차이가 있어서 개체 변이가 심하게 나타난다. 가을이 되어 기온이 5℃ 이하로 떨어지면 나무는 엽록소의 생산을 중지하고 잎 안에 안토시아닌을 형성하여 붉은색으로 변한다. 그리고 안토시아닌 색소를 만들지 못하는 나무들은 비교적 안정성이 있는 노란색과 등색의 카로틴 및 크산토필 색소를 나타내게 되어 투명한 노랑의 잎으로 변한다. 또한 붉은색의 안토시아닌과 노란색의 카로틴이 혼합되면 화려한 주홍색이 되는데 이것은 단풍나무류에서 관찰할 수 있다. 어떤 수종에 있어시는 엽

▲ 단풍은 가을에 잎의 색소 변화로 나타나는 현상이다.

록소와 카로티노이드가 동시에 파괴되고 새로운 카로티노이드가 합성되기도 한다. 그래서 녹색의 색소가 없어지고 노란 색소가 나타나며, 또 적색의 색소가 형성되고 이것들이 서로 어울려 여러 가지 빛깔의 단풍을 만들게 된다. 참나무류와 너도밤나무는 타닌 때문에 황갈색을 나타낸다. 단풍이 아름답게 물들기 위해서는 날씨가 건조해야 하며 0℃ 이하로 내려가지 않는 범위 내에서 기온이 차야 한다. 아름다운 단풍은 낙엽수종이 주로 만드는데, 우리나라는 단풍을 만드는 나무의 종류가 많아서 가을이 되면 글자 그대로 아름다운 금수강산으로 변한다. 단풍은 산마루부터 시작해서 계곡으로 내려오고 북쪽에서 시작해서 남쪽으로 내려오는데, 이것은 한랭한 기온의 변화 때문이다. 온도의 변화에 따라 단풍이 드는 계절의 시작에는 차이가 많으나 대체로 10월 하순에서 11월 중순이 단풍의 계절이라 할 수 있다. 단풍은 낮과 밤의 기온차가 크거나 여름에서 갑자기 가을이 되면서 기온이 뚝 떨어질 때 더욱 아름답게 물든다. 기상청에서는 산 전체를 기준으로 20% 정도가 물들었을 때를 첫 단풍이라고 하고 80%가량 물들었을 때 단풍의 절정기라 구분 짓고 있다. 단풍이 드는 나무들은 모두 가을에 잎이 떨어지는 낙엽수들인데, 이와는 달리 사철 내내 푸른

▲ 단풍나무_ 열매

잎을 자랑하는 상록수도 있다. 상록수 중에서도 색깔이 변하는 종류가 있으나 대개의 상록수들은 낙엽수에 비해 잎이 두껍고 질겨 춥고 건조한 겨울을 무사히 지낼 수 있기에 낙엽을 만들지 않는다.

단풍나무의 특징

전국의 산지 계곡에서 자라지만, 흔히 정원과 공원에 심어 가꾸고 있다. 높이는 10m에 달하고 작은 가지는 털이 없으며 붉은빛을 띤 갈색이다. 수피는 회색 또는 엷은 회갈색이다. 잎은 마주나고 손바닥 모양으로 5~7개로 깊게 갈라진다. 갈라진 조각은 넓은 피침형이고 끝이 뾰족하며 가장자리에 겹톱니가 있다. 뒷면에는 털이 있으나 점차 없어지며 길이가 5~6cm이다. 잎자루는 붉은색을 띠고 길이가 3~5cm이다. 습기가 많고 배수가 잘 되는 토양에서 잘 자란다. 일반 사람들이 말하는 단풍은 단풍나무속(屬)에 딸린 종류를 통틀어서 가리키고 있다. 본시 가을철에 붉은색으로 변하는 데서 생긴 이름이지만 붉어지지 않는 종류도 있다.

단풍나무는 흔히 중부 이남의 산지에서 자라며 내한성, 내병충성, 내공해성이 강하다. 다양한 종류의 토양에서 잘 자란다.

단풍나무의 꽃과 열매

꽃은 일가화로 암꽃과 수꽃이 한 그루에 핀다. 5월에 검붉은 빛으로 피고 가지 끝에 산방꽃차례를 이루며 달린다. 꽃잎과 꽃받침잎은 각각 5개로 부드러운 털이 있다. 수술은 8개이고 암술대는 2개로 갈라진다. 단풍나무 종류들은 대부분 꽃이 검붉은 색으로 작게 피는데, 사람들의 시선을 한눈에 끌 정도로 화려하지는 못한 편이다. 그래서 사람들은 꽃이 피지 않는다고들 흔히 말하지만, 가을에 뚜렷하게 열매를 맺는 걸 보면 꽃은 분명히 피는 것이다. 6월에 피는 꽃보다는 오히려 9월에 달리는 열매 모습이 더 화려하고 아름다운 편이다. 열매는 시과(翅果)이고 길이가 1cm이며 털이 없고 10월에 익는다. 열매에 붙은 날개는 긴 타원형이고 날카롭게 또는 둔하게 벌어진다. 시과는 과피가 얇은 막 모양으로 돌출하여 날개를 이루어 바람을 타고 멀리 날아 흩어지는 열매이다.

단풍나무 무리들의 비교 특징

단풍나무과(科)에도 비슷한 여러 종류가 있다. 단풍나무(*Acer palmatum* Thunb.)와 당단풍나무[*Acer pseudosieboldianum* (Pax) Kom.]를 비롯해 섬단풍나무(*Acer takesimense* Nakai), 중국단풍나무(*Acer buergerianum* Miq.), 고로쇠나무(*Acer mono* Maxim.), 우산고로쇠나무(*Acer okamotoanum* Nakai), 복자기나무(*Acer triflorum* Kom.), 복장나무(*Acer mandshuricum* Maxim.), 시닥나무(*Acer komarovii* Pojark.), 청시닥나무(*Acer barbinerve* Maxim.), 산겨릅나무(*Acer tegmentosum* Maxim.), 부게꽃나무(*Acer ukurunduense* Trautv. & C. A. Mey.), 신나무[*Acer tataricum* subsp. *ginnala* (Maxim.) Wesm.] 등 종류가 제법 많은 편이다. 단풍나무

비교 단풍나무, 당단풍나무, 섬단풍나무

▲ 단풍나무_ 꽃

▲ 당단풍나무_ 꽃

▲ 단풍나무_ 열매

▲ 당단풍나무_ 열매

▲ 단풍나무_ 잎

▲ 당단풍나무_ 잎

▲ 섬단풍나무_ 꽃

▲ 섬단풍나무_ 열매

중국단풍나무, 고로쇠나무, 우산고로쇠나무, 복자기나무 비교

▲ 중국단풍나무_ 꽃

▲ 중국단풍나무_ 열매

▲ 고로쇠나무_ 꽃

▲ 고로쇠나무_ 열매

▲ 우산고로쇠나무_ 꽃

▲ 우산고로쇠나무_ 열매

▲ 복자기나무_ 꽃

▲ 복자기나무_ 열매

비교 신나무, 부게꽃나무, 산겨릅나무, 시닥나무

▲ 신나무_ 꽃
▲ 신나무_ 열매
▲ 부게꽃나무_ 꽃
▲ 부게꽃나무_ 열매
▲ 산겨릅나무_ 꽃
▲ 산겨릅나무_ 열매
▲ 시닥나무_ 암꽃
▲ 시닥나무_ 수꽃
▲ 시닥나무_ 잎

청시닥나무, 복장나무 비교

▲ 청시닥나무_ 꽃   ▲ 청시닥나무_ 잎

▲ 복장나무_ 꽃   ▲ 복장나무_ 잎

과(科)의 수액이 어느 날 갑자기 알려지면서 고로쇠나무를 비롯하여 야생하는 당단풍나무, 심지어는 자작나무과(科)의 대부분 식물들까지도 마구 구멍을 뚫어서 수액을 뽑아내는 어처구니없는 사태가 벌어지고 있다. 이른바 '고로쇠 수액', '자작나무 수액'이 인체에 이롭다는 명목으로 자연을 무참히 망치면서까지 수액을 마구잡이로 채취하는 한심한 일은 제발 없어졌으면 좋겠다. 자연은 그냥 자연 상태로 놓아둘 때가 가장 아름다운 법이니까 말이다.

용도 및 번식법

가을에 단풍이 아름다워 정원에 관상용으로 심어 기르는데, 많은 종류의 원예종이 개발되어 있다. 관상수, 공원수, 분재용으로 심

❶ 복자기나무_ 잎 ❷ 신나무_ 잎 ❸ 중국단풍나무_ 잎 ❹ 고로쇠나무_ 수액 채취 모습

는다. 단풍나무 수액(樹液)은 당분이 높아서 수액을 채취하여 음료로 먹기도 한다. 한방에서 뿌리의 껍질과 가지를 계조축(鷄爪)이라는 약재로 쓰는데, 무릎관절염으로 통증이 심할 때 물에 넣고 달여서 복용하고 골절상을 입었을 때 오가피를 배합해서 사용하면 소염작용과 해독 효과가 있다. 가을에 익은 종자를 채종하여 너무 건조시키지 말고 노천에 매장하였다가 이듬해 봄에 파종하면 다량의 묘목을 얻을 수 있다. 봄에 접목으로 우수품종을 얻을 수도 있다.

[동강할미꽃]

미나리아재비과(科)

동강할미꽃

동강 절벽의 한국특산식물

▲ 동강할미꽃_ 지상부

🌿 동강 바위 절벽의 야생화

동강의 석회암지대 바위 절벽에 붙어 자라는 동강할미꽃은 말 그대로 예술이다. 양지바른 산기슭이나 묘지에서 잘 자라는 일반 할미꽃들에 비해서, 깎아지른 듯한 석회암지대의 바위 절벽 틈바구니에서 뿌리를 내리고 형형색색의 고운 색깔로 미모를 자랑하고 있으니, 어찌 감탄하지 않을 수가 있을까?

🌿 동강 절벽을 아름답게 물들이는 꽃

대부분의 할미꽃은 꽃이 아래를 향하여 피는 것에 비해서 동강할미꽃(Pulsatilla tongkangensis Y. N. Lee & T. C. Lee)은 처음에 위를 향해 피었다가 꽃자루가 길어지면서 점차 옆을 향하는 것이 뚜렷한 특징이다. 자주색의 꽃이 대부분이지만, 더러는 홍자색, 연분홍색, 보라색, 흰색 등 찬란하리만큼 3~4월의 동강 절벽을 아름답게 물들이는 꽃이다. 모질고 열악한 환경을 꿋꿋이 이겨내면서도 강인하게 버티고 있는 동강할미꽃은 그 자체의 탁월한 미모 때문이기도 하지만, 동강댐이라는 지역적 특성 때문에 더 유명해졌다. 그러나 지금은 그 유명세 때문에 거의 멸종위기에까지 이르게 되었는지도 모른다.

🌿 동강할미꽃의 특징

강원도 영월과 정선 지역의 석회암지대 바위틈에서 자라는 여러해살이풀이다. 뿌리는 굵고 흑갈색이며 윗부분에서 잎이 무더기로 나와서 비스듬히 퍼진다. 잎은 모두 뿌리에서 나오고 잎자루가 길다. 높이 약 15~30㎝이고 잎은 3~7개의 작은잎으로 구성된 깃꼴겹잎이다. 전체에 흰털이 빽빽이 나서 흰빛이 돌지만, 표면은 반들거리고 짙은 녹색이다. 흰털로 덮인 열매의 덩어리가 할머니의 흰머리 같기 때문에 할미꽃이라는 이름이 붙었다. 특이하게도 꽃이 땅을 보지 않고 하늘을 보고 피면서 갖가지 다양한 색깔을 갖는 것이 일반 할미꽃과 다른 점이다. 동강 유역에서만 볼 수 있는 한국특산식물이다.

🌿 동강할미꽃의 꽃과 열매

꽃은 3~4월에 피고 꽃줄기 끝에서 위를 향해 1개씩 달린다. 꽃의 색깔은 자주색, 홍자색, 보라색, 흰색 등으로 다양하게 핀다. 꽃줄기는 중앙부에서 나오고 길이 15~20㎝이다. 작은 포는 꽃대 밑

비교 동강할미꽃의 여러 가지 꽃 색

▲ 동강할미꽃_ 자주색 꽃

▲ 동강할미꽃_ 홍자색 꽃

▲ 동강할미꽃_ 보라색 꽃

▲ 동강할미꽃_ 흰색 꽃

▲ 동강할미꽃_ 여러 색 꽃 무리

❶ 동강할미꽃_ 잎 ❷ 동강할미꽃_ 열매 ❸ 동강할미꽃_ 꽃봉오리 ❸ 동강할미꽃_ 꽃

에 달려서 3개로 갈라지고 다시 잘게 갈라지며, 겉에 흰털이 빽빽이 난다. 화피갈래조각은 6개이고 긴 타원형이며 길이 3.5㎝이고 폭은 1.2㎝이다. 겉에 털이 있으나 안쪽에는 없다. 수술은 많고 꽃밥은 노란색이다. 열매는 수과로서 긴 달걀 모양이며 끝에 4㎝ 내외의 암술대가 남아 있다. 6~7월경에 익으며 가늘고 흰털이 많이 달린다.

동강을 살린 동강할미꽃

과거 한때 동강댐 건설을 위한 분쟁이 일어났을 때 동강할미꽃을 보존시켜야 한다는 환경단체들의 목소리가 커지면서 급기야는 동강댐 건설계획을 중지시킬 수 있었던 꽃이 바로 이 동강할미꽃이다. 동강할미꽃은 당시 동강댐 건설을 추진 중이던 정부의 정책을 완강하게 반대하며 동강 살리기에 나선 환경단체와 지역주

▲ 한반도 모양을 한 동강의 모습

민들에게 큰 힘을 보태주었다. 세계에서도 유일하게 동강 지역에만 자생하는 동강할미꽃을 내세운 저지세력에 의해 동강댐 건설 계획은 결국 2000년 6월 백지화되었다. 이 일을 계기로 많은 이들이 생태와 자연환경 문제에 관심을 가지게 되었고 보전과 보호를 위한 노력들이 들불처럼 일어난 게 사실이다.

한국특산식물의 소중함

세계 다른 나라에는 없고 오로지 한국에만 자라고 있는 식물을 한국특산식물이라고 하는데, 이 동강할미꽃이 바로 한국특산식물에 속한다. 특이하게 아름답고 소중한 동강할미꽃의 보호는 정말 시급한 일이 되었다. 과거에는 이 일대에 정말 많았었다고 하는데, 이제는 셀 수도 있으리만큼 개체수가 줄어든 이유는 무엇 때문일까?

식물자원의 보호

예쁜 꽃을 나 혼자 보기 위해서 채취하여 기르는 일은 정말 삼가

▲ 절벽 바위틈에서 자라는 동강할미꽃

해야 한다. 예쁜 꽃일수록 자생지에서 함께 보고 감상할 수 있도록 마음을 비우는 자세가 더 중요하지 않을까? 인위적으로 만들어서 기르는 재배지의 조건은 아무리 노력을 들여도 자생지의 조건을 그대로 모방할 수는 없기 때문이다. 우리의 소중한 자원을 강원도의 평창, 정선, 영월을 따라 흐르는 동강에서 영원히 볼 수 있기를 기대해 본다.

용도 및 번식법

주로 관상용으로 쓰인다. 유독식물이지만 뿌리를 이질 등의 지사제로 사용하고 민간에서는 학질과 신경통에 쓴다. 세계에서 오직 우리나라에만 분포하는 한국특산식물이기 때문에 철저히 보호해야 할 식물이다. 7월에 받은 종자를 바로 화분에 뿌린다. 종자를 저장하면 발아율이 낮아지기 때문에 바로 화분에 뿌리는 것이 좋다. 포기나누기는 가을에 뿌리를 약간 상처를 내서 분리하면 상처 난 곳에서 이듬해 봄에 새순이 돋아 나온다.

[동자꽃]

석죽과(科)

동자승의 상기된 얼굴을 닮은 **동자꽃**

▲ 동자꽃_ 지상부

🌿 동자꽃의 관찰

홍조를 띤 동자승의 얼굴은 붉은색이겠지만, 이들도 잘 관찰을 하면 얼굴색이 다양함을 알 수가 있다. 기쁠 때, 슬플 때, 화날 때, 두려울 때, 부끄러울 때의 얼굴색이 각기 다른 모양이다. 동자꽃 이라는 이름은 매우 청초한 꽃이 마치 동자승의 상기된 얼굴과 같다고 해서 붙여진 이름이다. 대개 흔한 계통의 동자꽃들은 주황색을 띠고 있지만, 붉은색 중에서도 유난히 분홍색 쪽으로 치

❶ 동자꽃_ 분홍색 꽃 ❷ 동자꽃_ 주황색 꽃 ❸ 동자꽃_ 붉은색 꽃 ❹ 동자꽃_ 열매

우친 연한 색깔의 꽃이 드물게 있기도 하고, 아예 처음부터 끝까지 붉은색만 띠는 강렬한 얼굴도 백두산에서는 찾아볼 수가 있다. 꽃잎 전체가 모두 흰색을 띠는 흰동자꽃은 강원도 어느 산에서 자생했었지만, 지금은 찾아볼 수 없는 전설적인 꽃이 되어버렸다.

동자꽃의 특징

고산지대의 깊은 골짜기 또는 비교적 높은 산의 풀밭에서 자라는 여러해살이풀이다. 줄기는 몇 개씩 모여 나고 곧게 서며 전체에 긴 털이 많고 마디가 뚜렷하다. 높이는 40~100㎝ 정도이다. 잎은 마주나고 긴 타원형 또는 난상 타원형으로 끝이 날카로우며 잎자루가 없고 가장자리가 밋밋하다. 잎 길이는 5~10㎝, 폭 2~5㎝로 잎 양면과 가장자리에 털이 있고 황록색이다.

동자꽃의 꽃과 열매

꽃은 6~7월에 주홍색, 주황색, 적색, 분홍색 또는 백색으로 피고 줄기 끝과 잎겨드랑이에서 낸 짧은 꽃자루 끝에 한 송이씩 붙으며 취산꽃차례를 이룬다. 화관(花冠)은 지름 4㎝ 정도이다. 꽃받침은 긴 곤봉 모양이고 끝이 5개로 갈라진다. 꽃잎은 5개이고 납작하게 벌어지며 끝이 오목하게 들어가고 양쪽에 1개씩의 좁은 조각이 있다. 또한 가장자리에 짧고 작은 톱니가 있으며 꽃잎 안쪽에 10개의 작은 비늘조각이 있다. 수술은 10개, 암술은 5개이다. 열매는 삭과(蒴果)로 8~9월경에 익으며 종자 결실이 되면 외부를 둘러싸고 있는 껍질이 갈색으로 변한다. 열매는 꽃받침통 속에 들어 있다.

동자꽃 무리들의 비교 특징

일반적으로 흔한 동자꽃(*Lychnis cognata* Maxim.)은 꽃이 주황색이거나 주홍색이면서 5개의 꽃잎 끝부분 가운데가 오목하게 살짝 들어간다. 잎은 모두 마주나기를 하는 것이 특징이다. 백두산에서는 아주 짙은 적색 계열의 동자꽃도 볼 수 있고, 털동자꽃(*Lychnis fulgens* Fisch. ex Spreng.)과 제비동자꽃[*Lychnis wilfordii* (Regel) Maxim.]도 볼 수 있다. 꽃 색이 연한 분홍색의 꽃은 전국 각지의 산지에서 가끔 볼 수 있지만, 꽃이 완전히 백색인 흰동자꽃(*Lychnis cognata* for. *albiflora* W. T. Lee)은 야생에서 볼 수 없게 되었다. 털동자꽃은 전체에 길고 연한 털이 많으며 꽃잎이 동자꽃보다 더욱 짙은 색이고 꽃잎 끝이 조금 더 깊게 갈라지므로 쉽게 구별이 된다. 제비동자꽃은 백두산 지역과 강원도 높은 산

비교 동자꽃, 가는동자꽃, 흰동자꽃, 제비동자꽃, 털동자꽃

▲ 동자꽃_ 잎과 줄기

▲ 동자꽃_ 지상부

▲ 가는동자꽃_ 잎과 줄기

▲ 가는동자꽃_ 지상부

▲ 흰동자꽃_ 지상부

▲ 흰동자꽃_ 꽃

▲ 제비동자꽃_ 꽃

▲ 털동자꽃_ 꽃

에서 볼 수 있으며 꽃잎이 가늘고 깊게 갈라져서 마치 제비가 하늘을 나는 모습처럼 생겼다. 가는동자꽃(*Lychnis kiusiana* Makino)은 줄기와 잎이 유난히 가늘게 생겼으며, 꽃잎 끝부분이 뾰족뾰족 갈라지고 아주 밝은 주홍색이다.

🌿 동자꽃의 생육환경

동자꽃은 산지의 반그늘 습기가 많은 곳에서 자란다. 제주도를 제외한 전국의 높은 산에서 흔히 볼 수 있는 여름꽃이다. 높은 산에서 자라는 식물은 흔히 일교차가 크고 대기 중의 습도가 높은

✦ 동자꽃의 전설

옛날 강원도의 어느 산골짜기에 조그마한 암자가 있었는데, 그 곳에는 스님과 어린아이가 살고 있었다. 어린아이는 스님이 마을에 갔다가 부모를 잃고 헤매는 것을 불쌍히 여겨 데려온 아이였다. 이름도 성도 몰라서 스님은 어린아이를 그저 동자라고 불렀다. 동짓날 무렵이었다. 스님은 겨울을 보낼 준비를 하기 위해 어린 동자에게 며칠간 먹을 음식을 마련해 주고는 마을로 내려가야 했다. 마을에 도착한 스님은 암자에 혼자 남은 동자를 염려하며 일을 서둘렀지만 저녁 무렵부터 내리기 시작한 눈 때문에 돌아갈 수 없었다. 암자로 가는 길은 사람 키를 넘을 정도로 눈이 쌓여 도저히 갈 수가 없었다. 강원도 산간지방은 겨울에 눈이 쌓이면 겨우내 녹지 않고 있다가 늦은 봄이 되어서야 녹기 시작한다. 스님은 어린 동자가 걱정이 돼 발을 동동 구르며 오로지 하늘만 바라볼 뿐이었고 어린 동자는 눈 때문에 스님이 올 수 없다는 것을 알지 못한 채 추위와 배고픔을 참으며 이제나 저제나 스님이 오기만을 기다렸다. 어느덧 겨울이 지나가고 눈이 녹자 서둘러 암자에 도착한 스님은 어린 동자가 마당 끝 언덕에 앉아 있는 것을 발견하고는 너무 반가워 동자를 부르며 곁으로 다가갔지만 동자는 말이 없었다. 동자는 스님이 내려간 언덕만 하염없이 바라보다가 결국 마당 끝에 곱게 앉은 채로 얼어 죽었던 것이다. 스님은 너무나 슬퍼하며 죽은 동자를 바로 그 자리에 묻어 주었는데, 해마다 봄이 되면 동자의 무덤가에 이름 모를 풀들이 자라났고 한여름이 되면 꼭 동자의 얼굴 같은 붉은빛의 꽃들이 마을로 가는 길을 향해 피어나기 시작한 것이다. 그때부터 사람들은 죽은 동자를 불쌍히 여겨, 이 꽃을 '동자꽃'이라 부르기 시작하였다.

곳을 좋아하는 식물들이 많다. 여름철 다른 꽃들이 뜸할 때 동자꽃 종류들이 만개를 하면, 산을 찾는 등산객들의 발걸음도 한층 가벼워진다. 어느 정도 높은 산의 능선부 초원 군락에서 피는 꽃이기 때문에 등산객들이 힘들게 산을 오르다가 한숨 쉴 무렵에 나타나는 꽃이라 할 수 있다. 배낭을 풀어놓고 한숨 쉬면서 다양한 동자꽃 종류들을 관찰하고 난 후, 다시 하는 등산은 매우 즐거울 수밖에 없을 것이다.

▲ 동자꽃_ 무리

용도 및 번식법

동자꽃 종류들을 정원에 심어 관상용으로 기르기도 하고 동자꽃 속(屬)의 다른 종들과 교배를 통해 원예종을 개발하고도 있다. 꽃이 아름다워 원예용으로 개발할 가치가 충분히 있는 꽃이다. 원예종으로 기를 때에는 종자 결실기에 벌레들이 많아 종자를 먹어 치우기 때문에 빨리 수확하여야 한다. 한방에서는 열이 나고 갈증이 심할 때 약재로 쓰기도 한다. 늦가을이나 이른 봄에 새싹이 올라오면 포기나누기를 하고, 8~9월에 익은 종자는 한 송이에서 약 30~40개 정도를 얻을 수 있기 때문에, 그것을 받아 가을에 뿌리거나 이른 봄에 뿌리면 많은 새싹을 얻을 수 있다. 물기가 많은 반그늘에 심어 기른다.

[메꽃]

메꽃과(科)

분홍색의 작은 나팔을 닮은 메꽃

▲ 메꽃_ 지상부

🌿 대기오염의 지표식물

메꽃과(科)의 식물들은 지의류와 함께 대기오염의 지표식물(指標植物)로 잘 알려져 있다. 지표식물은 매우 제한된 환경조건 아래에서만 생존하는 식물이므로, 이 식물의 분포상태를 파악하여 대기나 기후, 토양 등 분포장소의 환경조건을 알 수 있다. 특히 메꽃과 나팔꽃이 살고 있는 지역은 아황산가스(SO_2)의 오염에 의한 대기오염이 심하지 않다는 것을 알 수 있으며, 극도로 오염된 지역

❶ 메꽃_ 잎 ❷ 메꽃_ 열매 ❸ 메꽃_ 꽃봉오리와 꽃

에서는 이 식물이 살 수 없거나 또는 갑자기 사라지는 경우가 발생하는 것을 볼 수 있다.

메꽃의 특징

전국적으로 분포하며 들이나 밭에서 자라는 여러해살이풀이다. 생육환경은 음지를 제외한 어느 환경에서도 자란다. 하얀 땅속줄기가 왕성하게 자라면서 군데군데에 덩굴성 줄기가 뻗으면서 자란다. 땅속줄기의 마디에서 발생한 줄기는 길이 50~100㎝ 정도의 덩굴로 다른 물체를 감아 올라가거나 서로 엉키면서 자란다. 뿌리는 흰색으로 굵고 사방으로 퍼지며, 뿌리마다 잎이 나오고 다시 지하경이 발달하여 뻗어 나간다. 잎은 어긋나고 잎자루는 1~4㎝로 길며 잎몸은 길이 6~12㎝, 폭 2~7㎝ 정도의 장타원상 피침형으로 밑부분에 귀 같은 돌기가 있다.

메꽃의 꽃과 열매

꽃은 6~8월에 피고 연한 분홍색이며 잎겨드랑이에 긴 꽃줄기가 나와서 끝에 1개씩 위를 향하여 달린다. 꽃받침 밑에 달린 2개의 포(苞)는 녹색이며 심장형이다. 꽃은 지름 5㎝ 정도이고 깔때기 모양이다. 낮에 피었다가 밤에는 오므라든다. 꽃 모양이 나팔꽃을 닮아 혼동하기 쉬우나, 나팔꽃이 아침에 피는 데 반하여 메꽃은 한낮에 피는 것이 다르다. 나팔꽃의 꽃 색은 다양하지만 메꽃은 연한 분홍색이다. 또 나팔꽃은 한해살이풀인데 비하여 메꽃은 여러해살이풀이다. 꽃 속에 5개의 수술과 1개의 암술이 있고 흔히 열매를 맺지 않지만, 잘 관찰하면 드물게 볼 수 있다. 열매는 삭과로서 구형이다.

메꽃 무리들의 비교 특징

메꽃이 속해 있는 메꽃속(屬) 식물은 우리나라 야생종인데 비해서, 나팔꽃속 식물이나 아욱메풀속, 고구마속 식물들은 대개가 귀화된 식물들이다. 모양은 전부 나팔처럼 동글동글하게 생겨서 귀엽기만 하다. 가만히 들여다보고 있으면 나팔처럼 무슨 소리라도 날 것만 같다. 꽤 많은 종류가 있으니, 특징을 잘 관찰하면서 비교해야 구별이 잘 된다. 꽃의 모양은 전부 비슷하지만, 잎 모양이 많이 다른 편이다. 기본종인 메꽃[*Calystegia sepium* var. *japonicum* (Choisy) Makino]은 잎이 장타원상 피침형이고 밑부분이 이저(耳底)로서 볼록하게 튀어나왔지만, 끝이 둥그스름하며 그리 날카롭거나 뾰족하지 않은 편이다. 반면에 큰메꽃[*Calystegia sepium* (L.) R. Br.]은 잎이 넓고 3각상 난형 또는 3각형이며, 밑부분이 옆으로 퍼져서 다시 각각 2개로 갈라져 심장저(心臟底)로 된다. 애기메꽃(*Calystegia hederacea* Wallich)은 잎이 좁고 밑부분이 양쪽으로 뾰족해지며 각각 2개로 다시 갈라진다. 잎이 피침상 3각형으로 점차 좁아지고 밑부분이 약간 심장저를 이룬다. 갯메꽃[*Calystegia soldanella* (L.) Roem. & Schult.]은 바닷가 모래땅에서 자라고 잎이 신원형(腎圓形)이며, 끝이 오목하거나 둥근 것이 특징이다. 선메꽃[*Calystegia davurica* (Herbert) Choisy]은 줄기가 어릴 때는 곧추 또는 비스듬히 자라지만, 어느 정도 자라면 덩굴로 변한다. 잎 모양은 메꽃과 비슷하고, 원줄기와 잎 양면에 짧은 명주실 같은 털이 있으나 점차 없어지고 원줄기의 것은 그대로 남아 있다. 선메꽃은 다른 종류들에 비해서 몸에 털이 많은 특징을 갖기 때문에 '털메꽃'이라 부르기도 한다. 이들 중에서 가끔

❈ 메꽃의 전설

옛날 충성스러운 병사 하나가 어느 장군의 연락병으로 근무를 하고 있었는데, 이 병사의 임무는 척후병으로 돌격부대와 장군의 주력부대와의 연락을 맡으며 길 안내를 책임지고 있었다. 그러던 어느 날 돌격부대가 적진을 돌파하고 다음 목적지로 진격을 하는 과정에서 연락병은 갈림길에서 장군과 함께 진격해 오는 주력부대가 오기를 기다리고 있었다. 그러나 불행히도 이 병사는 패전하여 후퇴하는 적군에게 발각되어 죽임을 당하였다. 적군은 주력부대의 방향을 돌격부대와 반대방향으로 유도키 위하여 병사가 표시하여 놓은 방향표지판을 반대 방향으로 돌려놓았다. 이 사실을 모르고 진격해 오던 장군은 충성스런 병사가 꽂아 놓은 표지판이 가리키는 방향으로 진격을 하려다 문득 나팔 모양의 꽃을 보게 되었다. 그 꽃은 무엇인가를 호소하듯 간절한 모습으로 피어 있었으며 주위에는 붉은 핏자국이 남아 있었다. 장군은 핏자국을 보고는 충성스런 병사가 죽었음을 짐작하고 연락병의 나팔이 나팔 모양으로 피어난 꽃이라 생각하였고 모든 병사들에게 표지판을 따라가지 말고 충성스런 병사가 꽃으로 환생하여 가리키고 있는 저 꽃의 반대 방향으로 전진하라고 명령하였다. 그 결과 장군은 앞서간 돌격부대와 합류하여 대승리하게 되었고, 메꽃의 꽃말은 죽어서도 충성을 다하는 병사의 넋을 기리는 뜻에서 '충성'이라 불리게 되었다.

비교 메꽃, 갯메꽃, 서양메꽃, 애기메꽃, 흰큰메꽃, 선메꽃, 큰메꽃

▲ 메꽃_ 지상부

▲ 갯메꽃_ 지상부

▲ 서양메꽃_ 지상부

▲ 애기메꽃_ 지상부

▲ 흰큰메꽃_ 지상부

▲ 선메꽃_ 지상부

▲ 선메꽃_ 열매

▲ 큰메꽃_ 지상부

▲ 큰메꽃_ 열매

꽃이 흰색으로 변이가 생겨서 이름 앞에 '흰'자를 넣어 부르는 것도 있다. 잎이 삼각형 모양의 난형이고 꽃이 흰색인 흰큰메꽃(*Calystegia sepium* for. *album* Y. N. Lee)과 유럽 원산의 귀화식물로 털이 없고 꽃이 흰색에 가까운 연한 분홍색의 서양메꽃(*Convolvulus arvensis* L.)도 있다.

용도 및 번식법

봄에 살찐 뿌리줄기를 찌거나 삶아서 먹는다. 단맛이 있어서 좋다. 또한 쌀과 함께 죽을 끓이거나 떡을 만들어 먹기도 한다. 어린순은 나물로 먹고 땅속줄기는 삶아서 식용하는데, 땅속줄기에는 녹말이 많이 들어 있어서 춘궁기 때는 식량의 구실을 해 주었다. 쓴맛이 전혀 없으므로 데쳐서 찬물에 한 번 헹구기만 하면 된다. 뿌리·잎·줄기 등 전체를 이뇨, 강장, 피로회복 등에 사용하는데, 방광염, 당뇨병, 고혈압 등에 효능이 있다. 메꽃 뿌리는 허약한 체질을 바꾸는데 상당한 효력이 있다. 특히 어린이나 노인들의 체력을 강화시킨다. 몸이 너무 말라서 고민하는 사람, 병을 오래 앓아서 기력이 몹시 약해진 사람이 메꽃 뿌리를 쪄서 두세 달 먹으면 살이 오르고 기운을 차릴 수 있게 된다. 메꽃 뿌리는 혈압을 낮추고 당뇨병의 혈당치를 낮추는 효과도 있다. 뿌리를 쪄서 먹거나 날로 생즙을 내어 먹으면 좋다. 여름철 무더위에 시달려 몸이 나른하고 기운이 없을 때 메꽃 뿌리를 생즙을 내어 먹으면 곧 몸에 활력을 찾을 수 있게 된다. 메꽃을 한자로는 선화(旋花)라고 하여 당뇨병과 고혈압을 치료하는 약으로 쓴다. 메꽃 뿌리와 잎에는 아프젤린, 트리폴린, 아스트라갈린, 사포닌, 루틴 등의 성분이 들어 있는데, 이뇨작용과 약한 설사작용이 있어서 변비를 없애고 소변을 잘 나가게 한다. 생리불순이나 대하증 같은 갖가지 부인병에도 좋은 효력이 있고 기관지염이나 동맥경화에도 좋다. 뿌리를 말려 가루를 내어 기름에 개어 신경통이나 관절염으로 통증이

❶ 서양메꽃_ 무리 ❷ 큰메꽃_ 무리

있는 부위에 바르면 통증이 완화된다. 갯메꽃에는 약간 독이 있어서 먹을 수 없지만, 나머지 다른 메꽃 종류들은 모두 먹을 수 있고 약으로 쓴다. 메꽃 뿌리는 성기능을 높이고 콩팥 기능을 높이는 데에도 효과가 좋다. 남성의 음위증이나 양기부족, 여성의 불감증 등에는 메꽃을 뿌리째 뽑아서 말려 잘게 썰어서 하루 20~30g에 물 1.8L를 붓고 물이 반이 되게 달여서 여러 차례에 나누어 마시면 효력이 있다. 꾸준히 먹으면 콩팥의 기능이 강화되어 자신도 모르는 사이에 몸이 차츰 건강하게 된다. 메꽃 뿌리를 쪄서 말려 두고 자양강장식품이나 정력식품으로 몰래 즐기는 사람도 있다. 메꽃은 맛이 달며 성질은 따뜻하고, 뿌리는 약간 매운 맛이 나며 잎은 약간 쓴맛이 난다. 시기에 관계없이 뿌리를 절단하여 심으면 새순이 올라온다. 다른 식물과 같이 심는 것은 피한다. 생육이 워낙 좋고 다른 식물에게 피해를 주기 때문에 화분 이외의 곳에 심는 것은 금하는 것이 좋다.

[가야물봉선]

봉선화과(科)

우리 민족의 정서를 듬뿍 담고 있는 꽃 물봉선

▲ 물봉선_ 지상부

🌿 우리 민족의 설움을 가득 담고 있는 꽃

물기가 많은 습지에서 잘 자라는 봉선화라고 하여 이름 붙여진 물봉선, 진정한 의미에서 이 물봉선이야말로 우리 민족의 정서를 듬뿍 담고 있는 꽃이 아닐까? 우리 민족의 설움을 가득 담고 있는 '울밑에 선 봉선화'도 역시 야생의 물봉선을 두고 노래한 것이라는 생각이 든다. 가정에서 흔히 기르는 봉선화는 중국에서 들어온 원예식물인데 비해, 이 물봉선은 청정지역을 알려주는 대표적인 우리 자생식물이다.

물봉선의 특징

전국 각지에 널리 분포하고 있으며, 산골짜기의 물가나 습지에서 무리지어 자라는 한해살이풀이다. 높이는 40~80㎝이다. 줄기는 곧게 서고 가지가 많이 갈라지며, 다육질로 유연하고 잘 부러진다. 줄기의 마디 부분은 불룩하게 튀어나오며 털이 없는 줄기는 붉은빛을 띤다. 잎은 어긋나고 길이 6~15㎝의 넓은 피침형이며 끝이 뾰족하다. 잎자루가 짧고 잎의 가장자리는 톱니 모양이다. 대부분의 물봉선 종류는 잎끝이 뾰족하고 잎 가장자리의 톱니가 날카롭지만, 노랑물봉선과 미색물봉선은 잎 표면이 평활하고 끝이 둥글며 톱니가 물결 모양인 점이 다르다.

물봉선의 꽃과 열매

꽃은 8~9월에 홍자색으로 피고, 가지 윗부분에 총상꽃차례를 이루며 달린다. 소화경은 꽃차례축과 더불어 아래쪽으로 굽고 붉은 빛이 도는 육질의 털이 있다. 꽃의 지름은 3㎝이고 밑부분에 작은 포가 있으며 꽃받침조각과 꽃잎은 각각 3개이다. 꽃은 홍자색으로 꽃자루가 길게 뻗어 있으며 안쪽에 자주색 반점이 있다. 꿀주머니는 넓으며 끝이 안쪽으로 말리고 아랫부분에 붉은 선모와 작은 포가 있다. 수술은 5개이고 꽃밥은 합쳐진다. 열매는 길이 1~2㎝의 피침형이고 익으면 탄력적으로 터지면서 종자가 밖으로 튀어나오는데, 이런 열매를 삭과(蒴果)라고 부른다. 삭과는 외부에서 자극을 주면 껍질이 터지면서 속에 든 씨앗이 밖으로 튀어나오는 열매를 말한다. 특히 물봉선의 열매는 껍질이 뒤로 말리면서 씨앗이 멀리까지 튀어나가는데, 이런 뜻으로 'Touch me not!', '나를 건드리지 마세요!'란 말이 물봉선과 봉선화를 상징하는 말로 쓰이게 되었다.

❶ 물봉선_ 잎 ❷ 물봉선_ 꽃봉오리와 꽃 ❸ 물봉선_ 열매

물봉선에 발달된 후각조직

물봉선의 줄기는 워낙 약하게 생겨서 바람만 불어도 쉽게 쓰러질 것처럼 보인다. 그런 나약함을 보충하기 위해서 줄기 곳곳에는 몸체를 탄탄하게 지탱시켜 주는 후각조직이 발달되어 있다. 가느다란 실 같은 조직이 길게 연결되어 연약한 줄기를 튼튼하게 지탱해 주는 것이다. 줄기에서 갈라지는 많은 가지와 잎, 꽃의 무게를 지탱할 수 있는 것은 바로 이 후각조직의 덕택이다.

물봉선 무리들의 비교 특징

이 물봉선 종류들은 아주 다양한 모양과 색깔로 산지의 계곡 주변에서 여름부터 가을까지 아주 호화롭게 피는 꽃이다. 전국 어디서든지 제일 흔하게 볼 수 있는 홍자색 계통의 물봉선(*Impatiens textori* Miquel), 꽃잎이 노란색을 띠면서 몸이 좀 연약하게 생긴 노랑물봉선(*Impatiens nolitangere* L.), 깊은 골짜기 맑은 냇가에서 새하얀 꽃을 피우면서 귀엽게도 피어나는 흰물봉선(*Impatiens textorii* var. *koreana* Nakai)은 전국 각지에 고루 퍼져 자라는 편이다. 이 3종 이외의 나머지 종류들은 특정 지역에서만 볼 수 있는 희귀종들인데, 이들을 보려면 맘먹고 하나씩 전국의 자생지를 찾아다녀야만 한다. 물봉선보다 더욱 색이 짙은 흑자색이거나 또는 백색으로 꽃을 피우는 가야물봉선[*Impatiens atrosanguinea* (Nakai) B. U. Oh & Y. P. Hong], 꽃이 아주 작으면서 흰색 바탕에 연한 홍자색을 띠거나 꽃이 아주 흰색인 꼬마물봉선(*Impatiens violascens* B. U. Oh & Y. Y. Kim), 잎보다 꽃이 아래쪽으로 처져 내려와 주렁주렁 길게 매달려서 연한 홍자색으로 꽃이 피는 처진물봉선[*Impatiens koreana* (Nakai) B. U. Oh]은 한때 거제물봉선이라고도 불렸었는데, 거제도 해변의 자갈밭 좁은 면적에서 군락으로 자라고 있는 모습이 대견스럽기만 하다. 노랑물봉선의 변이종인 미색물봉선(*Impatiens nolitangere* var. *pallescens* Nakai)은 노랑물봉선보다 꽃 색이 훨씬 연한 편인데, 특별한 지역에 소량 분포하고 있음이 확인되었다.

물봉선과 봉선화의 차이

물봉선 무리의 여러 종류들은 모두 야생식물이지만, 봉선화는 외국에서 들여와 재배지에 심어 기르는 원예식물이다. 중국 및 인도, 말레이시아로부터 오래 전에 유입되어 울타리 밑이나 장독대 옆에 심어 기르면서 손톱을 빨갛게 물들일 때 쓰기도 했던 식물이다. 물봉선은 야생화이지만, 봉선화는 사람이 길러줘야만 되는 원예화란 점이 다르다. 봉선화는 중국식 한자에서 온 말이고 봉숭아는 순수 우리말 이름이다. 일제강점기 때에 홍난파의 〈봉선화〉가 알려지면서 봉선화라는 이름이 일반화되었고, 꽃 모양이 봉황새를 닮아서 봉선화라 불렸다는 말도 있다. 이 식물의 과명

비교 물봉선, 노랑물봉선, 미색물봉선

▲ 물봉선_ 연분홍색 꽃

▲ 물봉선_ 지상부

▲ 노랑물봉선_ 잎

▲ 미색물봉선_ 잎

▲ 노랑물봉선_ 꽃

▲ 미색물봉선_ 꽃

▲ 노랑물봉선_ 열매

▲ 미색물봉선_ 열매

가야물봉선, 꼬마물봉선 비교

▲ 가야물봉선_ 잎

▲ 꼬마물봉선_ 잎

▲ 가야물봉선_ 흰색 꽃

▲ 꼬마물봉선_ 흰색 꽃

▲ 가야물봉선_ 열매

▲ 꼬마물봉선_ 열매

▲ 가야물봉선_ 지상부

▲ 꼬마물봉선_ 지상부

비교 처진물봉선, 흰물봉선, 봉선화

▲ 처진물봉선_ 잎

▲ 흰물봉선_ 잎

▲ 처진물봉선_ 꽃

▲ 흰물봉선_ 꽃

▲ 처진물봉선_ 지상부

▲ 흰물봉선_ 열매

▲ 봉선화_ 잎

▲ 봉선화_ 꽃

(科名)이 봉선화과(科)이니 중국식 이름도 어찌할 수 없는 이름이 된 것이다.

용도 및 번식법

잎과 줄기가 연하기 때문에 봄에 어린순을 나물로 먹는다. 유독성분이 함유되어 있으므로 데친 뒤 흐르는 물에 오래 담가서 함유성분을 충분히 우려낸 다음 조리해야 한다. 특수한 맛이 있는 것은 아니므로 가능하면 먹지 않도록 한다. 주로 관상용으로 쓰이며 잎과 줄기는 약으로 쓰이는데, 때로는 뿌리를 약으로 쓰기도 한다. 잎과 줄기

❶ 물봉선_ 무리 ❷ 노랑물봉선_ 무리

는 해독과 소종작용이 있기 때문에 종기의 치료나 뱀에 물렸을 때에 사용한다. 뿌리는 강장효과가 있고 멍든 피를 풀어준다. 여름부터 가을 사이에 식물을 채취하여 햇볕에 말리거나 또는 생풀을 쓰기도 한다. 말린 것은 사용하기에 앞서서 잘게 썰어 두어야 한다. 종기나 뱀에 물린 상처를 치료할 때에는 말린 잎과 줄기를 달인 물로 환부를 닦아내고 생풀을 짓찧어서 붙인다. 강장효과와 멍든 피를 풀기 위해서는 말린 뿌리를 달여서 복용한다. 10월에 결실되는 종자를 받아서 이듬해 봄 화단에 뿌리면 된다. 습기가 많은 곳에서 자라는 식물이기 때문에 물이 고여 있거나 약하게 흐르는 곳에 심으면 좋다. 종자가 익으면 바람만 불어도 터지기 때문에 조심스럽게 받아야 한다.

[좀민들레]

국화과(科)

일편단심의 상징 **민들레**

▲ 민들레_ 지상부

🌱 일편단심 민들레

우리의 토종민들레는 같은 종 이외에는 절대로 결혼을 하지 않는다. 흔하게 피어나는 서양민들레의 꽃가루가 찾아와 애걸해도 받아들이지 않는다. 자기가 원하는 토종민들레의 꽃가루가 날아오기를 일편단심으로 기다리다가 토종민들레의 꽃가루가 날아오면 받아들이고 끝내 오지 않으면 급기야는 처녀임신을 해버리고 만다. 우리가 봄날에 보는 바람에 날리는 토종민들레의 꽃씨는 발아가 되지 않는 무정란과 같은 씨가 많은데, 이 때문에 '일편단심 민들레'라는 말이 나온 것이다. 반대로 서양민들레는 근친이고 무엇이고 찾아오는 대로 모두 받아들여 씨를 맺기 때문에 대부분 발아하게 되어 서양민들레의 숫자는 계속 증가하고 있다. 절개를 지키는 것이 토종민들레의 수가 점차 줄어드는 원인 중의 하나가 되는 셈이다.

강한 의지를 담고 있는 꽃

사람이 많이 다니는 길가에 희고 노란색으로 예쁘게 핀 민들레는 한 번 싹이 트면 무슨 수가 있어도 꽃을 피우고야 마는 굳센 집념과 의지를 가진 꽃이다. 메마른 땅에서도, 인적이 빈번한 길가에서도, 바위틈에서도, 어떤 고난과 역경이 닥쳐도 의지를 굽히지 않고 꽃을 피우고야 마는 그런 꽃이 바로 민들레이다. 주로 봄에 꽃이 피기는 하지만, 조건이 좋지 않을 때는 가을까지 가서라도 꼭 꽃을 피운다. 서양민들레는 우리 토종민들레보다 개화 시기가 더 길어서 아주 많은 후손을 남기므로 번식력이 왕성한 편이다. 주변에서 눈에 쉽게 띄는 것은 대부분 서양민들레인데, 서양민들레가 그렇게 많아도 토종민들레는 토종민들레들끼리 가루받이를 하여 순수한 혈통을 지켜나가고 있다. 강한 의지를 담고 있는 꽃이다.

토종민들레와 서양민들레

눈에 보이는 민들레 무리들의 90% 이상은 모두 서양민들레이고, 그 나머지 10% 정도는 우리 토종민들레인데, 그들 중에는 민들레, 산민들레, 흰민들레, 좀민들레, 흰노랑민들레 등의 우리 토종민들레가 존재하면서 전통을 이어가고 있다. 토종민들레를 구별하는 가장 쉬운 방법은 꽃받침이 모두 위로 향하고, 서양민들레는 이와 반대로 꽃받침이 뒤쪽으로 벌떡 자빠지는 것이 특징이라

▲ 토종민들레(좌)와 서양민들레(우)의 비교

할 수 있다. 토종민들레는 여러 종류이지만, 모두 꽃 색이 연하고 몸도 가냘프게 생긴 것이 특징이다. 역시 우리 토종민들레는 연약하고 다소곳한 느낌이 든다. 반면에 서양민들레는 한 종류이지만, 꽃 색이 짙으며 꽃잎이 많고 복스럽게 생겼다. 산이 높고 맑은 청정지역이 아닌 곳에서 눈에 띄는 노란색 민들레는 전부 서양민들레이니 정말 안타까울 뿐이다.

민들레의 특징

민들레는 우리나라 각처의 산과 들에서 자라는 여러해살이풀이며 산기슭이나 볕이 잘 드는 들판에서 자란다. 생육환경은 반그늘이나 양지에서 토양의 비옥도에 관계없이 자란다. 원줄기는 없고 잎이 뿌리에서 뭉쳐나서 옆으로 퍼지면서 자란다. 키는 10~30cm이고 잎은 길이가 20~30cm, 폭은 2.5~5cm이고 뿌리에서 나와 옆으로 퍼지며 뾰족하다. 잎은 피침형이고 깃 모양으로 깊게 갈라지며, 갈래는 6~8쌍이고 가장자리에 톱니가 있다. 원줄기는 없고 몸에 약간 털이 있다. 원뿌리가 땅속 깊게 자라며 해가 갈수록 굵고 길어진다. 땅 위의 잎이 손상되더라도 뿌리에서 다시 순이 나와서 자란다. 겨울에 민들레 줄기는 죽지만 이듬해 다시 살아나는 강한 생명력을 지니고 있는 것이 마치 밟아도 다시 꿋꿋하게 일어나는 백성과 같다고 하여 민초(民草)로 비유되기도 한다.

민들레의 꽃과 열매

꽃은 4~5월에 노란색으로 피고 잎과 길이가 비슷한 꽃대 끝에 두상꽃차례로 달린다. 꽃줄기는 잎의 무더기 가운데서 솟아나오며 속이 비어 있다. 꽃줄기는 처음에는 잎보다 다소 짧지만 꽃이 핀 뒤에 길게 자라는데, 흰털로 덮여있으나 점차 없어지고 꽃차

❶ 민들레_열매 ❷ 민들레_꽃받침 ❸ 민들레_잎 ❹ 민들레_꽃

레 밑에만 털이 남는다. 총포는 꽃이 필 때 길이가 17~20mm이고 바깥쪽 총포 조각은 좁은 난형 또는 넓은 피침형이며 곧게 서고 끝에 뿔 모양의 돌기가 있다. 열매는 수과이고 6~7월경 검은색 종자로 익는다. 종자는 길이 3~3.5mm의 긴 타원형으로 갈색이며 윗부분에 가시 같은 돌기가 있다. 위쪽은 부리 모양으로 뻗고 그 끝에 길이 6mm 정도의 하얀 갓털이 삿갓 모양으로 붙어서 바람에 날려 멀리까지 퍼진다.

민들레 무리들의 비교 특징

민들레(*Taraxacum platycarpum* Dahlst.)는 봄철에 노란 꽃을 피우는 우리 토종민들레를 대표하는 종이다. 꽃은 연한 황색이며 꽃받침이 꽃잎 쪽으로 바짝 달라붙는다. 잎은 깊게 갈라지고 가장자리에 큰 톱니가 있는 것이 특징이다. 흰민들레(*Taraxacum coreanum* Nakai)는 꽃이 흰색으로 피는 것이 다르고 나머지 특징은 민들레와 같다. 산민들레(*Taraxacum ohwianum* Kitam.)는 깊은 산속 계곡이나 습기가 많은 절벽에 붙어서 자란다. 키는 크고 왜소하게 생겼으며 잎이 얕게 갈라지고 잎 가장자리에 톱니가 작게 발달하는 점이 다르다. 흰노랑민들레(*Taraxacum coreanum* var. *flavescens* Kitam.)는 꽃이 흰색에 가까운 연한 황색이며 나머지 특징은 민들레와 같다. 좀민들레(*Taraxacum hallaisanense* Nakai)는 한라산에 분포하며 몸에 털이 없고 키가 작은 것이 특징이다. 서양민들레(*Taraxacum officinale* Weber)는 전국 각처의 산지나 들판에 가장 흔하게 분포하고 있다. 외래종으로서 민들레 서식지의 대부분을 장악하고 있는 서양민들레는 우리나라에 들어온 경로는 자세히 알 수 없지만, 1920년에 그 존재의 기록이 있어 그 전에 이미 들어와서 살기 시작했다고 파악이 된다.

비교 민들레, 흰민들레, 산민들레, 좀민들레, 흰노랑민들레, 서양민들레

▲ 민들레_ 지상부

▲ 흰민들레_ 지상부

▲ 산민들레_ 지상부

▲ 좀민들레_ 지상부

▲ 흰노랑민들레_ 지상부

▲ 흰노랑민들레_ 꽃받침

▲ 서양민들레_ 지상부

▲ 서양민들레_ 열매

용도 및 번식법

봄에 어린잎을 나물로 먹고 뿌리를 포함한 전초는 약으로 쓴다. 주로 소화기질환 및 해독과 해열에 효험이 있으며 건강생활에도 유용하게 사용한다. 한방에서는 꽃피기 전의 식물체를 '포공영'이라는 약재로 쓰는데, 열로 인한 종창, 유방염, 인후염, 맹장염, 복막염, 급성간염, 황달에 효과가 있으며, 열로 인해 소변을 못 보는 중세에도 사용한다. 민간에서는 젖을 빨리 분비하게 하는 약재로도 사용한다. 꽃이 피어있을 때에 채취하여 햇볕에 말리고 잘게 썬다. 해열, 정혈, 건위, 발한, 이뇨, 소염 등의 효능이 있고 담즙의 분비를 촉진한다. 적용질환으로는 감기로 인한 열, 기관지염, 늑막염, 간염, 담낭염, 소화불량, 변비, 유방염 등이다. 말린 약재를 달여서 복용한다. 유방염에는 생풀을 짓찧어서 환부에 붙이는 방법을 함께 사용한다. 종자가 익어 날리기 전에 언제든지 받아서 뿌려도 되며 근경이나 종자로 번식한다.

민들레의 전설

옛날 노아의 대홍수 때 온 천지에 물이 차오르자 모두들 도망을 가는데, 민들레만은 발이 빠지지 않아 도망을 못 가고, 사나운 물결이 목까지 차오르자 두려움에 떨다가 그만 머리가 하얗게 세어버렸다. 민들레는 마지막으로 구원의 기도를 하게 되는데, 하나님은 가엾게 여겨 그 씨앗을 바람에 날려 멀리 산 중턱 양지바른 곳에 피어나게 해 주었다. 민들레는 하나님의 은혜에 감사하며 오늘까지도 얼굴을 들어 하늘을 우러러 보며 살게 되었다고 한다. 민들레는 생명력이 강한 식물 중의 하나로 겨울에는 잎과 줄기가 시들어 죽지만, 그 뿌리는 살아남아 다시 꽃을 피운다. 민들레의 꽃말은 '행복'이다.

[바람꽃]

[왕제비꽃]

❶ 원추리_ 무리 ❷ 홑왕원추리_ 무리

진시키고, 황달이나 소변을 묽게 보고 양이 적은 사람에게도 효과가 있으며 타박상의 환처에 찧어서 붙이기도 한다. 10월에 얻은 종자를 바로 뿌리거나 종이에 싸서 냉장보관 후 이른 봄에 뿌린다. 종자 발아율은 높다. 가을이나 이른 봄에 뿌리를 캐내 포기나누기를 해도 된다.

◈ 원추리의 전설

옛날, 한 형제가 한꺼번에 부모를 모두 여의었다. 형제는 슬픔에 잠겨 날마다 눈물로 세월을 보내다가 형은 슬픔을 잊기 위해 부모님 무덤가에 원추리를 심었다. 그러나 동생은 부모님을 잊지 않으려고 무덤가에 난초를 심었다. 그 뒤로 세월이 흘러 형은 슬픔을 잊고 열심히 일을 했지만, 동생은 슬픔이 더욱 깊어져서 병이 되었다. 그런 어느 날, 동생의 꿈에 부모님이 나타나서 말했다. "사람은 슬픔을 잊을 줄도 알아야 하느니라. 너도 우리 무덤에 원추리를 심고 우리를 잊어다오." 이 말에 따라 동생은 부모님 무덤가에 원추리를 심고 슬픔을 잊었다고 한다. 또한 원추리의 어린싹을 나물로 먹으면 홀연히 술에 취한 것 같이 마음이 황홀하게 되므로 이 풀을 '망우초'라 부르기도 한다.

생태학습을 여름방학 기간에 시켜보면 좋을 것이다. 부모와 함께 하는 자녀들의 살아있는 교육방법이 되지 않을까? 어릴 때부터 직접 만져보고 느끼면서 오감(五感)으로 체험하는 생태교육이 절실하다. 흙을 파고 풀을 뜯어보면서 몸소 느끼는 체험학습이 어릴 때부터 꼭 필요하다. 오감(five senses)이란 시각, 청각, 후각, 미각, 촉각 등으로 신체에 있는 5가지 감각수용기로 분류한 것이다. 시각은 눈의 망막, 청각은 귀의 달팽이관, 후각은 코의 비점막, 미각은 혀의 미뢰, 촉각은 피부의 감각수용기를 말하는 것인데, 모든 감각기를 총동원하여 생태교육에 집중을 해야 한다는 뜻이다. 한편으로는, 생태교육에 집중하면 오감을 깨울 수 있게 된다는 것을 뜻한다.

용도 및 번식법

꽃이 아름다워서 관상용으로 많이 재배하는데, 꽃이 피기 전에 어린잎을 식용으로 한다. 뿌리는 훤초근(萱草根)이라 하여 이뇨, 지혈, 소염제로 쓴다. 원추리는 시름을 잊게 해 준다는 뜻으로 '훤초(萱草)' 또는 '망우초(忘憂草)'라고도 불린다. 예로부터 '넘나물'이라는 다른 이름이 있을 정도로 봄철에 먹는 대표적인 산나물이다. 어린순을 따서 살짝 데쳐서 초고추장에 무쳐 먹으면 별미라고 하여, 이 나물을 '훤채(萱菜)'라고도 불렀다. 원추리는 어린싹을 생으로 또는 국거리로 이용하며 튀김으로도 요리하고 데친 것은 기름에 볶아먹기도 한다. 말린 꽃을 술로 담아서 자양강장, 피로회복제로 사용한다. 꽃은 상처 난 곳에 붙이면 상처가 아문다. 꽃과 전초를 달여 류머티즘과 강심약, 위염, 황달 및 간질병 치료약으로 먹기도 한다. 잎, 줄기, 꽃, 뿌리 등을 달여 먹으면 주독을 푸는 데 효과적이다. 특히 부인들에게 있어서는 월경 시에 요통, 복통을 가라앉히고 생리장애에도 효험을 보인다. 남자의 요통에는 닭에 넣어서 먹는다. 원추리의 어린싹은 소화를 촉

홍도원추리, 홑왕원추리 비교

▲ 홍도원추리_ 꽃

▲ 홑왕원추리_ 꽃

M. G. Chung & S. S. Kang)는 굵은 뿌리가 사방으로 퍼지고 덩이뿌리가 발달해 있다. 붉은빛이 도는 짙은 황색으로 꽃이 피며 아침에 피고 오후에 시든다. 골잎원추리(*Hemerocallis coreana* Nakai)는 잎 표면에 깊은 골이 있고 줄기의 끝부분에서 가지가 많이 갈라지는 것이 특징이다. 애기원추리(*Hemerocallis minor* Mill.)는 잎 표면의 골이 얕고 꽃의 수가 적다. 연한 황색으로 꽃이 피며 저녁에 피었다가 다음 날 아침에 시드는 것이 특징이다. 오렌지색으로 붉게 꽃이 피는 종류로는 중국에서 들어온 왕원추리와 홑왕원추리가 있다. 왕원추리(*Hemerocallis fulva* var. *kwanso* Regel)는 수술의 일부가 변하여 겹으로 크게 꽃이 피고, 홑왕원추리는 꽃잎이 1겹으로 피는 것이 특징이다. 한편, 여름철 공원이나 길거리에서 많이 볼 수 있는 형형색색의 서양원추리는 인위적으로 개량되어 길러지는 원예품종이라 할 수 있다.

자녀와 함께하는 생태학습

8월은 여름의 한복판이면서도 잠시 극복만 잘 하면 시원한 가을을 맞이할 수 있는 희망이 있는 달이다. 고난의 끝에는 희망이 있다는 사실을 늘 기억하면서 자녀들의 손을 잡고 산과 들을 찾는

비교 원추리, 각시원추리, 골잎원추리, 노랑원추리, 서양원추리, 애기원추리, 왕원추리, 큰원추리

▲ 원추리_ 꽃

▲ 각시원추리_ 꽃

▲ 골잎원추리_ 꽃

▲ 노랑원추리_ 꽃

▲ 서양원추리_ 꽃

▲ 애기원추리_ 꽃

▲ 왕원추리_ 꽃

▲ 큰원추리_ 꽃

원추리의 꽃과 열매

꽃은 7~8월에 황색으로 핀다. 꽃줄기는 잎 사이에서 나와서 자라고 원줄기 끝에서 가지가 갈라져서 6~8개의 꽃이 총상꽃차례로 달린다. 아침에 피었다가 저녁에 시들며 계속 다른 꽃이 달린다. 꽃잎은 6개이고 긴 타원형이며 길이 10~13cm이고 폭 3~3.5cm이다. 수술은 6개로서 통부 끝에 달리고 꽃잎보다 짧으며 꽃밥은 줄 모양이고 노란색이다. 통부는 길이 1~2cm이다. 포는 줄 모양의 피침형이며 길이 2~8cm이고 소화경은 길이 1~2cm이다. 열매는 삭과로서 9~10월경에 타원형으로 달리고 종자는 광택이 나며 검은색이다.

원추리 무리들의 비교 특징

온대지역인 우리나라에는 약 10여 종 정도가 분포하는데, 원추리 무리들은 종류별로 아주 조금씩 차이를 지니고 있는 것이 특징이다. 기본종인 원추리(Hemerocallis fulva L.)는 전국의 산지에 야생하며, 7~8월에 황색으로 꽃이 핀다. 어느 도감에서는 중국에서 유입되어 원예종으로 길러지고 있는 홑왕원추리[Hemerocallis fulva L. var. longituba (Miq.) Maxim.]를 원추리라고 기록하는 오류를 범하기도 해서 안타까운 마음이 든다. 노랑원추리(Hemerocallis thunbergii Baker)는 꽃이 황록색이고, 오후 4시 무렵부터 피기 시작하여 다음 날 오전 11시 무렵에는 시든다. 높은 산지에서 자라는 큰원추리(Hemerocallis middendorffii Trautv. & C. A. Mey.)는 꽃이 짙은 황색이며 꽃차례가 매우 짧아서 하나의 큰 포 안에 2~4개의 꽃이 달리는 것이 특징이다. 산지와 초원에서 자라는 각시원추리(Hemerocallis dumortierii Morr.)는 다른 원추리들보다 약 1달쯤 일찍 피고 1개의 꽃줄기에 2~5송이의 꽃이 달린다. 바닷가에 군생하는 홍도원추리(Hemerocallis hongdoensis

❶ 원추리_ 잎 ❷ 원추리_ 열매

원추리의 특징

전국의 산지 계곡이나 산기슭에서 자라는 여러해살이풀이다. 생육환경은 습도가 높으면서 양지바른 토양의 비옥도가 높은 곳에서 자란다. 키는 50~100㎝이며 뿌리는 사방으로 퍼지고 방추형으로 굵어지는 괴근(塊根)이 있다. 잎은 길이가 60~80㎝, 폭 1.2~2.5㎝로 밑에서 2줄로 마주나고 선형이며 끝이 둥글게 뒤로 젖혀지고 흰빛이 도는 녹색이다. 원추리는 우리나라 자생종으로 여러 종류가 있는데, 주로 꽃과 잎의 모양이나 색깔에 따라 붙여진 이름이다. 원추리는 이른 봄에 싹을 틔워서 자란다. 처음에는 펼쳐진 부채 모양으로 자라다가 나중에는 골이 파진 잎줄기가 생긴다. 봄에는 주로 활처럼 휘어진 잎을 키우고 여름이 되면 꽃대를 세우고 꽃을 피운다. 여러 개의 꽃봉오리가 생겨서 차례로 꽃이 피었다가 하루 만에 진다. 봄에는 해가 잘 들고 여름에는 다소 그늘이 진 곳에서 잘 자란다.

❶ 원추리_ 지상부 ❷ 누른하늘말나리_ 지상부

때문에 아쉬움이 남는 꽃이다.

🌿 원추리와 나리의 구별

원추리와 나리는 모두 같은 계절에 꽃이 피는 백합과(科)의 식물이다. 자생하는 장소도 비슷해서 같은 자리에서 함께 어울려 자라면서 꽃이 피기도 한다. 야생화를 공부하는 초보자들은 원추리와 나리를 구별하는 데에 무척 혼란스러워하는 사람들이 많다. 한 뿌리에서 원추리는 많은 줄기가 한꺼번에 뭉쳐 올라오지만, 나리는 원줄기가 하나씩 올라온다. 원추리는 잎이 모두 뿌리에서 돋는 근생엽(根生葉)이지만, 나리는 줄기에서 잎이 돋는 경생엽(莖生葉)이다. 원추리는 잎이 달리지 않은 긴 꽃줄기 끝에서 꽃이 피지만, 나리는 잎이 달린 줄기에서 꽃자루가 갈라지고 그 끝에 꽃이 하나씩 달리는 모습이 다르다. 또한 나리는 꽃잎 안쪽에 흑자색의 반점이 있지만, 원추리는 없고 말끔한 편이다. 식물 공부를 하는 초보자들은 우선은 좀 어렵겠지만, 하나하나 관찰하면서 비교하면 쉽게 해결이 될 것이다.

백합과(科)

여름철을 화려하게 수놓는 꽃, 원추리

▲ 원추리_ 꽃

🌿 나팔처럼 생긴 아름다운 꽃

원추리는 전국의 산과 들에 무리지어 자라는 여름철 야생화다. 모습이 아름답고 세련된 느낌마저 들기 때문에 관상용으로 매우 가치가 높은 식물이다. 햇볕이 잘 드는 습한 곳이면 어디서나 잘 자란다. 잎은 두 줄로 어긋나고 선형이며 윗부분은 활처럼 휘어 뒤로 젖혀진다. 한여름에 피는 원추리의 꽃은 나팔처럼 생긴 긴 통부(筒部)를 가지고 있는데, 대부분의 꽃이 하루만 피고 시들기

[노랑원추리]

japonica Houtt.)은 햇빛이 잘 드는 양지쪽의 산기슭에서는 전국 어디에서나 쉽게 볼 수 있는 식물이다. 꽃의 색깔은 대개 연한 보라색이지만 흰애기풀(*Polygala japonica* for. *leucantha* Nakai)은 흰색이다. 두메애기풀(*Polygala sibirica* L.)은 중부 이북의 높은 지대에서 자라는 여러해살이풀이며 전체에 꼬부라진 털이 있다. 꽃은 연한 자주색이며 드물게 볼 수 있다. 병아리풀(*Polygala tatarinowii* Regel)은 자주색 바탕에 노란 색깔이 둥글게 들어 있어서 갓 태어난 병아리들이 어미를 쫓아서 종종걸음 하는 모습을 연상케 하는 꽃이다. 아주 드물긴 하지만, 흰색으로 핀 꽃도 가끔 볼 수가 있다. 꽃은 한쪽으로 치우쳐서 달리며 주로 축축한 바위 겉에 붙어 자라는 모습을 볼 수 있다. 흰애기풀이나 병아리풀은 귀하면서도 예쁘게 생긴 꽃이라서 자생지에서 발견이 되면 금세 없어지는 일이 태반이다. 작은 식물이라고 하찮은 것이 아니라, 다 저마다의 고유하고 독특한 생태계의 임무를 갖고 있다. 예쁘다고 욕심을 내서 옮겨 기르다 죽일 것이 아니라, 식물이 가진 생태학적 지위와 자생지를 존중하는 의미에서 우리 사람들은 한발 물러서야만 되겠다. 식물이 자라고 있는 그 자리에서 자연스럽게 지속적으로 자랄 수 있도록 인간은 도와줘야만 된다.

용도 및 번식법

원지는 뿌리를 약으로 쓰는데 맛은 맵고 쓰며, 성질이 따뜻하다. 한방에서는 뿌리를 원지라고 하며 거담제, 강장제, 강정제로 쓴다. 약효는 거담작용과 정신안정효과가 뛰어나다. 따라서 객담을 용이하게 하며 건망증, 가슴 두근거림, 불면, 억울 증상 등에 효과가 있다. 잘 놀라면서 가슴이 뛸 때, 가래 섞인 기침을 할 때에 주로 쓰인다. 그 외에도 진정작용, 최면작용, 강심작용, 가래삭임작용, 용혈작용, 항암작용 등의 효능이 있다. 잘 익은 열매를 따서 봄에 심거나 포기를 갈라 심으면 번식이 잘 된다.

원지, 흰애기풀, 병아리풀, 애기풀, 두메애기풀 비교

▲ 원지_ 꽃

▲ 흰애기풀_ 꽃

▲ 병아리풀_ 흰꽃과 붉은꽃

▲ 병아리풀_ 열매

▲ 애기풀_ 꽃

▲ 애기풀_ 열매

▲ 두메애기풀_ 꽃

▲ 두메애기풀_ 잎

원지 · 345

크고 잎은 가늘고 긴 선형(線形)이며 뿌리가 굵은 것이 특징이다.

🌱 원지의 꽃과 열매

꽃은 7~8월에 보라색으로 피고 가지 끝에 총상꽃차례로 드문드문 달린다. 화관은 나비 모양이고 꽃자루는 길이 4mm 정도이다. 꽃받침잎은 5개이고 뒤쪽과 밑의 것 2개는 줄 모양이며 양쪽 2개는 꽃잎같이 생겼고 얇은 종이처럼 반투명한 막질(膜質)이다. 꽃잎은 3장인데, 위의 것은 갈라졌으나 밑의 것은 합쳐져 끝이 솔처럼 잘게 갈라져 있다. 수술은 8개로 밑부분이 합쳐진다. 열매는 삭과(蒴果)로서 편평하고 2개로 갈라지며 종자에는 털이 빽빽이 난다.

🌿 식물의 특징 관찰

주로 양지쪽의 묘지에서 자라는 애기풀 종류들은 대개 5월에 꽃이 피는데, 꽃잎처럼 생긴 양쪽 2개의 꽃받침잎이 날개 모양으로 되어 있어서 어미닭이 모이를 물어다 줄 때를 기다리며 입을 쩍쩍 벌리고 있는 병아리의 모습을 떠올리게 한다. 애기풀은 키는 작고 제법 똥똥한 모습으로 양지쪽의 묘지에서 많이 자라지만, 원지는 가늘고 키가 큰 나약한 모습으로 양지쪽의 산기슭에서 드물게 자란다. 식물을 정확히 파악하고 분류를 하려면 전체 모습을 잘 관찰해야 한다. 줄기가 어떻게 갈라지는지, 수피는 얼마나 두꺼운지, 잎은 어떻게 생겼는지, 몸에 털은 있는지, 꽃과 열매의 특징은 무엇인지, 다른 식물들과 어떻게 구별이 되는지 등의 특징을 일일이 관찰하고 자세히 비교해 보아야만 한다.

🌿 원지 무리들의 비교 특징

원지(*Polygala tenuifolia* Willd.)는 중부 이북의 낮은 산지 양지쪽에서 자라며 아주 귀한 식물이다. 반면에 애기풀(*Polygala*

들도 이들 중의 한 종류이다. 이른 봄부터 피는 할미꽃과 양지꽃을 비롯해서 다양한 종류의 제비꽃 종류들, 향기 좋은 꿀풀과 조개나물 종류들, 각시붓꽃과 앵초 종류들도 모두 양지바른 묘지를 찾아야 많이 볼 수 있는 꽃들이다. 묘지를 잘 가꾸다가 자손이 게을러져서 관리를 못 하면 다른 풀이 우거져서 양지식물은 어느 날 갑자기 사라지게 된다. 이런 경우를 두고 어릴 때 봤던 뒷동산의 할미꽃이 갑자기 사라졌다는 표현을 사람들은 많이 하게 된다. 갑자기 사라진 것은 햇빛

❶ 원지_ 줄기와 꽃 ❷ 원지_ 열매

을 받는 양이 감소됨에 따라 양지식물이 설 자리를 스스로 잃은 것이다. 카메라를 메고 나서서 마땅히 갈 곳이 없을 때 주변의 공동묘지를 자주 찾게 되는 이유가 바로 이 때문이다.

원지의 특징

원지(遠志)는 석회암지대에서 자라는 원지과(科)의 여러해살이풀이다. 중부 이북의 낮은 산지에서 자라며 높이 약 30㎝ 정도이다. 뿌리는 굵고 땅속 깊이 들어가며 그 끝에서 몇 개의 줄기가 무더기로 모여서 나온다. 윗부분에 있는 약간 꼬부라진 털을 제외하고는 털이 거의 없다. 잎은 어긋나고 줄 모양이며 길이 1.5~3㎝, 폭 0.5~1㎜ 정도이고 잎자루가 없다. 원지과 식물들 중에서 키는 제일

❶ 애기풀_ 지상부 ❷ 흰애기풀_ 지상부

양지식물의 특징

음지식물(陰地植物)에 대응되는 용어이다. 음지식물은 충분히 무성한 삼림의 임상(林床)과 같은 약광조건에서도 생육이 가능하나, 양지식물(陽地植物)은 태양의 직사광선과 같이 충분한 광조건에서 잘 생육하고 약광조건에서는 생육이 나빠지거나 또는 불가능하다. 양지식물의 광합성 작용과 빛의 세기와의 관계는 음지식물보다 광합성 능력이 최대에 달하는 빛의 세기인 광포화점이 높고 또 그 빛에서의 광합성 능력은 크며 보상점은 보다 밝은 곳에 있다. 전형적인 양지식물의 잎은 모두 양엽(陽葉)으로 음엽은 만들지 않는다. 대개의 한해살이풀이나 중요한 농작물은 양지식물에 속한다. 수목의 경우는 양수(陽樹)라고 하며 소나무, 일본잎갈나무, 자작나무 등이 이에 속한다.

묘지를 좋아하는 식물

양지식물은 대개 묘지에서 잘 자란다. 1년에 한 번씩 잘 깎아주는 오래된 묘지(墓地)를 좋아한다. 잘 깎아주는 묘지를 찾으면 여러 종류의 양지식물을 다양하게 볼 수 있는데, 원지와 애기풀 종류

원지과(科)

풀과 나무의 중간형을 띤 원지과(科)의 식물들

▲ 원지_ 꽃

풀과 나무의 중간 형태를 띤 식물

원지과(科)의 식물들은 모두 키가 작고 외형상은 풀처럼 생겼는데, 실제로는 나무인 것들이 있다. 아니 어쩌면 풀과 나무의 중간적 특징을 띠고 있다고 해도 틀린 말은 아닙니다. 이 종류들 중 대표격인 애기풀과 흰애기풀의 줄기 아랫부분은 딱딱한 나무이지만, 윗부분은 모두 풀처럼 연하게 생긴 것이 특징이다. 그 나머지인 원지와 두메애기풀, 병아리풀은 모두 틀림없는 풀이다.

[원지]

린 약재를 달이거나 또는 곱게 가루로 빻아 복용한다. 대개 약으로 많이 쓰는 식물은 독성이 강하기 때문에 아무리 약리작용이 좋다고 해도 함부로 쓰는 것은 절대 금물이다. 종자는 먼지처럼 씨방에 들어 있기 때문에 꽃 한 송이에서 얻는 종자는 상당히 많다. 하지만 종자 발아율이 너무 낮으므로 가능한 한 많은 종자를 이른 봄에 뿌리는 것이 좋다. 대개 봄에 올라오는 줄기를 5~6월에 잘라 꺾꽂이를 하거나, 이른 봄에 포기나누기를 하여 번식시킨다.

◈ 용담의 전설

옛날 어느 깊은 산 속에 한 나무꾼이 살았다. 몹시 추운 어느 날 나무꾼은 여느 때와 다름없이 눈 덮인 산 속으로 나무를 하러 갔다. 한참 눈을 헤치며 산을 올라가고 있는데, 산토끼 한 마리가 눈 속에서 풀뿌리를 캐는 시늉을 하는 것이 보였다. 나무꾼은 토끼를 잡으려고 쫓아갔다. 그런데 토끼는 몇 걸음 앞서 도망가면서도 계속 눈 속을 앞발로 헤집는 시늉을 하는 것이었다. 이상하게 생각한 나무꾼이 토끼가 발로 헤집던 곳을 살펴보니, 가냘픈 줄기에 보랏빛 꽃이 달린 처음 보는 풀이 있었다. 나무꾼은 신령님이 산토끼를 대신하여 신령한 약초를 내려주신 것이라고 생각하고 그 풀의 뿌리를 캐다가 위장병으로 앓아누워 계신 어머님께 다려드렸다. 신기하게도 어머니는 며칠 뒤에 깨끗하게 나아 건강을 되찾게 되었다. 나무꾼은 이 약초가 산신령이 내려준 것이라 하여 많은 사람들에게 널리 알리고 이 풀의 맛이 마치 용의 쓸개처럼 쓰다고 하여 '용담'이라는 이름을 지어 부르게 되었다고 한다.

❶ 덩굴용담_ 덩굴 ❷ 좁은잎덩굴용담_ 덩굴

작은 꽃들이 수를 놓는 계절이라면 가을은 푸른 하늘빛을 닮은 꽃들이 맘껏 기량을 뽐내는 계절이라 할 수가 있다. 이들 중에서도 용담 종류들은 가을 하늘처럼 푸른 기상을 발휘하는 꽃이다. 가을엔 꽃을 좋아하는 사람들의 마음과 몸이 모두 용담처럼 푸른 빛이었으면 좋겠다.

용도 및 번식법

어린싹과 잎은 식용하며 관상용으로 심기도 한다. 뿌리를 용담이라고 하여 고미건위제(苦味健胃劑)로 사용한다. 주로 소화와 관련된 병이나 간과 관련된 다양한 질환을 치료하는 데 사용된다. 가을에 채취하여 흙을 씻어 없앤 다음 햇볕에 말린다. 사용하기에 앞서서 잘게 썬다. 건위와 해열, 소염, 담즙이 잘 나오게 하는 데에 효능이 있다. 적용질환으로는 소화불량을 비롯하여 담낭염, 황달, 두통, 뇌염, 방광염, 요도염, 간질, 음낭이 부어오르고 아픈 증세, 눈이 붉게 충혈되는 증세 등이다. 민간에서는 위장병, 소염, 해독, 식욕부진, 위산과다를 치료하기 위해 사용되기도 했다. 말

용담, 덩굴용담, 비로용담, 산용담, 좁은잎덩굴용담, 흰용담, 과남풀 비교

▲ 용담_ 꽃   ▲ 덩굴용담_ 꽃

▲ 비로용담_ 지상부   ▲ 산용담_ 지상부

▲ 좁은잎덩굴용담_ 꽃   ▲ 흰용담_ 꽃

▲ 과남풀_ 꽃   ▲ 과남풀_ 지상부

꽃이 청초하고 아름다워서 많은 사람들에게 사랑을 받는다. 가을철 억새밭 속에서 짙은 하늘색의 용담이 피는 모습은 대단히 아름답고 눈을 즐겁게 한다. 열매는 삭과(蒴果)로 11월에 익고 시든 화관 안에 들어 있으며 종자는 넓은 피침형으로 양 끝에 날개가 있다.

용담 무리들의 비교 특징

용담(Gentiana scabra Bunge)의 줄기는 옆으로 비스듬히 뻗으면서 자라고 꽃은 속이 훤히 보일 정도로 활짝 벌어지면서 핀다. 잎은 짧고 끝이 갑자기 뾰족해진다. 이에 반해 과남풀[Gentiana scabra var. buergeri (MIQ.) MAX.]의 줄기는 위로 곧게 자라면서 꽃이 활짝 열리지 않고 살짝 벌어지는 것이 특징이다. 잎이 길고 칼처럼 뻗었다고 하여 '칼잎용담'이라 부르기도 한다. 흰용담(Gentiana scabra var. buergeri f. alba Y. N. Lee)은 꽃이 흰색이고 산용담(Gentiana algida Pallas)은 북부 고산지대에서 자라며 키는 작지만 꽃은 크고 꽃잎 표면에 푸른 줄무늬가 있어서 기세당당해 보인다. 꽃이 아주 작고 푸른빛을 강하게 띠는 비로용담(Gentiana jamesii Hemsley)은 백두산과 북부지방 고산지대에서 자라며 아주 작고 깜찍하게 생겼다. 울릉도와 제주도에서 자라는 덩굴용담[Tripterospermum japonicum (S. et Z.) Maxim.]은 줄기가 덩굴성이고 장과(漿果)의 열매를 맺는 것이 특징이다. 좁은잎덩굴용담(Pterygocalyx volubilis Maxim.)은 강원도 이북에서 자라며 덩굴용담에 비해 줄기가 가늘고 능선이 있으며 잎은 좁고 꽃이 4수성인 점이 다르다.

청초한 가을맞이

무덥던 여름이 가고 시원한 바람이 불기 시작하면 산과 들에는 가을꽃들이 하나 둘씩 고개를 내민다. 봄철은 소박하고 앙증맞은를 캐어 말린 것인데, 맛은 쓰고 성질은 찬 것이 특징이다.

용담의 특징

전국의 산과 들에서 자라는 여러해살이풀이다. 생육환경은 풀숲이나 양지바른 풀밭에서 자란다. 높이 20~60㎝이고 줄기는 겉에 4개의 가는 줄이 있으며 보통 자줏빛을 띤다. 뿌리줄기는 짧으며 수염뿌리는 굵고 사방으로 퍼진다. 잎은 마주나고 잎자루가 없으며 길이 4~8㎝, 폭 1~3㎝이다. 잎의 밑부분은 줄기를 싸고 있으며 끝은 뾰족하다. 모양은 난형 또는 피침형이며 가장자리가 밋밋하고 3개의 큰 맥이 있다. 잎의 표면은 녹색이고 뒷면은 연한 녹색이며 톱니가 없다. 잎 가장자리와 잎맥 위에 잔돌기가 있어 까칠까칠하다.

용담의 꽃과 열매

꽃은 8~10월에 피고 줄기 끝과 위쪽 잎겨드랑이에서 1개 또는 몇 개씩 달린다. 꽃이 많이 달리면 무거워서 줄기가 옆으로 처지는 경우가 있고 바람에도 약해 쉽게 쓰러지기도 한다. 꽃 색은 보라색 또는 드물게 흰색으로 피기도 하며 꽃자루는 없다. 포는 좁고 피침형이며 꽃받침은 통 모양이고 끝이 뾰족하게 갈라진다. 화관(花冠)은 종모양이고 가장자리가 5개로 갈라지며 갈래조각 사이에 부편이 있다. 5개의 수술은 통부에 붙어 있고 암술은 1개이다. 파란 하늘빛을 닮은 종 모양의

▲ 용담_ 꽃과 열매

용담과(科)

용담
용의 쓸개처럼 맛이 쓴

▲ 용담_ 꽃

웅담과 용담

아주 오랜 옛날부터 쓴맛을 대표하는 약재로 곰의 쓸개를 말려서 쓰는 '웅담'이 있는데, 그보다 맛이 훨씬 더 쓰다고 하는 야생의 식물이 있다. 용의 쓸개처럼 맛이 쓰다고 하여 '용담'이라고 부르는 식물이 바로 그것이다. 중국에서 한자로 용 용(龍)자를 머리에 쓰고 쓸개 담(膽)자를 꼬리에 붙여 용담(龍膽)이라고 부르게 되었다. 약으로 쓰는 것은 용담과(科)에 속하는 다양한 식물들의 뿌리

[산용담]

러줘야 하지만 야생화는 자생지에서 제멋대로 자라야 품위가 있고 예쁘게 꽃이 피는 법이다. 야생화가 자생지에서 잘 자랄 수 있도록 우리 사람들은 한발 양보를 해야만 되겠다.

용도 및 번식법

관상용으로 쓰이며 어린순을 나물로 먹는다. 담백하고 쓴맛이 없어 가볍게 데쳐 찬물에 한 번 헹구기만 하면 간을 맞추어 맛있게 먹을 수 있고 국거리로도 사용한다. 한방에서는 뿌리를 포함한 전초를 약으로 쓰는데, 잎과 줄기는 위장의 소화력을 높이고 뿌리는 피를 멈추게 하는 지혈제로 쓰인다. 양지꽃을 생약명으로 '연위릉', '치자연'이라고도 부른다. 뿌리를 포함한 모든 부분을 약재로 쓰는데, 여름에 채취하여 햇볕에 말려서 잘게 썬다. 허약한 체질을 다스리는 데에 효능이 있다. 따라서 신체가 허약한 사람을 건강하게 하기 위하여 복용하는 경우가 많다. 그 밖에 코피가 흐르거나 토혈하는 경우 또는 월경이 지나치게 많이 나오는 증세와 산후에 출혈이 멎지 않을 때 치료약으로 쓰는데, 말린 약재를 달여서 복용한다. 7월경에 종자를 받아 바로 화분이나 화단에 뿌리거나, 가을과 이듬해 이른 봄 새싹이 지상부로 조금 올라올 때 포기나누기를 하면 된다.

❶ 뱀딸기_꽃 ❷ 뱀딸기_열매 ❸ 흰땃딸기_꽃 ❹ 흰땃딸기_열매

이 1회 깃꼴겹잎으로 달리는 물싸리풀(*Potentilla bifurca* L. var. *glabrata* Lehmann)도 모두 양지꽃 종류에 속하는 식물이다.

야생식물의 보호

양지꽃 종류들은 양지바른 곳이면 전국 어디서나 쉽게 볼 수 있는 꽃이지만, 그렇다고 함부로 훼손을 해서는 안 된다. 종류에 따라서는 아주 귀한 꽃들도 있기 때문이나. 야생화는 야생에서 자라야 제멋이 있고 강인한 법이다. 원예식물은 재배지에서 잘 길

비교 좀딸기, 물싸리풀

▲ 좀딸기_ 꽃

▲ 물싸리풀_ 지상부

운다. 민눈양지꽃(*Potentilla yokusaiana* Makino)은 반그늘에서 자라며 3출겹잎이고 소엽은 잎자루가 없는 4각상 난형이다. 이름은 좀 다르지만, 비슷한 특징을 갖는 양지꽃 무리들도 있다. 잎이 깃모양의 겹잎으로 달리면서 깊게 갈라지는 딱지꽃(*Potentilla chinensis* Seringe.)과 털이 많은 털딱지꽃(*Potentilla chinensis* var. *concolor* Franch. & Sav.), 북부지방에서 자라며 소엽의 수가 월등히 적고 잎이 넓은 원산딱지꽃(*Potentilla nipponica* Th. Wolf)이 있다. 들판이나 개울가에 자라면서 잎이 깃꼴겹잎으로 달리는 개소시랑개비(*Potentilla supina* L.)와 꽃이 아주 작은 좀개소시랑개비(*Potentilla amurensis* Maxim.)가 있으며, 잎이 손바닥을 펼친 모양으로 5갈래로 갈라진 가락지나물(*Potentilla kleiniana* Wight et Arnott), 양지쪽 풀밭에서 줄기가 옆으로 기면서 잎겨드랑이마다 붉은색 딸기가 하나씩 달리는 뱀딸기[*Duchesnea chrysantha* (Zoll. & Moritzi) Miq.]와 아주 작은 딸기가 줄기 끝에 올라와서 달리는 좀딸기(*Potentilla centigrana* Maxim.), 그리고 백두산과 북부지방의 초원 군락에서 자라며 흰색으로 꽃이 피는 흰땃딸기(*Fragaria nipponica* Makino), 백두산 지역의 높은 지대에서 자라며 좁은잎

물양지꽃, 민눈양지꽃, 딱지꽃, 털딱지꽃, 원산딱지꽃, 개소시랑개비, 좀개소시랑개비, 가락지나물 비교

▲ 물양지꽃_ 꽃

▲ 민눈양지꽃_ 지상부

▲ 딱지꽃_ 꽃과 잎

▲ 털딱지꽃_ 꽃

▲ 원산딱지꽃_ 꽃

▲ 개소시랑개비_ 꽃과 잎

▲ 좀개소시랑개비_ 꽃

▲ 가락지나물_ 꽃과 잎

비교 양지꽃, 세잎양지꽃, 솜양지꽃, 은양지꽃, 돌양지꽃, 제주양지꽃, 나도양지꽃, 너도양지꽃,

▲ 양지꽃_ 지상부

▲ 세잎양지꽃_ 꽃

▲ 솜양지꽃_ 지상부

▲ 은양지꽃_ 꽃

▲ 돌양지꽃_ 꽃

▲ 제주양지꽃_ 지상부

▲ 나도양지꽃_ 지상부

▲ 너도양지꽃_ 꽃

10개 정도가 달린다. 이른 봄부터 피기 시작하며 화기(花期)가 길다. 이른 봄 잎이 나기 전부터 피는 꽃은 환하게 빛나는 황금색이고 부지런한 곤충을 맞이해 꽃가루받이를 한다. 꽃의 지름은 1.5~2cm이고 꽃받침잎은 5개이며 난상 피침형이다. 꽃잎은 5개이고 길이 6~10mm의 도란형이며 끝이 오목하다. 수술과 암술은 많으며 꽃턱에 털이 있다. 열매는 수과이고 길이 2mm의 달걀 모양이며 세로로 잔주름이 있다.

양지꽃 무리들의 비교 특징

우리나라에 자생하는 양지꽃 종류는 대략 20여 종에 달한다. 기본종인 양지꽃(Potentilla fragarioides var. major Maxim.)은 잎이 깃꼴겹잎이지만, 세잎양지꽃(Potentilla freyniana Bornm.)은 긴 잎자루 끝에 작은잎이 3장만 달리는 것이 특징이다. 바닷가의 양지에서 자라는 솜양지꽃(Potentilla discolor Bunge)은 온몸에 하얀 솜털이 빽빽이 나 있으며 잎이 깃꼴겹잎이지만, 백두산 지역의 고산에서 자라는 은양지꽃(Potentilla nivea L.)은 온몸에 흰 솜털이 밀생하고 잎이 3출겹잎인 점이 다르다. 작은잎 가장자리에 톱니가 잘 발달해 있고 척박한 돌이나 바위틈에서 자라는 돌양지꽃(Potentilla dickinsii Franch. & Sav.)이 있는가 하면, 제주에서 자라는 제주양지꽃(Potentilla stolonifera var. quelpaertensis Nakai)은 포복지가 사방으로 퍼지고 털이 있으며 줄기기 자줏빛이다. 꽃줄기가 뿌리에서 나와서 길게 자라지 않고 약 10cm 정도로 곧게 올라와서 꽃을 대개 1개씩 피우는 나도양지꽃[Waldsteinia ternata (Stephan) Fritsch], 한라산과 백두산의 높은 곳에서 자라면서 가늘고 긴 작은잎이 3개씩 달리는 너도양지꽃(Sibbaldia procumbens L.)은 아주 특징적인 모습이다. 양지꽃 종류들은 대개 봄에 꽃이 피지만, 물양지꽃(Potentilla cryptotaeniae Maxim.)은 여름철에 산골짝의 냇가 근처에서 높이 70cm 정도로 곧게 자라면서 꽃을 피

▲ 양지꽃_ 지상부

작은잎은 길이 1.5~5㎝, 폭 1~3㎝로 도란형 또는 타원형이고 맥 위에 털이 많으며 가장자리에 톱니가 있다. 작은잎이 모여 깃털과 같이 생긴 잎 모양을 이룬다. 작은잎의 수는 홀수이며 잎 전체의 길이는 30㎝ 안팎이다. 잎의 앞면은 짙은 녹색이고 뒷면은 황록색이다. 턱잎은 타원 모양이고 가장자리가 밋밋하다. 양지꽃은 뱀딸기와 무척 닮았다. 하지만 뱀딸기는 이름처럼 길게 기는줄기가 있고 잎겨드랑이에 꽃이 하나씩 달린다. 꽃이 피고 난 후에 잎은 더욱 커진다. 습기가 많은 땅을 싫어하는 양지꽃은 이름 그대로 잔디나 억새와 같은 초원이 발달한 양지바른 산비탈에서 흔하게 자라는 꽃이다.

양지꽃의 꽃과 열매

꽃은 4~6월에 노란색으로 피고 줄기 끝에 취산꽃차례를 이루며

🌿 햇빛을 좋아하는 꽃

양지꽃이란 원래 양지쪽에서 잘 자라는 꽃이라고 하여 붙여진 이름이다. 그늘이 든 곳에서는 살기 어렵기 때문에 숲이 우거진 곳에서는 잘 보이지 않는다. 하지만 토양이나 양분, 일교차, 습도 등을 가리지 않고 햇볕이 잘 쪼이는 곳이면 어디서든 잘 자란다. 매년 잘 깎아주는 묘지에서 유독 많이 보이는 것은 바로 햇빛과 관계가 있기 때문이다. 길가나 숲 가장자리, 마을 어귀 등 어디라도 하늘이 트인 공간에서는 어김없이 양지꽃이 피는 모습을 볼 수가 있다.

🌿 곤충을 유혹하기 좋은 노란색의 꽃

봄꽃은 다른 색깔보다 유독 노란색의 꽃들이 많다. 꽃들은 여러 색깔들로 곤충을 유혹하지만, 유독 노란색은 곤충의 시선을 많이 끄는 색이다. 노란색의 꽃은 나비나 벌의 눈에 쉽게 띄기 마련인데, 꽃들은 이런 작전으로 곤충을 유인하여 후손을 퍼뜨린다. 봄에 피는 노란 꽃은 곤충을 쉽게 불러들임과 동시에 사람의 마음을 따뜻하게 해주는 효과가 있다. 잔뜩 웅크렸던 겨울동안의 찬 기운을 노란 꽃으로 말끔히 씻어버리고 따뜻하며 온화한 느낌을 갖게 해준다. 새로운 출발에 대한 희망을 안겨주는 꽃이기도 하다.

🌿 양지꽃의 특징

산기슭이나 풀밭의 햇볕이 잘 드는 곳에서 자라는 여러해살이풀이다. 줄기는 옆으로 비스듬히 자라고 높이가 30~50㎝이며 잎과 함께 전체에 거친 털이 있다. 뿌리에서 나온 잎은 뭉쳐나고 비스듬히 퍼지며 잎자루가 길고 3~9개의 작은잎으로 구성된 깃꼴겹잎이다. 끝에 달린 3개의 작은잎은 서로 크기가 비슷하면서 가장 크고 밑부분에 달린 작은잎은 밑으로 내려갈수록 점점 작아진다.

장미과(科)

양지꽃
양지바른 곳에서 잘 자라는

▲ 양지꽃_ 무리

🌿 작고 약하지만 강인한 꽃

봄철에는 햇빛을 많이 받는 양지쪽 모퉁이에서 양지꽃이 노란 꽃을 가냘프게 피우고 있다. 작고 약하게 생겼지만, 야생에서 자라는 꽃은 야생에 있을 때는 강인한 법이다. 길가, 자갈밭, 묘지, 밭둑이나 산자락, 어디에서도 햇빛이 잘 드는 곳이면 강인하게 꽃대를 피워 올린다. 작은 꽃 어디에서 그런 강한 힘이 솟아나는 것인지 도무지 알 수 없는 일이다.

[너도양지꽃]

수 있고 구한 즉시 심는 것이 좋다. 오래 보관하면 말라서 못쓴다. 여름이나 가을에 심으면 이듬해 봄이 되어야 싹을 틔운다. 참나리의 주아는 심은 지 최소 2년이 지나야 탐스럽게 핀 꽃을 볼 수 있다. 참나리는 기르면서 해마다 늘어나는 줄기를 분주해도 된다. 종자는 10월경에 받아서 가을에 바로 뿌리거나 냉장고에 저장해 두었다가 이른 봄에 뿌린다. 종자 발아율은 높은 편이며 발아에서 개화까지의 시간이 많이 소요된다. 나리 종류는 비옥한 토양에서 길러야 잘 자란다.

🌼 나리꽃의 전설

옛날 어느 마을에 한 아리따운 처녀가 살고 있었다. 마침 그 고을에는 행동거지가 아주 나쁜 고을 원님의 아들이 있었는데, 아버지의 권세를 믿고 모든 악행을 혼자 저지르고 다녔다. 하루는 원님 아들이 그 처녀를 보고 반해 버려 강제로 희롱하려 했으나, 처녀는 끝내 자결로서 순결을 지켰다. 그 모습을 본 원님의 아들은 자신의 잘못을 반성하고 그녀를 양지바른 곳에 묻어 주었는데, 그 곳에서 웬 꽃이 자랐다. 원님 아들은 그 꽃을 거두어 자신이 고이 길렀는데, 이 꽃이 바로 나리꽃이다. 나리꽃의 꽃말은 '순결'이다.

Thunb.), 노랑참나리 등이 있다. 밑의 잎은 돌려나고 그 위에서 작은잎이 어긋나는 윤생나리 종류로는 말나리(*Lilium distichum* Nakai ex Kamib.), 섬말나리(*Lilium hansonii* Leichtlin), 하늘말나리(*Lilium tsingtauense* Gilg), 지리하늘말나리[*Lilium tsingtauense* for. *carneum* (Nakai) T. B. Lee], 누른하늘말나리[*Lilium tsingtauense* for. *flavum* (Wilson) T. B. Lee] 등이 있다. 이 중에서 특히 섬말나리는 돌려나는 잎이 2층 또는 3층인 점이 특징이라 할 수 있다. 나리속(屬) 식물들의 꽃 색깔은 대부분 황적색인데 비해서, 솔나리는 분홍색, 흰솔나리는 흰색, 섬말나리와 누른하늘말나리는 짙은 황색, 노랑땅나리와 노랑참나리는 밝은 황색으로 꽃이 피는 점이 다르다.

나리꽃의 관찰

여름은 피서의 계절이다. 일에만 몰두하지 말고 강과 산을 찾아서 순수한 마음으로 자연을 음미하면서 우리 꽃을 찾고 관찰하는 소중한 시간을 가졌으면 한다. 나리꽃의 귀족적인 아름다움과 순결한 모습에 빠져본다면 여름은 의미 있고 귀한 계절이 될 것이다.

용도 및 번식법

관상용으로 심으며 비늘줄기는 식용 또는 약용으로 한다. 한방에서 비늘줄기를 약재로 쓰는데, 진해, 거담, 사양, 강장, 건위, 종독 및 백혈구감소증에 효과가 있으며 진정작용, 항알레르기작용이 있다. 신체허약증, 폐결핵, 산후의 회복부진, 각기, 기침, 놀라고 두려워서 마음이 몹시 두근거리는 증세 등을 치료한다. 봄이나 가을에 비늘줄기를 캐어 구워 먹거나 조려 먹기도 한다. 비늘줄기를 넣어 끓인 죽은 허약한 사람이나 환자를 위한 자양강장식품으로 매우 좋다. 참나리는 잎겨드랑이에서 발생하는 주아를 떼어 심어두면 번식한다. 주아는 산이나 들의 참나리에서 쉽게 구할

비교 말나리, 하늘말나리, 지리하늘말나리, 누른하늘말나리, 섬말나리

▲ 말나리_ 꽃

▲ 하늘말나리_ 꽃

▲ 지리하늘말나리_ 꽃

▲ 누른하늘말나리_ 꽃

▲ 섬말나리_ 꽃

▲ 섬말나리_ 잎

솔나리, 큰솔나리, 흰솔나리, 중나리, 참나리, 노랑참나리 비교

▲ 솔나리_ 꽃

▲ 큰솔나리_ 꽃

▲ 흰솔나리_ 꽃

▲ 중나리_ 꽃

▲ 참나리_ 꽃

▲ 노랑참나리_ 꽃

비교 털중나리, 노랑털중나리, 하늘나리, 날개하늘나리, 땅나리, 노랑땅나리

▲ 털중나리_ 꽃

▲ 노랑털중나리_ 꽃

▲ 하늘나리_ 꽃

▲ 날개하늘나리_ 꽃

▲ 땅나리_ 꽃

▲ 노랑땅나리_ 꽃

❶ 하늘나리_ 지상부 ❷ 중나리_ 지상부 ❸ 땅나리_ 지상부

털중나리, 참나리, 노랑참나리가 있다. 땅을 향해서 피는 종류로는 솔나리, 땅나리, 노랑땅나리가 있다. 나리 종류들의 이러한 특징 때문에 '하늘나리, 중나리, 땅나리'라는 방식의 이름이 붙여지게 된 것이다.

야생나리 무리들의 비교 특징

나리속(屬) 식물들의 특징을 파악하고 분류하는 데에는 잎차례, 꽃이 피는 방향, 꽃의 색깔, 꽃잎의 반점, 식물체의 크기, 털의 유무, 잎의 모양 등으로 구분할 수 있다. 줄기에서 돋는 잎이 모두 어긋나는 호생나리 종류로는 털중나리(*Lilium amabile* Palibin), 노랑털중나리(*Lilium amabile* var. *flavum* Y. N. Lee), 하늘나리(*Lilium concolor* Salisb.), 날개하늘나리(*Lilium dauricum* KerGawl.), 땅나리(*Lilium callosum* Sieb. et Zucc.), 노랑땅나리(*Lilium callosum* var. *flavum* Y. N. Lee), 솔나리(*Lilium cernuum* Komar), 큰솔나리(*Lilium tenuifolium* Fisch.), 흰솔나리[*Lilium cernuum* f. *candidum* (Nakai) T. B. Lee], 중나리[*Lilium leichtlinii* var. *maximowiczii* (Regel) Baker], 참나리(*Lilium lancifolium*

방의 노랑땅나리, 백두산의 큰솔나리 등인데, 이들은 정말 찾기 힘든 희귀종들이다. 8월에 피는 야생나리는 중나리와 참나리 2종류로 파악이 된다. 중나리는 경기도 동북부 지역 일부와 강원도 북부 지역의 제한된 지역에서만 자라는 반면, 참나리는 지역 구분 없이 전국에 고루 퍼져 자라는 것을 볼 수 있다. 참나리는 키도 크고 넓게 분포하면서 개체수도 많기 때문에 한국의 야생나리를 대표할 만한 충분한 가치가 있다. 참나리는 잎겨드랑이에 주아가 있으며 줄기가 갈색이고 털이 많지만, 중나리는 주아가 없고 줄기가 녹색이며 털이 없는 점이 다르다. 꽃잎 표면에 흑자색의 큰 반점이 있고 높게 자라며 꽃도 큰 점이 비슷해서 구별에 많은 혼란이 따르기도 한다. 또한 참나리와 중나리는 들판이나 비교적 낮은 산지의 계곡에서 자라는 것이 특징이기도 하다.

산의 고도별 분포

산골짝의 계곡이나 산기슭 등의 낮은 산지에서는 참나리, 노랑참나리, 중나리, 섬말나리, 땅나리, 노랑땅나리가 자라는 것을 볼 수 있고 차츰 위로 올라가면서 중간 높이의 산지에서는 말나리, 지리하늘말나리, 누른하늘말나리가 나타나며 중복 이상의 높은 산지에서는 솔나리, 큰솔나리, 흰솔나리, 날개하늘나리를 관찰할 수 있다. 하지만 높이에 관계없이 폭넓게 분포하는 털중나리와 하늘말나리는 전국의 어느 산지에서든지 쉽게 볼 수가 있다. 어느 지역에서든지 야생나리 종류들은 비교적 습기가 많은 골짜기를 따라서 낮은 곳에서부터 높은 곳까지 종류별로 분포하고 있다.

꽃의 방향별 특징

꽃이 필 때 하늘을 향해서 피는 종류로는 하늘나리, 날개하늘나리, 하늘말나리, 지리하늘말나리, 누른하늘말나리가 있고, 옆을 향해서 피는 종류로는 말나리, 섬말나리, 중나리, 털중나리, 노랑

주로 참나리이다.

참나리의 꽃과 열매

꽃은 7~8월에 가지 끝과 원줄기 끝에서 피는데, 4~20개가 밑이나 옆을 향하여 달린다. 꽃의 지름은 10~12㎝이고 꽃은 황적색이다. 꽃잎 안쪽에는 흑자색 반점이 있고 아랫부분에는 짧은 돌기가 많이 달려 있다. 화피조각은 6개이고 피침형이며 뒤로 심하게 말린다. 밀구(蜜溝)에 털이 있고 6개의 수술과 1개의 암술이 길게 꽃 밖으로 나오며 꽃밥은 짙은 붉은빛을 띤 갈색이다. 열매는 삭과(蒴果)이지만, 잘 맺지를 못하고 잎겨드랑이에 있는 주아가 땅에 떨어져 싹이 나거나 비늘줄기로 번식한다.

개화 시기별 분포

전국에 퍼져 자라기는 하지만 분포하는 종류는 지역별로 차이가 있으며 개화 시기도 종류별, 고도별로 많은 차이를 보인다. 우리나라에 분포하는 야생나리 종류는 대략 17종 정도로 파악이 되는데, 6월부터 8월까지 한여름에 꽃이 핀다. 위도와 상관없이 전국 각지에 두루 자생하는 나리는 털중나리(6월), 하늘말나리(7월), 참나리(8월)이고 해발고도와 상관없이 산기슭부터 능선까지 피는 나리는 털중나리와 하늘말나리이다. 6월에 일찍 피는 나리는 털중나리를 비롯하여 하늘나리, 날개하늘나리와 울릉도의 섬말나리가 있다. 꽤 귀한 편이라 할 수 있는 중나리와 땅나리를 설명하는 도감 사진에 흔한 털중나리 사진이 잘못 실려 있는 것을 보면 종종 안타까움을 느낀다. 7월에 피는 나리는 하늘말나리를 비롯하여 대부분의 나리들이라 할 수 있는데, 말나리, 지리하늘말나리, 누른하늘말나리, 땅나리, 노랑땅나리, 솔나리, 큰솔나리, 흰솔나리 등이다. 솔나리는 귀하다고 하여 환경부 지정 멸종위기식물 2급으로 관리되고 있지만, 이보다 더 귀한 것은 흰솔나리, 남부지

▲ 참나리_ 독도의 바위 절벽에 핀 모습

위가 가장 넓으며 귀족적이고 화려한 꽃은 역시 참나리라고 할 수 있다.

참나리의 특징

전국의 산과 들에서 자라는 여러해살이풀이다. 관상용으로 재배하기도 한다. 비늘줄기는 흰색이고 지름 5~8㎝의 둥근 모양이며 밑에서 뿌리가 나온다. 줄기는 높이가 1.5~3m이고 검은빛이 도는 자주색 점이 빽빽이 있으며 어릴 때는 흰색의 거미줄 같은 털이 있다. 줄기의 색은 자갈색이며 위쪽 부분에는 흰 솜털이 산재하고 전혀 가지를 치지 않는다. 끝이 뾰족한 잎이 줄기를 돌아가면서 빽빽하게 붙는다. 잎은 어긋나고 길이 5~18㎝의 피침형이며 녹색이고 두껍다. 잎겨드랑이에 짙은 갈색의 주아(珠芽)가 달린다. 사람이 접근하기 어려운 암벽 틈이나 산지 계곡의 바위틈에서 뿌리를 내리면서 자라는 개체들이 자주 발견된다. 울릉도의 도동 바위 절벽이나 독도의 서도절벽 대한봉 꼭대기까지 군락을 이루면서 자연적으로 번식하고 있다. 우리가 많이 보는 나리는

여름철을 장식하는 귀족적인 꽃 야생나리

백합과(科)

▲ 참나리_ 꽃

🌿 여름철 산야를 화려하게 수놓는 꽃

야생 꽃들이 한동안 뜸한 여름철 산야를 화려하게 수놓는 꽃이 바로 야생나리들이다. 엎드려 찾지 않아도 될 만큼 키가 큰 나리의 꽃은 화려하기도 해서 사람들 눈에 쉽게 잘 띄는 편이다. 대부분의 야생화는 그저 소박하고 서민적이라 할 수 있지만, 나리 종류들은 야생화이면서도 왠지 화려하고 귀족적인 멋을 물씬 풍기는 그런 꽃이다. 야생나리들 중에서 개체수가 가장 많고 분포 범

[날개하늘나리]

▲ 노랑앉은부채_ 포 안쪽의 꽃 관찰

인위적으로 조절할 수는 없다. 야생의 꽃은 자생지에서 자라야 하고, 원예종 식물은 사람이 공을 들여 재배지에서 예쁘게 길러야 한다. 야생의 식물이 자생지에서 잘 자랄 수 있도록 우리 모두 힘을 합쳐서 돕도록 한다.

용도 및 번식법

연한 잎을 나물로 먹기는 하지만 독성분이 함유되어 있어서 조심해서 먹어야 한다. 어린잎을 따다가 데쳐서 며칠 동안 흐르는 물에 담가서 독성분을 제거한 다음 다시 장기간 건조 저장해 두었다가 나물로 먹는다. 이러한 방법으로 먹는 나물을 묵나물이라고 한다. 뿌리에는 강한 독성이 있어 한방에서는 줄기와 잎을 구토제, 진정제, 이뇨제로 쓴다. 6~7월에 익은 종자를 바로 뿌리거나 가을에 포기나누기로 번식시킨다. 독성이 강한 식물이어서 집안에서 기르기는 좋지 않다.

비교 앉은부채, 노랑앉은부채, 노랑애기앉은부채, 애기앉은부채, 산부채

▲ 앉은부채_꽃

▲ 노랑앉은부채_꽃

▲ 노랑애기앉은부채_꽃

▲ 애기앉은부채_꽃

▲ 산부채_꽃

▲ 산부채_열매

도로 매우 낮아서 열매를 보기는 좀처럼 힘들다.

🌿 앉은부채 무리들의 비교 특징

앉은부채의 포는 대개 자갈색이지만, 노랑앉은부채의 포는 연한 녹색을 띠는 노란색이다. 노랑앉은부채는 일제강점기 때 일본학자의 조사 기록이 있은 후 근래에 경기도의 어느 산에서 무더기로 발견이 되었는데, 촬영된 사진이 제대로 도감에 올라보지도 못한 채 갑자기 사라질 위기에 처하게 되었다. 근래 2년 동안에 거쳐 노랑앉은부채를 사람이 삽으로 파서 옮긴 흔적이 역력한데, 이 식물은 자생지를 떠나서는 살 수 없는 식물이기 때문에 마음이 더욱 아프다. 가끔 멧돼지나 설치류가 뿌리를 파먹는다고도 하지만, 사람에 의해 남겨진 훼손 흔적과는 역력히 구별이 된다. 예쁘게 기르기 위해 파갔다고 하겠지만, 야생식물은 자리를 옮기면 죽는 것들이 대부분이라서 심각한 반성이 필요하다. 귀한 식물의 자생지를 하루아침에 잃게 된 것이 정말 안타깝다. 도감 기록에도 없는 노랑애기앉은부채는 애기앉은부채가 군락을 이루고 있는 강원도의 깊은 산 속에서 필자도 딱 한 송이만 확인을 하였다. 심마니가 몇 년씩 찾던 산삼을 만났을 때보다 더 진한 감동을 뭉클하게 느낄 수 있었다. 귀한 꽃 한 송이를 찾아서 사진으로 담기 위해서는 몇 년 아니 몇 십 년 동안 카메라를 메고 산속을 찾아 헤매고 다녀야 하기 때문이다. 산부채(*Calla palustris* L.)는 북부지방의 습지에서 자라는 여러해살이풀이다. 앉은부채와 같은 천남성과(科)의 식물이며 꽃이 흰색으로 피는 점이 다르다.

🌱 자생지 보호

야생화는 역시 태어난 그 자리에서 피고 지는 모습을 볼 때가 가장 아름다운 법이다. 인공적인 재배지에서는 자생지의 독특한 환경, 즉 기후와 토양, 강수량, 일교차, 습도, 햇빛의 양 등을 모두

루를 가지고 있다. 잎 가장자리는 밋밋하고 표면에서는 잎맥이 가라앉고 뒷면에서는 부풀어 오른다. 뿌리줄기는 짧고 끈 모양의 뿌리가 나와 사방으로 퍼지며 땅위줄기는 없다. 다소 불쾌한 냄새가 나지만, 다른 먹이가 마땅히 없는 이른 봄철에 멧돼지나 설치류가 이들을 파먹기도 한다.

앉은부채의 꽃과 열매

꽃은 양성화이며 3~4월에 잎보다 먼저 핀다. 작은 꽃들이 불염포에 싸인 육수꽃차례를 이루며 빽빽이 달린다. 불염포는 둥근 달걀 모양이고 항아리 같으며 육질이다. 갈색을 띤 자주색이고 짙은 색의 반점이 있으며 한쪽으로 열린

▲ 앉은부채_ 열매

다. 화피조각은 연한 자주색으로 4개이며 달걀을 거꾸로 세워놓은 모양이다. 수술은 4개이며 암술은 1개이다. 불염포로 둘러싸인 둥근 꽃차례에 작은 꽃이 대략 100여 개씩 모여 달린다. 각각의 꽃에는 수술과 암술이 모두 있지만, 수꽃과 암꽃이 피는 시기가 서로 다르다. 같은 꽃 속에서 가루받이를 하면 유전적으로 불리한 자손을 남기게 되는 자연의 섭리를 피하려는 식물의 특성이 있다. 이른 봄 자생지에 가면 포 안에 들어 있는 꽃차례가 사라지고 없는 것을 볼 수 있는데, 이는 겨우내 굶주렸던 들쥐가 따먹었기 때문이다. 잎은 꽃이 시든 후 크게 펼쳐진다. 열매는 6~7월경에 둥글게 모여 달리는데, 마른 논바닥이 갈라진 것처럼 골이 깊게 파이면서 여름에 검붉은 색으로 익는다. 결실률이 약 10% 정

🌿 강한 호흡열로 눈을 녹이는 앉은부채

이른 봄꽃이 필 때 앉은부채를 관찰해 보면, 꽃이 필 때 발생하는 강한 호흡열로 주변에 쌓인 두꺼운 눈을 녹이는 모습을 볼 수 있다. 이른 봄 힘차게 꽃대를 피워 올리기 위해 지난해 뿌리에 저장했던 양분을 한꺼번에 소비하는 것이다. 대략 15㎝나 되는 두꺼운 눈을 15㎝의 폭으로 녹이는 모습을 뚜렷하게 관찰할 수 있었다. 꽃이 필 때 일시적으로 방출하는 호흡열이 얼마나 강력한가

❶ 앉은부채_ 새싹 ❷ 앉은부채_ 눈을 뚫고 올라온 모습

를 실감할 수 있는 장면이다. 4월쯤 꽃이 지면서 돋는 잎은 서서히 광합성을 하게 되고 양분을 만들어서 뿌리에 차곡차곡 저장해 두었다가, 다음 해 꽃이 필 때 또 그 양분을 한꺼번에 소비하면서 강렬한 호흡열을 내뿜게 된다.

🌿 앉은부채의 특징

앉은부채는 충북 이북 지역의 산지 계곡이나 약간 경사진 산기슭에서 자란다. 산지의 응달과 습기를 좋아하는 식물이다. 키는 10~20㎝이고 잎은 길이와 폭이 각각 30~40㎝로 둥글고 길며 끝이 뾰족하고 뿌리에서 뭉쳐나기로 돋는다. 잎은 심장형이고 긴 잎자

하고 둥근 모습으로 타오르는 불꽃 모양을 닮기도 해서 불염포(佛焰苞)라고도 불린다.

🌿 앉은부채의 탐사

앉은부채(*Symplocarpus renifolius* Schott ex Miq.)와 애기앉은부채(*Symplocarpus nipponicus* Makino)는 꽃과 잎이 서로 엇갈려 피기 때문에 이른 봄과 초가을에 각각 이들을 찾으러 가면 만날 수 있다. 앉은부채는 이른 봄 눈이 채 녹기도 전에 꽃이 먼저 피었다가 꽃이 질 무렵 4월쯤에 잎이 돋는다. 이들을 탐사하려면 충북 이북의 산골짝 그늘진 곳을 찾으면 된다. 한편, 애기앉은부채는 봄부터 잎이 먼저 돋아서 자라다가 8~9월쯤 가서 잎은 흔적도 없이 사라진 후 갑자기 꽃이 불쑥 올라오는 것이 특징이다. 애기앉은부채의 크기는 앉은부채의 1/3쯤 되고 아주 작으며 표면이 반들거리고 광택이 있는 점이 다르다. 애기앉은부채는 대관령 이북의 강원도 지역에서 찾을 수 있다. 앉은부채는 산의 고도가 낮은 곳에서도 자라지만, 애기앉은부채는 고도가 700m 이상인 높은 산지를 찾아야만 볼 수가 있다. 앉은부채와 애기앉은부채의 꽃이 황색인 노랑앉은부채와 노랑애기앉은부채도 야생에서 볼 수 있긴 하지만 아주 드문 희귀종이다.

❶ 앉은부채_ 눈 속에서 핀 꽃 ❷ 앉은부채_ 꽃이 지고 잎이 난 모습

천남성과(科)

불염포의 강한 호흡열로 눈을 녹이는 앉은부채

▲ 앉은부채_ 지상부

🌱 도깨비방망이처럼 생긴 앉은부채의 꽃

대부분의 꽃들은 화려한 꽃잎과 꽃받침을 갖는 것이 보통이지만, 앉은부채의 꽃은 육수꽃차례(肉穗花序)라고 하는 둥근 모양의 꽃차례에 암술과 수술만 다닥다닥 붙어 달리는 것이 특징이다. 이른 봄에 피는 앉은부채의 꽃은 도깨비방망이처럼 생겼는데, 이 꽃 주변을 포(苞)가 싸서 따뜻하게 보호해 준다. 앉은부채의 포는 둥글고 넓적해서 부채 모양을 닮았고 또 어떻게 보면 끝이 뾰족

[애기앉은부채]

N. Lee)도 드물게 발견이 된다. 네귀쓴풀(*Swertia tetrapetala* Pallas)은 전국의 높은 산 풀밭에서 자라는데, 꽃잎이 4장이다. 꽃잎은 흰색을 띠고 있지만 표면에는 파란색 반점무늬가 점점이 수를 놓고 있어 네귀쓴풀의 아름다움을 더욱 돋보이게 한다. 쓴풀이나 개쓴풀의 자주색 줄무늬나 네귀쓴풀의 파란색 반점무늬는 가루받이에 필요한 곤충을 불러들이는 촉매제 역할을 한다. 꽃잎이 4장인 대성쓴풀[*Anagallidium dichotomum* (L.) Griseb.]은 대덕산에서 자라는 멸종위기 2급의 식물이며, 초여름에 피고 땅바닥에 바짝 붙어서 옆으로 퍼져 자라는 아주 조그만 식물이다. 큰잎쓴풀(*Swertia wilfordi* Kerner)도 꽃잎이 4장이며 줄기는 위로 곧게 자라고 키가 크며 백두산과 강원도 지역에서 볼 수 있다.

용도 및 번식법

꽃을 포함한 잎과 줄기 모두를 약재로 쓴다. 전초를 말려서 소화불량이나 지사제로 약용한다. 생약명은 당약(當藥) 또는 고초(苦草)라고 불린다. 꽃이 피었을 때 채취하여 햇볕에 말려서 잘게 썬다. 온몸에 결정성고미배당체(結晶性苦味配糖體)인 스웨르티아마린(Swertiamarin)을 2~4%가량 함유하고 있으며 쓴맛이 대단히 강하다. 함유성분인 스웨르티아마린은 위장이 허약한 사람에게 건위작용을 하여 소화를 돕는다. 적용질환은 소화불량과 식욕부진을 다스리는 약으로 쓰인다. 일본에서는 건위제, 지사제, 회충·요충 등의 구충약으로도 쓰고 있으며, 기타 복통이나 태독과 매독의 치료에도 효과를 보인다. 11월에 받은 종자를 보관 후, 이듬해 봄에 직사광을 받지 않는 반그늘의 화단에 뿌린다.

❶ 쓴풀_ 꽃봉오리 ❷ 네귀쓴풀_ 열매 ❸ 대성쓴풀_ 잎 ❹ 큰잎쓴풀_ 열매

'나도쓴풀'이라고도 하는데, 다른 쓴풀류처럼 쓴맛이 없다고 하여 개쓴풀이라는 이름을 얻었다고도 한다. 꽃잎 안쪽에는 흰색 털이 수북이 나 있어서 얼핏 봐도 쉽게 알 수 있는 것이 특징이다. 쓴풀과 함께 꽃잎은 5장이며 흰색 바탕에 자주색 줄이 있다. 또한 개쓴풀은 꽃받침이 꽃잎보다 훨씬 짧아서 쉽게 구분이 된다. 자주쓴풀[*Swertia pseudochinensis* (Bunge) Hara]은 꽃잎이 자주색이고 5장이며 전국적으로 많이 자라고 쓴풀 종류들 중에서 키가 제일 큰 것이 특징이다. 자주쓴풀의 변이종으로 꽃잎의 자주색이 탈색되어 형성된 흰자주쓴풀(*Swertia pseudochinensis* for. *alba* Y.

쓴풀, 개쓴풀, 네귀쓴풀, 대성쓴풀, 큰잎쓴풀, 자주쓴풀, 흰자주쓴풀 비교

▲ 쓴풀_ 꽃

▲ 개쓴풀_ 꽃

▲ 네귀쓴풀_ 꽃

▲ 대성쓴풀_ 꽃

▲ 큰잎쓴풀_ 꽃

▲ 자주쓴풀_ 꽃

▲ 흰자주쓴풀과 자주쓴풀_ 무리

▲ 흰자주쓴풀_ 꽃

계절에 따른 꽃의 색깔 변화

가을에 피는 꽃들은 대개 푸른색 계통의 꽃들이 많고 봄에 피는 꽃들은 노란색 계통의 꽃들이 많은데, 꽃도 계절의 영향을 많이 받는가 보다. 가루받이를 매개하는 곤충들의 무리가 봄에는 노란색을 잘 찾고 가을에는 푸른색을 잘 찾도록 적응이 된 것이 아닐까? 꽃들과 곤충은 떼려야 뗄 수 없는 생태적인 조화를 이루고 있으니까 말이다. 봄철에는 노란색이 곤충의 눈을 더 자극하고 가을에는 파란색이 곤충의 눈을 더 자극하니, 그 색깔의 꽃이 많을 수밖에 없으리란 생각이 든다. 식물들도 교묘하게 작전을 펼치면서 후손을 이어가는 모습이 정말 신비롭기만 하다. 바람직한 생태계는 식물과 동물이 함께 공존하는 조화로운 공간이다. 이들이 최선을 다해 살아갈 수 있도록 우리 사람들은 정성껏 도와줘야만 하겠다.

꽃잎의 수로 나눈 두 무리

쓴풀 종류들은 꽃잎의 수에 따라 크게 두 무리로 나누어진다. 꽃잎이 4장인 것으로 네귀쓴풀, 대성쓴풀, 큰잎쓴풀이 있고 5장인 것으로는 쓴풀, 자주쓴풀, 개쓴풀이 있다. 또한 자주쓴풀의 변이종으로 흰자주쓴풀이 드물게 발견되기도 한다. 꽃이 피는 시기로는 대성쓴풀이 가장 빠른 5월에 피고 네귀쓴풀이 한여름인 8월에 핀 다음, 나머지 종류들은 9월 이후 가을철에 일제히 피는 것이 특징이다.

쓴풀 무리들의 비교 특징

꽃의 외형이 말끔하고 단정하게 생긴 쓴풀[*Swertia japonica* (Schult.) Makino]에 비해 개쓴풀은 몹시 어수선해 보이는 것이 특징이다. 개쓴풀[*Swertia diluta* var. *tosaensisn* (Mak.) Hara]은 일명

쓴풀의 자생지 특징

대부분의 식물들은 토양이 기름지고 축축한 땅에서 많이 자라는데, 이 쓴풀 종류들은 모두 건조하고 양분이 적은 황량한 토양에서 자라는 편이다. 쓴풀 종류들 중에서는 아무래도 자주쓴풀이 제일 흔하며 몸집이 큰 편이고, 나머지 종류들은 특정 지역에서 특별하게 볼 수 있는 작고 귀한 식물들이다. 산기슭이나 들판의 양지바른 풀밭에서 주로 볼 수 있는데, 생육환경은 지나치게 습하지 않은 양지나 반그늘 상태의 풀숲에서 자란다.

쓴풀의 특징

햇볕이 잘 드는 메마른 풀밭에서 자라는 한해 또는 두해살이풀이며 전체에 털이 없다. 모가 져있는 줄기는 위로 곧게 서서 위쪽 부분에서 가지를 친다. 줄기는 자줏빛이 돌며 높이는 5~20cm가량이다. 뿌리에는 쓴맛이 강한 성분을 함유하고 있다. 잎은 피침형이고 잎자루를 가지지 않으며 마디마다 2장씩 마주난다. 잎은 길이 1.5~3.5cm이고 폭은 0.1~0.3cm이다. 잎끝은 뾰족하고 가장자리는 밋밋하며 조금 뒤로 말린다.

쓴풀의 꽃과 열매

꽃은 9~10월에 흰색으로 핀다. 줄기와 가지 끝에 3~5송이씩 모여 달려서 전체가 원추형으로 된다. 아래에서 위쪽으로 차례로 모든 가지에 꽃이 피고 꽃자루는 없다. 꽃받침은 선형이고 꽃잎은 넓은 피침형이며 꽃받침과 화관은 5갈래로 갈라진다. 화관의 갈래 아래쪽에 긴 털이 난 꿀샘덩이가 2개 있다. 꽃의 지름은 1.5~2cm이며 흰 바탕에 자주색 줄이 나 있기 때문에 연보랏빛으로 보인다. 꽃의 한가운데에는 5개의 수술이 자리하고 있는데, 꽃밥은 짙은 보랏빛이다. 열매는 10~11월에 익으며 삭과이고 피침형이다.

용담과(科)

맛이 써서 쓴풀 이라 불리는 예쁜 꽃

▲ 쓴풀_ 꽃

쓴맛을 따라 지어진 이름

용담과(科)의 쓴풀 종류들은 이름 그대로 쓴맛이 정말 대단한 식물이다. 독성이 강하고 맛이 쓴 식물들은 대개 약으로 쓰는데, 이 쓴풀 종류들도 예외 없이 약으로 많이 쓰인다. 줄기를 자르면 유액이 나오는데, 쓴맛이 용담의 10배나 될 정도로 매우 쓰다고 하여 쓴풀이라 한다. 용담(龍膽)은 용의 쓸개라는 뜻으로 역시 맛이 쓴 약용식물이다.

[대성쓴풀]

화단에 뿌린다. 뿌리지 못한 종자는 보관 후 이른 봄에 뿌리면 되는데, 이렇게 올라온 새싹은 그해에 꽃을 피우는 비율이 50% 정도로 낮기 때문에 받는 즉시 뿌리는 것이 좋다. 물 빠짐이 좋은 화단이면 어디에서나 재배가 가능하다.

❖ 쑥부쟁이의 전설

옛날 아주 깊은 산골에 가난한 대장장이 가족이 살고 있었다. 대장장이의 큰딸은 병든 어머니와 11명이나 되는 동생들을 돌보며 틈틈이 쑥을 캐러 다녔다. 마을 사람들은 '쑥을 캐러 다니는 불쟁이의 딸'이라는 뜻으로 그녀를 '쑥부쟁이'라고 불렀다. 그러던 어느 날, 쑥을 캐다가 사냥꾼에게 쫓기는 상처 입은 노루를 숨겨주고 상처도 치료해서 보내준 일이 있었는데, 이번에는 멧돼지를 잡으려고 파놓은 함정에 빠진 잘생긴 사냥꾼을 구해주게 되었다. 두 사람은 첫눈에 사랑에 빠지게 되었으나 아쉽게도 청년은 '가을에 다시 찾아오겠노라'는 약속을 하고 떠났다. 청년을 기다리면서 한 해 두 해 여러 번의 가을이 지났지만, 청년으로부터는 아무런 소식이 없었다. 쑥부쟁이는 청년에 대한 그리움으로 산신령에게 치성을 드리게 되는데, 몇 년 전에 구해주었던 노루가 나타나서는 보랏빛 주머니에 담긴 노란 구슬 3개를 주며 "구슬을 하나씩 입에 물고 소원을 말하면 세 가지 소원이 이루어질 것이다."라는 말을 남기고 사라졌다. 그 노루는 바로 산신령이었던 것이다. 쑥부쟁이는 첫 번째 구슬을 입에 물고 어머니의 병환을 낫게 해달라고 했더니 산신령의 말처럼 어머니는 순식간에 건강을 되찾았다. 두 번째 구슬을 입에 물고는 사냥꾼 청년을 보게 해달라고 소원을 빌었다. 그러자 바로 청년이 나타났으나 그는 이미 결혼하여 아이까지 두고 있었다. 쑥부쟁이는 청년이 원망스러웠지만, 아버지를 잃을 아이들이 불쌍하여 가족들에게 다시 돌아가게 해달라고 마지막 소원을 빌었다. 그 후 쑥부쟁이는 청년을 잊지 못하고 그리워하다 그만 절벽에서 발을 헛디뎌 죽고 말았다. 쑥부쟁이가 죽고 난 뒤, 그 자리에는 아름다운 꽃이 피어났고 마을 사람들은 이 꽃을 보고 쑥부쟁이가 죽어서도 배고픈 동생들을 위해 자신을 희생한 것이라고 믿고 '쑥부쟁이'라고 불렀다. 쑥부쟁이의 보랏빛 꽃잎과 노란 꽃술은 노루가 준 주머니와 3개의 구슬이라고 여겨진다.

❶ 쑥부쟁이_ 잎 ❷ 구절초_ 잎

를 풍기는 꽃이 바로 쑥부쟁이가 아닐까? 들국화가 한국적인 정서를 가득 담고 있는 꽃이라면, 쑥부쟁이는 유난히 가난하면서도 착하게 살고 있는 시골소녀를 떠올리게 하는 꽃이다. 우리 국민 모두가 쑥부쟁이처럼 소박하고 진실한 마음으로 살아갈 수 있기를 바라는 마음이다.

용도 및 번식법

관상용으로 기르며 어린순은 데쳐서 나물로 먹거나 기름에 볶아 먹기도 한다. 쑥부쟁이는 봄에는 봄나물로, 겨울에는 좀 억세진 잎을 데쳐서 말렸다가 물에 불려 조리해 먹으면 좋다. 아직도 시골장에 가면 쑥부쟁이 나물을 뜯어다가 파는 할머니들이 있다. 울릉도에서는 섬쑥부쟁이를 부지깽이나물이라 하여 반찬으로 즐겨 먹는다. 쑥부쟁이 잎은 소화를 잘 되게 하고 혈압을 내리며 기침과 천식에 좋아 즙을 내어 마신다. 한방에서는 해열제와 이뇨제로 쓴다. 잎에서 즙을 내어 벌레 물린 데에 사용하며 항균작용도 한다. 꽃이 피어 있을 때 쑥부쟁이 잎과 줄기를 말려 감초를 넣고 달여서 그 물을 하루 3회 공복에 마시면 어깨 결림에서 오는 통증 및 복통을 가라앉힐 수 있어 진통 효과가 아주 크다. 번식은 종자나 포기나누기로 한다. 이른 봄에 심어진 것을 캐어 여러 개로 나누어 화단에 옮겨 심으면 된다. 종자는 받아 바로 화분이나

(*Erigeron thunbergii* var. *glabrata* A. Gray), 자잘한 꽃들이 많이 모여 예쁜 볼거리를 연출하는 옹굿나물(*Aster fastigiatus* Fischer), 꽃이 노랗고 잎에 톱니가 뚜렷한 쑥방망이[*Tephroseris pseudosonchus* (Vaniot) C. Jeffrey & Y. L. Chen], 꽃이 황금색이고 한라산과 백두산에서 자라는 금방망이(*Senecio nemorensis* L.), 금방망이의 잎이 3갈래 또는 깃 모양으로 갈라지는 삼잎방망이(*Senecio cannabifolius* Less.), 북부지방에서 자라며 노란색의 작은 꽃들이 모여 큰 꽃차례를 형성하는 쑥국화(*Tanacetum vulgare* L.), 여름에 피는 노란색의 작은 국화라고 불리는 금불초(*Inula japonica* Thunb.), 멀리 미국에서 날아와 가을 산책길을 온통 하얗게 물들이는 미국쑥부쟁이(*Aster pilosus* Willd.), 샛강에서 흔히 자라며 잎이 빗자루처럼 길쭉하게 생긴 빗자루국화(*Aster subulatus* Michx.)를 들 수 있다.

쑥부쟁이와 구절초의 구별

식물 공부에 관심을 갖는 초보자들은 흔히 쑥부쟁이와 구절초를 구분하기 어렵다고들 하는데, 이에 대한 간략한 구분법을 소개해 본다. 쑥부쟁이는 우선 잎의 모양이 선형 또는 피침형이거나 길쭉한 타원형으로서 잎의 가장자리에 톱니가 조금 있거나 없으면서 갈라지지 않는 반면에, 구절초는 잎이 난형이거나 둥근 타원형이고 아주 깊게 갈라지며, 대개는 깃 모양으로 갈라진 열편조차도 선형 또는 피침형일 정도로 끝이 아주 뾰족뾰족한 편이다. 꽃도 대개는 구절초의 경우가 크면서 꽃잎도 넓고 두툼한 편이다. 구절초는 잎의 두께도 두껍고 향기가 훨씬 좋으며 식물 전체가 튼튼하게 생겼다.

한국적 정서를 풍기는 꽃

가을에 피는 야생의 꽃들 중에서 가장 소박하면서도 그윽한 향취

쑥국화, 쑥방망이, 옹굿나물, 왕갯쑥부쟁이 비교

▲ 쑥국화_ 꽃   ▲ 쑥방망이_ 꽃

▲ 옹굿나물_ 꽃   ▲ 왕갯쑥부쟁이_ 꽃

생하며 땅에 바짝 붙어서 옆으로 퍼지면서 자라는 눈개쑥부쟁이(*Aster hayatae* H.Lev. & Vaniot), 울릉도에 자생하며 잎이 넓어 나물로 많이 이용되는 섬쑥부쟁이(*Aster glehni* F. Schmidt), 섬쑥부쟁이와 비슷하게 생겼지만 잎 표면이 까칠까칠한 까실쑥부쟁이(*Aster ageratoides* Turcz.), 남한강변에 야생하며 잎이 가늘고 길게 생긴 단양쑥부쟁이(*Aster altaicus* var. *uchiyamae* Kitam.), 잎에 톱니와 잎자루가 없는 민쑥부쟁이(*Aster associatus* Kitag.), 바닷가 건조한 곳에서 자라며 줄기에 잎이 다닥다닥 붙는 갯쑥부쟁이(*Aster hispidus* Thunb.), 잎이 길고 톱니가 없으며 꽃이 크고 여름에 일찍 피는 왕갯쑥부쟁이(*Aster magnus* Y. N. Lee & C. S. Kim), 백두산 고산지대의 구름만큼 높은 곳에서 자라는 구름국화

비교 까실쑥부쟁이, 눈개쑥부쟁이, 단양쑥부쟁이, 미국쑥부쟁이, 민쑥부쟁이, 빗자루국화, 삼잎방망이, 섬쑥부쟁이

▲ 까실쑥부쟁이_ 꽃

▲ 눈개쑥부쟁이_ 꽃

▲ 단양쑥부쟁이_ 꽃

▲ 미국쑥부쟁이_ 꽃

▲ 민쑥부쟁이_ 꽃

▲ 빗자루국화_ 꽃

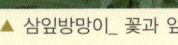
▲ 삼잎방망이_ 꽃과 잎

▲ 섬쑥부쟁이_ 꽃

쑥부쟁이, 가는쑥부쟁이, 가새쑥부쟁이, 개쑥부쟁이, 갯쑥부쟁이, 구름국화, 금방망이, 금불초 비교

▲ 쑥부쟁이_ 꽃 　　　　　　　▲ 가는쑥부쟁이_ 꽃

▲ 가새쑥부쟁이_ 꽃과 잎　　　▲ 개쑥부쟁이_ 꽃

▲ 갯쑥부쟁이_ 꽃　　　　　　▲ 구름국화_ 꽃

▲ 금방망이_ 꽃　　　　　　　▲ 금불초_ 꽃

올 때는 붉은빛이 돌지만 점차 녹색 바탕에 자줏빛을 띤다.

쑥부쟁이의 꽃과 열매

꽃은 8~10월에 피는데, 원줄기 끝과 가지 끝에 하나씩 달린다. 설상화(舌狀花)는 연한 자주색이지만 통상화(筒狀花)는 노란색이다. 두화는 가지 끝에 1개씩 달리고 지름 2.5cm 정도이다. 총포는 녹색이고 공을 반으로 자른 모양이며 포조각이 3줄로 늘어선다. 열매는 9~10월경에 달리고 종자 끝에 붉은빛이 도는 갓털이 달리며 길이는 2.5~3mm이다.

쑥부쟁이와 개쑥부쟁이의 비교

쑥부쟁이 무리들 중에서 기본종인 쑥부쟁이[*Aster yomena* (Kitam.) Honda]는 그리 흔하지 않은 편이다. 산지 들판이나 길거리에 핀 쑥부쟁이 무리의 대부분을 차지하는 것은 개쑥부쟁이(*Aster ciliosus* Kitamura)이다. 쑥부쟁이는 다소 습기가 있는 곳에서 자란다. 꽃이 흰색에 가까운 연한 자주색이며 가지가 그리 많이 갈라지지 않기 때문에 줄기가 앙상하게 위로 뻗어 곧게 올라가는 편이다. 몸에 털이 있기는 하지만 아주 적은 편이다. 하지만 개쑥부쟁이는 건조한 곳을 좋아하는 식물이기 때문에 메마른 곳에서 주로 자란다. 꽃이 짙은 자주색 또는 남자색이며 가지가 많이 갈라져서 둥근 모습으로 자란다. 몸에 털이 많으며 잎자루가 긴 것이 특징이다.

쑥부쟁이 무리들의 비교 특징

나머지 쑥부쟁이 무리들의 특징을 비교해 보면 다음과 같다. 줄기에 가는 잎이 다닥다닥 달리며 설상화가 가늘고 길게 생긴 가는쑥부쟁이[*Aster pekinensis* (Hance) Chen], 잎의 가장자리가 길게 깃처럼 갈라지는 가새쑥부쟁이(*Aster incisus* Fisch.), 한라산에 자무리들을 크게 3종류로 나누면 쑥부쟁이류, 구절초류, 개미취류 정도로 분류할 수 있다.

들국화 무리들의 세 갈래

들국화 무리들 중에서는 쑥부쟁이류의 종류가 가장 많은 편이다. 이들의 특징은 모두 잎이 가늘고 길면서 잎 가장자리에 톱니가 조금 있거나 없으며, 잎이 전혀 갈라지지 않는 것을 들 수 있다. 들국화 무리의 또 한 갈래를 차지하고 있는 구절초류는 쑥부쟁이류에 비해 잎이 넓고 둥글면서 깊게 갈라져 있는 점이 다르다. 구절초류의 꽃은 상대적으로 크고 향기가 쑥부쟁이보다 강한 편이다. 쑥부쟁이류는 계절에 따라 피는 종류가 다르기도 하지만, 대부분은 9월에서 10월 사이에 피면서 몸체에 비해서 비교적 꽃이 작은 편이라 할 수 있다. 개미취류는 잎이 넓고 키가 크며 꽃색이 짙어서 비교적 뚜렷한 특징을 나타낸다.

▲ 쑥부쟁이_ 무리

쑥부쟁이의 특징

우리나라 각처의 산과 들에서 자라는 여러해살이풀이다. 생육환경은 반그늘 혹은 양지를 좋아한다. 높이 30~100cm이며 뿌리줄기가 옆으로 뻗으면서 자란다. 뿌리에서 돋는 잎은 길이가 5~6cm, 폭이 2.5~3.5cm로 타원형이며 잎자루가 길고 잎끝에는 톱니가 있다. 뿌리잎은 꽃이 필 때 말라 죽는다. 줄기에 달린 잎은 어긋나고 피침형이다. 가장자리에 굵은 톱니가 있으며 위로 올라갈수록 잎이 작아진다. 겉면은 녹색이고 윤기가 있다. 원줄기가 처음 나

국화과(科)

시골소녀의 맑은 모습을 닮은 쑥부쟁이

▲ 쑥부쟁이_ 꽃

국화와 들국화

가을철 전국의 산과 들판을 향기롭고 소담스럽게 수놓는 꽃을 우리는 '들국화'라고 흔히 부른다. 사전적인 용어로는 '야생하는 국화과(科) 식물들의 꽃을 통틀어 이르는 말'인데, 이는 재배되는 원예종의 국화와 대조되는 의미로 쓰이는 말이다. 실제로 '들국화'라는 식물명이 따로 있는 것은 아니고 가을철 향기 그윽하게 피는 야생의 국화과(科) 식물들을 총칭하는 용어로 쓰인다. 들국화

[구름국화]

❶ 애기송이풀_ 무리 ❷ 큰송이풀_ 무리

데, 대부분 중북부 고산지대에서 자라고 있다. 햇빛이 적당히 드는 반그늘을 좋아하며 물기도 적당하게 축축한 곳에서 잘 자라는 식물이다.

용도 및 번식법

밀원식물이며 어린순은 나물로 먹고 전초를 약으로 쓴다. 여름철 꽃이 필 때 전초(全草)를 베어 햇볕에서 말린다. 민간에서 전초를 해열제, 이뇨제, 진통제로 쓰며 뱀에 물린 데도 해독제로 사용한다. 10월에 받은 종자를 종이에 싸서 냉장 보관하였다가 이른 봄 화분에 뿌리거나, 봄에 새싹이 올라오면 포기나누기를 한다. 종자 발아율은 좋은 편이며 일부 종자는 이듬해 봄까지 붙어 있다.

❶ 나도송이풀_ 무리 ❷ 구름송이풀_ 무리

이다. 이삭송이풀(*Pedicularis spicata* Pallas)은 북부지방의 고산 습원에서 자라며 구름송이풀에 비해 잎이 좀 덜 갈라진다. 꽃이 필 때에 근생엽이 없고 화판 상순은 끝이 둥글며 하순의 1/2 이하로 짧은 것이 특징이다. 한라송이풀(*Pedicularis hallaisanensis* Hurus.)은 한라산 자생의 멸종위기식물인데, 최근에는 한라산에서는 거의 볼 수 없게 되었고 가야산에서 자생하는 모습이 새로 발견된 식물이다. 마지막으로 나도송이풀(*Phtheirospermum japonicum* Kanitz)은 낮은 산지와 들판의 양지바른 풀밭에서 자란다. 모습은 좀 다르지만, 그래도 송이풀과 비슷하다는 뜻으로 '나도'라는 접두사가 붙었다. 전체에 부드러운 털이 많고 줄기는 곧게 서며 가지를 많이 치는 것이 특징이다.

송이풀의 생육환경

생육환경은 토양이 비옥하고 물 빠짐이 좋은 곳에서 잘 자란다. 식물체 모양의 차이에 의해 몇 가지 종류들로 구별된다. 전 세계적으로 500여 종이 북반구의 고산지대, 특히 중앙아시아와 동아시아의 높은 산에서 자라고 있다. 한국에는 10여 종이 분포하는

비교 명천송이풀, 애기송이풀, 이삭송이풀, 큰송이풀, 한라송이풀, 흰송이풀

▲ 명천송이풀_ 지상부

▲ 애기송이풀_ 지상부

▲ 이삭송이풀_ 꽃

▲ 큰송이풀_ 꽃

▲ 한라송이풀_ 꽃

▲ 흰송이풀_ 꽃과 잎

송이풀, 구름송이풀, 나도송이풀, 마주송이풀, 만주송이풀 비교

▲ 송이풀_ 지상부

▲ 송이풀_ 잎

▲ 구름송이풀_ 지상부

▲ 나도송이풀_ 꽃과 줄기

▲ 마주송이풀_ 꽃과 잎

▲ 만주송이풀_ 지상부

있다. 화관은 길이 2cm인데, 윗입술은 새부리처럼 꼬부라지고 아랫입술은 얕게 3개로 갈라진다. 꽃받침은 길이가 0.5~1cm이고 앞쪽이 깊게 갈라지며 뒷면은 끝이 둥글고 2~3개의 둔한 톱니와 짧은 털이 있다. 열매는 삭과로서 10월경에 익으며 길이는 0.7~1cm로 끝이 뾰족한 긴 달걀 모양이다.

송이풀 무리들의 비교 특징

기본종인 송이풀(Pedicularis resupinata L.)은 잎이 어긋나지만, 잎이 마주나는 송이풀은 특별히 마주송이풀(Pedicularis resupinata var. oppositifolia Miq.)이라 부른다. 마주송이풀은 송이풀에 비해 줄기가 곧게 서고 잎이 마주나는 것이 특징이다. 꽃이 흰색으로 피는 것은 흰송이풀[Pedicularis resupinata for. albiflora (Nakai) W. T. Lee]이라고 부른다. 꽃이 드문드문 달려서 긴 이삭 모양을 이루는 것을 명천송이풀(Pedicularis resupinata L. var. spicata Nakai)이라고 하며 백두산 일대에서 볼 수 있다. 꽃이 연한 황색으로 피고 꽃줄기 끝에 총상꽃차례로 달리는 것을 만주송이풀(Pedicularis manshurica Maxim.)이라고 하는데, 백두산 주변 지역과 설악산의 상부 능선에서 볼 수 있다. 큰송이풀(Pedicularis grandiflora Fisch.)은 높이 1m 정도로서 키가 아주 큰 것이 특징이다. 줄기는 곧게 서고 표면에 잔털이 촘촘하게 나 있으며 줄기 속은 비어 있다. 7~8월에 줄기 끝이나 가지 끝에서 이삭 모양의 홍자색 꽃이 드문드문 피는데, 백두산 주변의 들판에서 볼 수 있는 꽃이다. 애기송이풀(Pedicularis ishidoyana Koidz. et Ohwi)은 높이 10~25cm이며 키가 가장 작은 것이 특징이다. 잎은 깃털 모양의 겹잎이고 5~6월에 입술 모양의 홍자색 꽃이 한두 개씩 핀다. 한국의 멸종위기식물 2급이다. 구름송이풀(Pedicularis verticillata L.)은 백두산과 같은 북부지방의 높은 산에서 자란다. 7~8월에 홍자색으로 꽃이 피고 줄기 끝에 총상꽃차례로 달리는 것이 특징

▲ 송이풀_ 무리

는 꽃잎의 모양도 재미있다. 추석 무렵이 되면 이 송이풀 종류들과 며느리밥풀꽃 종류들이 소나무 숲 사이에서 무리지어 피는 모습이 곧잘 눈에 띄곤 한다.

송이풀의 특징

전국의 깊은 산 숲 속에서 자라는 여러해살이풀이다. 생육환경은 토양이 비옥하고 물 빠짐이 좋은 반그늘에서 자란다. 줄기는 적자색이고 밑에서 여러 대가 올라와 높이 30~60㎝까지 자라며 가지가 갈라진다. 잎은 어긋나고 좁은 달걀 모양이며 가장자리에 규칙적인 겹톱니가 있다. 잎의 길이는 4~9㎝, 폭 1~2㎝로 좁은 달걀 모양이다. 잎의 끝은 뾰족하나 밑부분이 갑자기 좁아지고 잎자루는 짧다. 식물체에는 짧은 연한 털이 있거나 없다.

송이풀의 꽃과 열매

꽃은 8~9월에 피고 붉은빛을 띤 자주색이며 줄기 끝과 잎겨드랑이에서 총상꽃차례를 이룬다. 꽃은 양성화(兩性花)이다. 꽃받침은 앞쪽이 깊게 갈라지고 뒷면에는 2~3개의 톱니와 함께 짧은 털이

현삼과(科)

송이를 딸 무렵 꽃이 피는 송이풀

▲ 송이풀_ 꽃과 잎

🌿 송이를 딸 무렵에 피는 꽃

늦은 여름부터 추석 전까지 송이버섯을 채취할 무렵에 송이풀 종류들은 꽃이 핀다. 대개는 음습하고 토양이 기름진 곳에서 송이송이 모여서 피는 것이 보통이지만, 나도송이풀은 개울가의 풀숲 속에서 한두 송이씩 흩어져 피는 것도 있고 무리를 지어 피는 것을 볼 수도 있다. 송이풀은 줄기 끝에 매달린 꽃이 송이를 이루기 때문에 붙여진 이름이다. 시계방향으로 바람개비가 돌 듯 배열되

[애기송이풀]

❶ 제주상사화_ 무리 ❷ 붉노랑상사화_ 무리

는 데 쓰기도 한다. 식중독을 비롯한 후풍, 종기, 종양, 임파선결핵, 풍기와 습기에 의하여 발병된 관절통 등을 다스린다. 종양을 없애고 해독작용을 한다. 피부질환에도 사용하고 악성 종기나 옴을 치료하기도 한다. 외부용으로 사용할 시에는 피부가 예민하면 국소에 수포가 발생하게 되는데, 이때는 사용을 중지하고 벌꿀을 발라주면 수포가 사라진다. 언제든지 채취할 수 있으며 흙과 잔뿌리를 제거한 후 햇볕에 말리고, 사용하기에 앞서서 잘게 썬다. 비늘줄기 속에는 라이코린(Lycorin)과 알칼로이드(Alkaloid)라는 성분을 함유하고 있다. 종자가 결실되지 않고 구근으로만 번지기 때문에 알뿌리를 거꾸로 세우고 정확히 가운데를 8조각 정도 내어 모래에 심으면 조그마한 구근들이 생긴다. 번식은 꽃이 피는 여름만 피해서 심으면 된다.

화(*Lycoris uydoensis* M. Y. Kim), 백양꽃[*Lycoris sanguinea* var. *koreana* (Nakai) T. Koyama], 석산(*Lycoris radiata* Herb.) 등의 8종류가 있다. 붉노랑상사화는 '개상사화'라고도 부르고 석산은 '꽃무릇'이라고도 불린다. 잎은 모두 밑동에서 뭉쳐나고 편평하며 띠 모양을 이룬다. 꽃은 6월에 붉은빛이 강한 연한 자주색의 상사화가 제일 먼저 피기 시작하여 7월에 붉노랑상사화, 진노랑상사화, 제주상사화, 흰상사화가 피면서 절정을 이룬다. 8월에 위도에서는 흰색과 노란색이 적절한 비율로 조화된 위도상사화가 피고 백양산 주변에서는 백양꽃이 주황색으로 핀다. 9월에 짙은 붉은색으로 석산이 피면서 이들의 꽃잔치는 끝을 맺는다. 상사화 종류들은 모두 산형꽃차례로 피고 꽃은 모두 깔때기 모양이다.

❖ 상사화의 전설

옛날 아주 먼 옛날 불심이 매우 높은 스님 한 분이 계셨다. 그런데 이 스님은 자신도 모르게 점점 죄를 짓게 되었다. 그것은 다름 아닌 세속의 여인을 사랑한 죄였다. 스님은 자신의 이러한 잘못을 알고 있으면서도 스님 역시 한 인간인지라 날마다 여인을 그리워하였다. 그리움에 사무칠 정도였지만, 신분이 신분인지라 여인을 만날 수는 없었다. 그러던 어느 날 스님은 자신의 안타까운 사랑을 달리 표현하거나 해결할 길이 없어 꽃씨에 자신의 심정을 담아 절 앞마당에 심었다. 시간이 흘러 씨는 싹이 되었고 이상하게도 언제 그랬냐는 듯 싹이 죽은 후 꽃이 피었다. 그리고 꽃이 지면 다시 잎이 피기를 반복하는 것이었다. 꽃과 잎이 영원히 만날 수 없는 상사화! 스님의 심정을 대변하는 듯한 이 꽃을 '상사화'라고 부르게 되었다.

🌿 용도 및 번식법

관상용으로 많이 심어 기른다. 한방에서는 비늘줄기를 약재로 쓰는데, 소아마비에 진통 효과가 있다. 위궤양을 예방하고 치료하

비교 상사화, 백양꽃, 붉노랑상사화, 석산, 위도상사화, 제주상사화, 진노랑상사화, 흰상사화

▲ 상사화_ 꽃

▲ 백양꽃_ 꽃

▲ 붉노랑상사화_ 꽃

▲ 석산_ 꽃

▲ 위도상사화_ 꽃

▲ 제주상사화_ 꽃

▲ 진노랑상사화_ 꽃

▲ 흰상사화_ 꽃

▲ 상사화_ 무리

따라서 '개난초'라 부르기도 한다.

상사화의 꽃과 열매

꽃은 6~7월에 피고 꽃줄기 끝에 산형꽃차례를 이루며 4~8개가 달린다. 화피는 밑부분이 통 모양이고 6개로 갈라져서 비스듬히 퍼지며, 갈래조각은 길이 5~7cm의 거꾸로 선 피침형이고 뒤로 약간 젖혀진다. 총포는 여러 개로 갈라지고 갈라진 조각은 피침형이며 길이가 2~4cm이고 막질(膜質)이다. 소화경의 길이는 1~2cm이고 꽃의 길이는 9~10cm이며 붉은빛이 강한 연한 자주색이다. 수술은 6개이고 화피보다 짧으며 꽃밥은 연한 붉은색이다. 암술은 1개이고 씨방은 하위(下位)이며 3실이고 열매를 맺지 못한다.

상사화 무리들의 비교 특징

수선화과(科)의 식물들 중에서 상사화(*Lycoris squamigera* Maxim.)를 닮은 것으로는 붉노랑상사화(*Lycoris flavescens* M. Y. Kim & S. T. Lee)를 비롯해서 진노랑상사화(*Lycoris chinensis* var. *sinuolata* K. H. Tae & S. C. Ko), 제주상사화(*Lycoris chejuensis* K. H. Tae & S. C. Ko), 흰상사화(*Lycoris albiflora* Koidz.), 위도상사

🌿 꽃과 잎이 서로 그리워하는 식물

상사화는 한국, 일본, 중국 등지에 분포하고 있는 여러해살이 독성식물이다. 3월에 언 땅이 녹으면서 그 속에서 노란 새싹이 솟아오른다. 새싹은 무럭무럭 자라다가 6월이 되면 힘없이 사르르 녹아버린다. 초여름 기운이 감도는 6월 중순이 되면 언제 그랬냐는 듯 싹이 죽었던 자리에서 긴 꽃대가 삐죽 솟아오른다. 그리고 붉은빛이 강한 연한 자주색의 꽃이 요염하게 피어난다. 그래서 잎과 꽃이 서로 보지 못한 채 서로를 그리워한다는 뜻으로 상사화(相思花)라고 불리게 되었다. 여기에서 상사병(相思病)이란 말도 탄생되었다고 한다.

🌱 상사화의 특징

중국이 원산지이며 관상용으로 심는다. 한국에서는 제주도를 포함한 중부 이남 지역에 분포하는 여러해살이풀이다. 생육환경은 물 빠짐이 좋고 부엽질이 많은 반그늘인 곳이나 양지에서 자란다. 비늘줄기는 넓은 달걀 모양이고 지름이 4~5cm이며, 겉은 검은빛이 도는 짙은 갈색이다. 꽃줄기는 곧게 서고 높이가 50~70cm이며 약간 굵다. 잎은 봄에 비늘줄기 끝에서 뭉쳐나고 길이 20~30cm, 폭 16~25mm의 줄 모양이며, 꽃대가 올라오기 전인 6월에 말라서 없어진다. 지방에

❶ 상사화_ 씨방 ❷ 상사화_ 잎

꽃과 잎이 서로 그리워하는 상사화

수선화과(科)

▲ 상사화_ 꽃

🌿 이룰 수 없는 사랑

상사화는 마치 사랑의 숨바꼭질을 하는 연인 마냥 잎이 나오면 꽃이 지고 꽃대가 나오면 잎이 말라버리는 식물이다. 서로를 그리워하지만, 평생토록 만날 수 없는 슬픈 인연을 보는 듯한 꽃이다. 그래서 이름도 상사화이며 꽃말도 '이룰 수 없는 사랑'이다. 세속의 한 여인을 사랑하여 스님이 절 마당에 심어 그리운 마음을 달랬다는 꽃, 그 꽃이 바로 상사화이다.

[진노랑상사화]

종자는 냉장보관이나 일반적 보관방법으로 하여도 무방하다. 종자를 파종하기 전에 반드시 물에 2~3일간 담가 두어야 하는데, 이는 종자 껍질이 두꺼워 수분 흡수가 잘 되지 않기 때문에 수분을 충분히 흡수시키기 위함이다. 포기나누기는 봄이나 가을에 한다.

❖ 붓꽃의 전설

중세시대 이탈리아에 아이리스라고 하는 한 미녀가 살고 있었는데, 명문 귀족 출신으로 마음씨도 착하고 고귀한 성품을 지녔다. 그런 아이리스는 어린 시절 부모님의 권유를 이기지 못해 로마의 한 왕자와 결혼을 하였으나, 아이리스가 원한 결혼이 아니었기 때문에 행복하지 않았다. 결혼한 지 10년 만에 왕자가 병으로 죽고 아이리스는 혼자가 되었지만, 그녀의 미모와 교양은 한층 더 무르익어 결혼을 신청하는 사람들은 많았다. 그러나 아이리스는 그 누구의 청혼에도 응하지 않고 항상 푸른 하늘만 마음속으로 동경하며 지내던 어느 날, 젊은 화가 한 사람을 만나게 되었다. 화가는 마침내 아이리스를 사랑하게 되어 청혼을 해 보았지만, 아이리스는 좀처럼 응하지 않았다. 그래도 계속해서 구혼하는 화가의 열정에 감동해서 "정 그렇게 결혼을 원하신다면 조건을 붙여서 받아들이지요." 라며 아이리스가 제시한 조건이란, 살아있는 것과 똑같은 꽃을 그려서 나비가 날아와 앉을 정도의 생동감 넘치는 그림이어야 한다는 것이었다. 그 때부터 화가는 온 정열을 기울여 그림을 그리기 시작했고 여러 해 만에 드디어 그림을 완성하였다. 아이리스는 그림을 본 순간 자기가 오랫동안 원하던 꽃 그림이라서 마음속으로 은근히 기뻐하였으나, 짐짓 못마땅한 투로 "이 그림에는 향기가 없네요."라고 말하는 그 때였다. 어디선가 노랑나비 한 마리가 날아와 그림 꽃에 살포시 내려앉고는 날개를 차분히 접고 꽃에 키스를 하는 것이었다. 이 광경을 본 아이리스는 감격에 찬 눈을 반짝이면서 화가의 품에 안기며 키스를 했다. 이 그림 꽃이 바로 붓꽃이며 붓꽃의 향기는 화가와 아이리스가 처음 나누었던 키스의 향기를 그대로 간직하여 지금도 꽃이 필 때면 은은하고 그윽한 향기를 풍긴다고 한다. 꽃말은 꽃의 색깔에 따라 각각 다른데, 보라색의 붓꽃은 '기쁜 소식 혹은 사랑의 메시지'이며 노란색의 붓꽃은 '슬픈 소식', 흰색의 붓꽃은 '사랑'이란 뜻을 지니고 있다.

로 불쑥 올라와서 피었다가 꽃이 지면서 밑에 있던 잎이 위로 올라오면서 길게 자란다. 잎이 다 자라면 키는 대략 20~30㎝ 정도 된다.

6월에 피는 붓꽃 무리들의 비교 특징

키가 60~70㎝ 정도로 큰 붓꽃 종류들은 6월에 늦게 핀다. 초여름으로 접어들면서 전국 각지에서 꽃이 피기 시작하는 붓꽃 종류들은 대개 키가 큰 편인데, 이들은 기본종인 붓꽃(*Iris sanguinea* Donn ex Horn)을 비롯하여, 꽃의 색이 희며 외화피 아래쪽이 연한 황색을 띠는 흰붓꽃(*Iris sanguinea* for. *albiflora* Y. N. Lee), 잎이 부채처럼 넓고 꽃줄기가 여러 갈래로 갈라져서 많은 꽃이 달리는 부채붓꽃(*Iris setosa* Pall. ex Link), 외화피 안쪽에 흰색의 가는 줄무늬가 제비처럼 날렵하게 들어가는 제비붓꽃(*Iris laevigata* Fisch. ex Turcz.), 실타래처럼 잎이 두어 바퀴 비틀리는 타래붓꽃 [*Iris lactea* var. *chinensis* (Fisch.) Koidz.], 백령도와 대청도에 자생하면서 잎이 부채처럼 넓고 꽃줄기가 많이 갈라지는 대청붓꽃(*Iris dichotoma* Pall.) 등이다. 꽃이 대략 사람의 허리 높이에서 피기 때문에 사진을 찍거나 서서 관찰하기에 아주 적당하다. 대개 붓꽃 종류들의 꽃잎 안쪽에 들어 있는 무늬는 흰색, 자주색, 노란색으로 아주 다채로운 편이다.

용도 및 번식법

관상용으로 화분이나 화단에 심어 기른다. 여러 색깔의 붓꽃 종류들을 섞어서 심으면 비교·관찰 및 탐구학습에 좋은 자료가 된다. 뿌리를 한약제로 사용하는데, 주로 소화기, 피부과 질환을 다스리며 주독을 풀어준다. 뿌리줄기를 소화불량, 치질, 타박상, 옴, 개창, 대변불통, 복부팽만, 어혈, 옹종, 적취, 종독, 주독 등을 치료하는 데에 쓴다. 꽃꽂이 재료로도 많이 활용한다. 9월경에 받은 그물무늬가 들어 있는 반면, 꽃창포는 단조로운 색깔의 노란 줄무늬가 가늘게 들어 있어서 구별이 잘 된다. 오직 제비붓꽃만 흰색의 줄무늬가 가지런히 들어 있을 뿐이다. 붓꽃과 꽃창포의 특징을 잘 파악해서 쉽게 구별하는 방법을 익혀두어야 한다.

4월에 피는 붓꽃 무리들의 비교 특징

키가 10~20cm 정도로 작은 붓꽃 종류들은 4월에 일찍 핀다. 이들은 다시 꽃의 색깔, 꽃차례, 포엽의 유무, 줄기의 모양, 외화피의 무늬 등을 비교하여 종류를 상세히 구분한다. 4월에 피는 붓꽃 종류들은 전국의 산지 어디서나 흔히 볼 수 있는 각시붓꽃(*Iris rossii* Baker)을 비롯하여 잎이 각시붓꽃보다 넓고 긴 넓은잎각시붓꽃(*Iris rossii* var. *latifolia* J. K. Sim & Y. S. Kim), 꽃의 색깔이 흰색인 흰각시붓꽃(*Iris rossii* for. *alba* Y. N. Lee)이 있다. 각시붓꽃보다 키가 작으며 높은 지역에서 자라는 난장이붓꽃(*Iris uniflora* var. *caricina* Kitag.), 꽃줄기를 포엽이 겹겹이 싸고 있으며 낮은 지대에서 자라는 솔붓꽃(*Iris ruthenica* Ker-Gawl.)을 귀하게 볼 수 있다. 꽃이 노란색이며 꽃줄기에 하나씩 달리는 금붓꽃(*Iris minutiaurea* Makino)과 꽃줄기가 갈라져서 꽃이 2개씩 달리는 노랑붓꽃(*Iris koreana* Nakai)이 있는가 하면, 흰색 바탕 안쪽에 노랑무늬가 들어 있는 노랑무늬붓꽃(*Iris odaesanensis* Y. N. Lee), 노랑무늬가 퇴색되고 흔적만 남은 흰노랑무늬붓꽃(*Iris odaesanensis* f. *albiflora* Y. N. Lee), 외화피가 연한 보라색을 띠고 있는 보라노랑무늬붓꽃(*Iris odaesanensis* f. *purpurascens* Y. N. Lee)도 있다. 이외에도 백두산 주변의 북부 지역에서 자라는 만주붓꽃(*Iris mandshurica* Maxim.), 남쪽지방 들판이나 풀밭에서 자라는 등심붓꽃(*Sisyrinchium atlanticum* E. P. Bicknell)이 있으며, 중국 원산의 원예종인 연미붓꽃(*Iris tectorum* Maxim.)도 있다. 이들은 꽃과 잎이 거의 비슷한 시기에 돋지만, 꽃이 잎보다 먼저 위

비교 노랑무늬붓꽃, 연미붓꽃, 각시붓꽃, 보라노랑무늬붓꽃

▲ 노랑무늬붓꽃_ 지상부

▲ 노랑무늬붓꽃_ 꽃봉오리

▲ 연미붓꽃_ 꽃

▲ 연미붓꽃_ 꽃봉오리

▲ 각시붓꽃_ 지상부

▲ 각시붓꽃_ 열매

▲ 보라노랑무늬붓꽃_ 꽃

▲ 보라노랑무늬붓꽃_ 열매

솔붓꽃, 제비붓꽃, 타래붓꽃, 흰각시붓꽃, 흰노랑무늬붓꽃, 흰붓꽃, 부채붓꽃 비교

▲ 솔붓꽃_ 지상부

▲ 제비붓꽃_ 꽃

▲ 타래붓꽃_ 꽃

▲ 흰각시붓꽃_ 꽃

▲ 흰노랑무늬붓꽃_ 꽃

▲ 흰붓꽃_ 꽃

▲ 부채붓꽃_ 꽃

▲ 부채붓꽃_ 꽃봉오리

비교 붓꽃, 금붓꽃, 난장이붓꽃, 넓은잎각시붓꽃,
노랑붓꽃, 대청붓꽃, 등심붓꽃, 만주붓꽃

▲ 붓꽃_ 꽃

▲ 금붓꽃_ 지상부

▲ 난장이붓꽃_ 지상부

▲ 넓은잎각시붓꽃_ 지상부

▲ 노랑붓꽃_ 꽃

▲ 대청붓꽃_ 꽃

▲ 등심붓꽃_ 꽃

▲ 만주붓꽃_ 꽃

❶ 붓꽃_ 꽃봉오리 ❷ 붓꽃_ 열매

붓꽃의 꽃과 열매

꽃은 5~6월에 피고 지름 8㎝로서 자주색이다. 꽃줄기 끝에 2~3개씩의 꽃이 달려서 두상꽃차례를 이룬다. 꽃잎은 모두 6장이다. 외화피 3장은 넓고 거꾸로 선 달걀 모양이며 내화피 3장은 위로 곧게 서며 작다. 암술은 3갈래로 갈라지고 그 밑에 노란 수술이 숨겨져 있다. 일반적으로 키가 작은 붓꽃 종류들은 4월에 일찍 꽃이 피고 키가 큰 붓꽃 종류들은 6월에 늦게 꽃이 핀다. 열매는 삭과(蒴果)로 7~8월에 익는다. 길이 3~4㎝로 대가 있으며 3개의 능선이 있다. 씨는 갈색이며 삭과의 끝이 터지면서 나온다.

붓꽃과 꽃창포의 구별

붓꽃과(科)의 붓꽃속(屬) 식물은 붓꽃 무리들과 꽃창포 무리들로 크게 나누어진다. 붓꽃 무리들은 우리나라에 19종류가 분포하는데, 땅속줄기는 퉁퉁하거나 둥글며 잎은 창 모양이고 2줄로 붙는다. 꽃은 외화피 3장, 내화피 3장이며 수술 3개는 암술머리 뒤에 숨겨져 있는 것이 특징이다. 암술대는 3갈래이고 열매는 삭과이며 보통 세모진 모양이다. 붓꽃은 외화피 안쪽에 다양한 색깔의

🌿 아이리스라는 이름

흔히 아이리스(Iris)라고 불리는 꽃의 이름은 붓꽃 종류의 속명(屬名)인데, 이런 종류의 식물은 북반구 온대지방에 분포하는 것만도 약 150여 종에 이른다. 외국으로부터 들어와서 특별한 우리 이름을 갖지 못하는 원예종 식물들을 묶어서 '아이리스'라고 부르는 편이다. 아이리스란 희랍어로 무지개를 뜻하는 말인데, 외화피 안쪽에 무지개처럼 알록달록한 무늬가 들어 있어서 붙여진 이름이기도 하다.

🌿 붓꽃의 특징

건조하고 일조량이 많은 초원이나 전국의 낮은 산 어귀에서 자라며 높이 30~60cm인 여러해살이풀이다. 생육환경은 양지바른 곳의 습기가 많은 곳이나 메마른 땅에서 자란다. 뿌리줄기는 옆으로 뻗으면서 새싹이 나오고 수염뿌리가 많이 내린다. 잎은 2줄로 어긋나서 곧게 서며 긴 창 모양이다. 길이 30~50cm, 폭 0.4~1cm이다. 줄기는 높이 30~60cm이며 가지가 갈라지지 않는다. 원줄기는 여러 대가 뭉쳐나며 밑부분이 갈색의 섬유로 덮여 있다. 화투에 그려진 5월 난초는 붓꽃을 그린 그림인데, '5월 붓꽃'이라 불러야 할 것을 잘못 부르는 이름이기에 정정되어야 마땅하다.

▲ 붓꽃_ 낮은 산에 핀 붓꽃 무리

붓꽃과(科)

꽃봉오리가 붓을 닮은 붓꽃

▲ 붓꽃_지상부

🌸 꽃봉오리의 관찰

활짝 핀 붓꽃의 모습에서는 아무리 봐도 이름의 근원을 찾을 수가 없지만, 꽃봉오리의 모습을 보면 누구라도 쉽게 붓을 연상하게 된다. 대개 식물의 이름은 꽃이나 잎 또는 열매의 모습을 따서 붙이는 경우가 많은데, 붓꽃은 특별히 꽃봉오리가 붓을 닮았다는 데서 이름이 유래된 것이다. 사용하던 붓을 잘 빨아서 말려놓은 붓의 가지런한 모습처럼 생긴 것이 붓꽃의 특징이라 할 수 있다.

[부채붓꽃]

▲ 부들_ 성숙된 열매

질을 화상의 환부에 붙이면 통증이 없어지는 효능이 있으며, 타박상 같은 상처에 꽃가루를 뿌리면 상처가 빨리 아물어 염증 치료제로 쓴다. 부들의 꽃가루나 꽃이 지고 난 뒤의 솜 같은 열매가 지혈작용을 한다. 또한 혈압강하작용이 있어 고혈압 치료제로 활용할 수 있고 장관의 경련을 풀어주는 효과를 나타내기도 하지만, 임신부는 복용을 금한다. 줄기와 잎은 섬유 및 펄프용으로 사용하기도 한다. 최근에는 연못 조경용이나 꽃꽂이 소재로도 많이 이용한다. 습지식물인 부들은 특성상 하천의 수질 정화용으로 갈대와 함께 쓰이며 물의 여과제 역할을 한다. 또 군락을 이루기 때문에 물의 흐름을 조절하고 새들의 안식처가 되어 생명체를 품어 기르기도 한다. 10월경에 달리는 종자를 바로 뿌리거나 종이에 싸서 냉장고에 보관 후 이듬해 봄에 뿌려도 되고, 봄에 뿌리에서 나오는 새순을 따서 심기도 한다. 포기나누기는 3~4월경에 하는데, 옆으로 뻗어 있는 뿌리가 억세기 때문에 삽과 같은 도구를 이용해서 캔 후 절단하여 심는다. 습지와 웅덩이에 물이 잘 흐르지 않는 곳을 택해 심는 것이 좋다.

수꽃이삭과 암꽃이삭이 서로 붙어 있는 것은 부들(*Typha orientalis* C. Presl)과 큰잎부들(*Typha latifolia* L.)이고 수꽃이삭과 암꽃이삭이 서로 일정한 간격을 두고 떨어져 있는 것은 애기부들(*Typha angustifolia* L.)과 꼬마부들(*Typha laxmannii* Lepech.)이다. 부들 잎의 폭은 0.5~1㎝, 큰잎부들은 1~2㎝ 정도이고 화분이 4개씩 합쳐져 있으며 다소 분백색을 띠고 있다. 애기부들은 암꽃이삭이 긴 원통형이고 꼬마부들은 암꽃이삭이 짧고 통통하게 생긴 것이 특징이다. 꼬마부들의 크기는 부들 종류 중에서 가장 작은데, 크기가 작다는 접두사를 붙여 '좀부들'이라 부르기도 한다. 애기부들과 꼬마부들 잎의 폭은 대개 0.7㎝ 이하의 것들이 대부분이다.

부들의 번식전략

핫도그처럼 생긴 적갈색의 열매는 시기가 더 지나면 부서지면서 목화솜처럼 하얗게 흩어지는데, 밑에 작은 종자를 하나씩 달고 바람에 날려 멀리까지 퍼져나간다. 공기보다 가벼울 것 같은 작은 종자는 길고 흰 솜털에 싸여서 바람을 따라 멀리 이동을 해서 적당한 곳에 자리를 잡고 있다가 이듬해 봄철에 싹을 틔우게 된다. 식물은 자기를 닮은 후손이 한 군데에 모여 사는 걸 원하지 않고 서로 멀리 떨어져 넓은 영역에서 고루 퍼져 자라는 걸 원하기 때문에, 가급적 종자를 멀리까지 퍼지게 하는 수단으로 종자는 솜털이나 날개를 갖고 있다.

용도 및 번식법

관상용으로 기르며 꽃가루는 약재로 쓰인다. 잎은 방석을 만들고 화분은 한방에서 포항이라 하여 지혈(止血), 통경(通經), 이뇨(利尿), 탈항, 배농, 치질, 대하증, 월경불순, 방광염, 한열 등에 다른 약재와 같이 처방하여 쓴다. 민간요법으로는 흰 솜털 같은 섬유

부들, 꼬마부들, 큰잎부들, 애기부들 비교

▲ 부들_ 열매

▲ 꼬마부들_ 열매

▲ 큰잎부들_ 열매

▲ 애기부들_ 열매

▲ 애기부들_ 암꽃

▲ 애기부들_ 수꽃

▲ 부들과 애기부들 무리

다. 위에는 수꽃이삭, 밑에는 암꽃이삭이 달리며 두 꽃이삭 사이에 꽃줄기가 보이지 않는다. 수꽃은 황색으로 피고 암꽃은 녹색으로 폈다가 꽃가루받이가 완료되면 수꽃은 검은색으로 흔적만 남게 되고 암꽃은 딱딱한 적갈색 열매로 변하게 된다. 포(苞)는 2~3개로 일찍 떨어지며 꽃에는 화피(花被)가 없고 밑부분에 수염 같은 털이 있으며 수꽃에서는 화분(花粉)이 서로 붙지 않는다. 같은 꽃줄기에 수꽃이삭과 암꽃이삭이 함께 달려 있는데, 수꽃이삭이 꽃가루를 날려 떨어져 나가고 검게 흔적만 남기고 있을 때에는 밑에 있는 암꽃은 딱딱하게 굳으면서 열매로 변한다. 열매이삭은 길이 7~10cm이고 핫도그를 닮은 긴 타원형이며 적갈색이다.

🌸 부들 무리들의 비교 특징

이 종류들은 모두 수꽃이삭은 위에, 암꽃이삭은 밑에 붙는다. 수꽃이삭과 암꽃이삭이 서로 바짝 붙어 있는지 또는 서로 분리되어 따로 떨어져 있는지의 여부와 암꽃이삭의 길이와 형태에 따라 종류를 구분한다. 잎의 폭도 종류를 구분하는 중요한 기준이 된다.

있을 때에는 아래쪽의 암꽃은 열매로 변해서 표면이 거칠다. 꽃 이삭의 모양은 핫도그처럼 둥글고 길게 생겼는데, 개울가나 저수지, 연못 등 늪지를 좋아하는 습지식물이다. 우리나라에서 자생하는 부들의 종류는 4가지가 있는데, 이들의 특징을 자세히 살펴보기로 한다.

부들의 특징

물이 고인 습지나 논 등을 오래도록 방치해 두면, 어디서 왔는지 느닷없이 큰 키를 자랑하면서 갑자기 불쑥 자라 올라오는 식물이 있다. 여름철 내내 핫도그 모양으로 꽃을 피우고 열매를 맺는 식물이 있는데, 이것이 바로 부들이다. 부들은 연못 가장자리나 습지에서 자라는 여러해살이풀이다. 생육환경은 햇볕이 잘 들어오고 물의 흐름이 머물러 있는 진흙으로 된 습지를 좋아한다. 높이 1~1.5m이다. 뿌리줄기가 옆으로 뻗으면서 퍼지고 원주형이며 털이 없고 밋밋하다. 잎은 폭 5~10㎜의 줄 모양으로 줄기의 밑부분을 완전히 둘러싼다. 물에서 살지만, 뿌리만 흙 속에 박고 있을 뿐이며 잎과 꽃줄기는 물 밖으로 드러나 있는 정수식물(挺水植物)이다.

부들의 꽃과 열매

꽃은 6~7월에 황색으로 피고 원주형의 꽃차례에 달린

❶ 부들_꽃 ❷ 부들_열매로 변한 모습

부들과(科)

핫도그처럼 생긴 부들의 꽃과 열매

▲ 부들_ 열매

🌿 부들의 유래

부들은 잎과 꽃이삭의 감촉이 부들부들하다고 해서 부들이란 이름이 유래되었다. 뜨거운 여름날 바람에 의해 꽃가루받이(受粉)가 이루어지는데, 꽃가루받이가 일어날 때 몸체가 부들부들 떨리기 때문에 부들이라는 이름이 붙은 것이라고도 한다. 꽃과 열매는 비슷한 모양인데, 위쪽의 수꽃이 있을 때에는 아래쪽의 암꽃이 부드럽지만, 위쪽의 수꽃이 꽃가루를 날리고 검게 흔적만 남기고

[애기부들]

뿌리를 포함한 전초는 약으로 쓰인다. 일본에는 많은 관상용 품종이 개발되어 있고 중국에서는 뿌리를 '측금잔화'라 하여 약재로 쓴다. 한방과 민간에서 진통제, 창종, 강심제(強心劑), 이뇨제(利尿劑)로 사용하지만, 유독성 식물이다. 뿌리는 강심제로 쓰이고 전초는 이뇨제, 정신안정제로 쓴다. 가슴이 두근거리는 증세, 정신쇠약 증세에 대한 치료약으로도 쓴다. 그 밖에도 살갗에 물집이 돋았을 때나 소변이 잘 나오지 않을 때에도 사용한다. 뿌리에는 배당체인 아도닌(adonin)이 들어 있어 강심제로 쓰여 왔다. 봄철에 꽃이 피고 열매 맺을 때 채취하여 그늘에서 잘 말려서 사용하기에 앞서 잘게 썬다. 6~7월에 결실되는 종자를 받아 화분에 바로 뿌리거나 가을에 포기나누기를 한다. 양지바른 곳과 물 빠짐이 좋은 곳에 심어 기른다.

❀ 복수초의 전설

복수초 종류들의 속명(屬名)은 '아도니스(Adonis)'인데, 이 속명을 얻은 데는 다음과 같은 이야기가 전해 내려온다. 소년 아도니스는 미의 여신 아프로디테와 저승의 여신 페르세포네 두 여인으로부터 동시에 사랑을 받았다. 그런데 어느 날, 아도니스가 산에 갔다가 멧돼지한테 물려서 목숨이 위태로울 정도로 심한 상처를 입게 된다. 이때에 흘린 피가 땅으로 떨어졌고 거기서 핀 붉은 꽃이 '아도니스'란 이름의 복수초로 자라난다. 한편, 이 소식을 들은 페르세포네와 아프로디테는 매우 슬퍼하고 이에 제우스는 아도니스에게 반년은 지상에서 아프로디테와 함께 살고 반년은 지하에서 페르세포네와 함께 살도록 허락하였다. 그래서 복수초는 가을에서 겨울에 걸친 반년 동안 지하에서 살다가 봄이 시작되자마자 사랑의 이야기를 전하기 위해 지상으로 나온다. 즉, 복수초는 모든 식물이 겨울잠에서 깨어나기 전에 황금색 꽃망울을 터뜨리고 여러 식물이 왕성하게 자라고 자리다툼을 하는 여름에는 시원한 그늘에서 열매를 맺으며 다음 해 봄까지 휴식을 취하는 독특한 생활사를 가지고 있다.

주도를 제외한 남쪽지방의 산지에서 흔히 볼 수 있으며, 전국의 해안가에서 이른 봄 일찍 볼 수 있는 꽃이다. 이 꽃을 탐사하려면, 이른 봄에 남쪽지방이나 해안 지역의 산지를 찾으면 쉽게 볼 수 있다. 복수초보다 꽃이 훨씬 크고 원줄기에서 가지를 치며 수술대가 비교적 짧은 것이 특징이다.

세복수초의 정의

세복수초는 개복수초와 비슷한데, 잎자루는 매우 짧고 꽃잎은 꽃받침보다 길다. 꽃받침은 대부분 5개이고 제주도에서만 자라는 것이 특징이다. 한 포기에서 2개 이상의 꽃을 피우며 줄기의 속이 비어 있다. 가지는 분지하며 꽃줄기와 잎은 가늘고 길며 연한 녹색이다. 꽃은 2~3월에 눈 속에서 노랗게 핀다. 눈 속에서 새싹과 줄기가 움이 터 올라와서 꽃이 피기 시작할 때는 다소 연한 노란빛을 띠는 녹색이었다가 차츰 노란색으

▲ 세복수초_ 무리

로 되는데, 미세하게 남아 있는 녹색 줄무늬는 이 꽃의 품위를 한층 더해 준다. 꽃잎은 연꽃처럼 아침에 열리고 저녁에 닫히며, 흐린 날이나 비 오는 날에도 꽃잎은 열리지 않는다. 이 꽃을 탐사하려면, 제주도나 한라산 지역의 산지를 이른 봄에 방문하면 쉽게 볼 수 있다. 세복수초는 개복수초보다 키는 크지만, 꽃줄기와 잎이 가늘고 길어서 쉽게 구분할 수 있다.

용도 및 번식법

꽃이 아름다워 관상용으로 개발할 만한 가치가 있는 식물이다.

온다. 우리나라에 분포하는 복수초의 분류학적 정체성에 대한 논란이 많다. 최근의 연구에 의하면, 우리나라에는 복수초, 개복수초, 세복수초의 3분류군이 분포하는 것으로 나타났다. 이들 중 복수초는 개복수초와 비교했을 때, 줄기가 갈라지지 않고 잎의 전체 모양이 삼각형이며 줄기에 달려있는 잎이 잎자루가 있고 8개의 꽃받침은 꽃잎보다 크거나 비슷하다는 점에서 개복수초와 구별된다. 또 제주도에서 자라는 세복수초와 비교했을 때, 꽃받침이 보다 많고 폭이 좁으며 줄기에 난 잎의 잎자루가 보다 길어서 구분이 잘 된다.

개복수초의 정의

개복수초는 꽃받침이 5~6개이고 꽃잎보다 짧으며 잎이 먼저 나오기 때문에 전초가 풍성해 보이며, 꽃줄기가 어수선해 보이는 것이 특징이다. 대부분의 경우 꽃과 잎이 함께 나온다. 줄기가 갈라지지 않거나 또는 분지하고 대부분 5개의 꽃받침으로 이루어져 있으며 2개 이상의 꽃이 한 포기에서 동시에 피는 것도 있다. 제

▲ 개복수초_무리

복수초의 기본종

복수초는 꽃받침이 8~10개이고 꽃잎과 길이가 비슷하거나 다소 큰 편이다. 꽃이 먼저 피고 나서 잎은 나중에 나오며 꽃이 있을 때 잎은 보이지 않거나 아주 짧아서 꽃줄기가 매끈하고 반들거린다. 중북부지방의 내륙지대 고산지역에 분포하며 햇볕이 잘 들면서 토양이 비옥하고 습기가 적당히 있는 곳을 좋아한다. 복수초를 탐사하려면, 3월 중순부터 4월 중순까지 중북부 내륙지방의 높은 산을 찾되, 햇볕이 잘 드는 남동쪽의 산기슭을 잘 살피면 된다. 복수초 3종류들 중에서 가장 작고 색이 연하며 유난히 예쁜 꽃이라 할 수 있다. 개복수초나 세복수초에 비해 꽃받침과 꽃잎의 폭이 좁고 길이가 짧은 것이 특징이다. 꽃받침은 대개 8개, 꽃은 한 포기에 1개씩 달리고 가지를 치지 않으며 수술대가 길게 밖으로 나

❶ 복수초_ 열매 ❷ 복수초_ 꽃받침 ❸ 개복수초_ 열매 ❹ 세복수초_ 열매

비교 복수초, 가지복수초, 갈기복수초, 개복수초, 세복수초, 애기복수초, 은빛복수초, 흰복수초

▲ 복수초_ 지상부

▲ 가지복수초_ 지상부

▲ 갈기복수초_ 꽃과 잎

▲ 개복수초_ 지상부

▲ 세복수초_ 꽃과 잎

▲ 애기복수초_ 지상부

▲ 은빛복수초_ 꽃

▲ 흰복수초_ 꽃

개로서 꽃받침과 길이가 거의 비슷하며 수평으로 퍼지고 거꾸로 선 피침형이다. 꽃받침은 짙은 녹색으로 8~10개이고 수술과 암술은 아주 많다. 꽃밥은 길이 1~2㎜이다. 열매는 수과로 길이 1㎝ 정도의 꽃턱에 모여 달리며 표면에 약간의 잔털이 산재해 있다. 열매는 6~7월에 익으며 별사탕처럼 울퉁불퉁한 모습이다. 여름이 되면 고온으로 고사하는 현상(夏枯現象)이 일어나 지상부에서 없어지는 품종이다. 꽃말은 '슬픈 추억'이다.

복수초 무리들의 비교 특징

복수초(*Adonis amurensis* Regel & Radde)의 분류에 대한 이론은 많지만, 엄밀히 따지고 보면 크게 3종류로 구분이 된다. 기존의 도감에 나와 있는 애기복수초(*Adonis amurensis* subsp. *nanus* Y. N. Lee)는 복수초의 크기가 유난히 작은 것을 말하는 것이고 가지복수초(*Adonis ramosa* Franch.)는 개복수초(*Adonis amurensis* var. *ramosa*)의 가지가 여러 갈래로 갈라진 것을 말한다. 큰복수초는 개복수초가 복수초에 비해 월등히 크다는 것을 의미하며 은빛복수초(*Adonis amurensis* f. *argentatus* Y. N. Lee)는 개복수초와 세복수초의 꽃잎이 유난히 연한 색을 띠고 있는 것을 말한다. 제주도에 야생한다고 해서 제주복수초라 불리기도 하는 꽃의 이름은 세복수초(*Adonis multiflora* T. Nishikawa ct K. Ito)라 불러야 맞는 말이다. 줄기나 잎의 모습이 가늘고 길게 생겨서 세(細)복수초라고 부르는 것이다. 갈기복수초(*Adonis amurensis* Regel et Radde var. *dissectipetalis* Y. Lee, var. nov)는 개복수초의 꽃잎 끝부분의 모양이 고르지 못하고 유난히 울퉁불퉁하게 생긴 것을 말하지만, 공식 명칭은 아니다. 원예종으로 개량되어 시중에 판매되고 있는 것으로는 꽃잎의 색이 흰색인 흰복수초가 있기도 하다. 위에서 거론된 대표적인 3종류의 복수초를 구분하는 방법을 이 기회에 자세히 알아보기로 한다.

복수초의 특징

전국 각처의 산지 숲 속에서 자라는 여러해살이풀이다. 생육환경은 햇볕이 잘 드는 양지와 습기가 약간 있는 곳에서 자란다. 줄기는 꽃이 필 때 5~15㎝이지만, 나중에 20~30㎝까지 자라며 가지가 갈라지지 않는다. 뿌리줄기가 짧고 굵으며 흑갈색의 잔뿌리가

❶ 복수초_ 줄기와 꽃받침 ❷ 복수초_ 갓 피어난 꽃송이

많이 나온다. 줄기는 곧게 자라고 털이 없으며 밑부분의 잎은 얇은 막질로서 원줄기를 둘러싼다. 잎은 어긋나며 3갈래로 갈라지고 끝이 둔하다. 잎의 길이는 3~10㎝로서 위쪽으로 올라갈수록 짧아진다. 긴 잎자루 밑에 잘게 갈라진 녹색의 턱잎이 있다. 3~4월에 쌓인 눈을 뚫고 나와 봄을 부른다. 5월에 다른 식물들이 신록을 뿜낼 때 복수초는 휴면에 들어가는 것이 특징이다.

복수초의 꽃과 열매

꽃은 4월 초순에 피는데, 지름 2.5~3.5㎝로 줄기 끝에 한 송이씩 달린다. 꽃의 색깔은 광택이 있는 연한 황색이며 화피는 20~30

복수초란 이름의 의미

'복수초'란 이름을 처음 들으면 무시무시한 복수의 전설을 떠올리는 사람이 많을 것이다. 그러나 복수초(福壽草)는 복(福)과 장수(長壽) 혹은 부유함과 행복을 상징하는 대표적인 꽃이다. 복수초라는 이름은 일본식 한자명을 그대로 가져온 것으로 한국식으로 지었다면,

▲ 복수초_ 눈을 뚫고 핀 모습

수복강녕을 의미하는 '수복초'가 되었을 것이다. 이른 봄, 산지에서 일찍 꽃을 피우는 복수초는 눈과 얼음 사이를 뚫고 핀다고 하여 '얼음새꽃'이라고도 불린다. 꽃이 황금색 잔처럼 생겼다고 '측금잔화(側金盞花)'라고도 부르고 설날에 핀다고 '원일초(元日草)', 눈 속에 피는 연꽃 같다고 '설연화(雪蓮花)', 쌓인 눈을 뚫고 나와 꽃이 피면 그 주위가 동그랗게 녹아 구멍이 난다고 '눈색이꽃'이라고도 부른다. 강원도 횡성에서는 '눈꽃송이'라고 부른다. 봄이 몹시 기다려지는 겨울의 끝에서 떠올리는 꽃들은 으레 동백꽃이나 매화였는데, 근래 들어 매스컴이나 잡지에 자주 소개되면서 이제 그 자리를 복수초에게 내어준 듯하다. 일본에서는 이 꽃의 이름이 '복 복(福)'자에 '목숨 수(壽)'자를 쓰므로 '복 받고 오래 살라'는 뜻이 담겨 있는 까닭에 정월 초하룻날 이 꽃을 선물 받으면 건강하게 일 년을 보낼 수 있다고 하여 윗사람에게 드리는 정초 선물로 인기가 높다.

미나리아재비과(科)

복과 장수를 상징하는 우리 꽃 복수초

▲ 복수초_ 꽃

🌿 잔눈과 얼음 사이를 뚫고 피는 꽃

 녹색이라고는 도무지 찾아볼 수 없는 이른 봄의 산자락, 군데군데 아직 덜 녹은 희끗한 눈덩이만 간간이 보이는 그런 계절이 바로 산지의 초봄이라 할 수 있다. 사방은 모두 갈색의 정적만이 고요히 흐르고 있는데, 저 먼 곳에서 갑자기 눈이 부시도록 샛노란 꽃 몇 송이가 눈에 번쩍 띈다. 그 주인공은 바로 복수초이다.

[복수초]

▲ 약밤나무_ 열매

목재는 가구재, 건축재, 철도갱목, 조선재 및 버섯재배용으로 사용되며, 목재 및 수피에 함유된 타닌은 화학제품 원료로 이용된다. 정월 대보름 때 아침 일찍 밤, 잣, 호도 등 딱딱한 껍질이 있는 과일을 자신의 나이 수대로 먹으면 부스럼이 나지 않는다는 부럼 풍습이 있다. 밤은 제사상과 명절 차례상에 반드시 올려야 하는 제물의 하나이며 제과원료로도 쓰인다. 프랑스에서는 밤알을 설탕으로 진하게 조려서 과자를 만든다. 우리나라는 전국적으로 식재가 가능하며 식재 시기는 가을에 심어도 좋으나 동상 피해가 우려되므로 봄에 심는 것이 안전하다.

▲ 밤나무_ 열매

재배가 부적당하다. 해충에 강한 품종에는 한국에서 선발한 것과 일본에서 들여온 것이 있다. 밤나무는 암꽃이 크고 수꽃은 밑으로 쳐지며 약밤나무는 암꽃이 작고 수꽃은 하늘을 향해 곤추서서 피는 것이 특징이다.

용도 및 번식법

밤나무는 인가 주변에 흔히 심어 기르지만, 심어놓고 그냥 방치한 상태로 재배하기 때문에 야생처럼 자란다. 가을에 밤이 익어 떨어질 무렵이면 으레 사람들은 밤을 주우러 다닌다. 밤의 용도로는 가정에서 간식용으로 많이 이용되고 있으며, 그 밖에 군밤, 통조림, 과자의 원료로도 쓰인다. 밤의 성분은 녹말, 포도당, 자당, 펜토산 등이 함유되어 있다. 밤은 건위작용과 설사를 그치게 하는 약으로도 쓰이고 자양, 강장, 지혈 등의 효능이 있으며, 신체허약, 혈변, 뼈마디가 쑤시고 아픈 증세, 구역질이 나고 토하는 증세 등에 쓰인다. 적당한 양의 밤을 날 것으로 먹거나 삶아서 먹는다. 밤 껍질은 타닌성분이 많아 염료로 사용한다. 또한 밤나무의

라며 높이 10m 정도 되는 것도 있다. 무환자나무目의 식물이기 때문에 열매는 둥글고 지름 7㎜ 정도로서 10월에 적색으로 익는다. 식물 이름에 '밤나무'라는 글자가 들어간 식물들은 모두 참나무과(科)이지만, 유일하게 나도밤나무만 나도밤나무과(科)의 식물이다.

한국 재래종의 2종류 비교

한국 재래종에는 원래 한국종인 밤나무와 중국종인 약밤나무가 있다. 중국종은 알이 작고 속껍질이 잘 벗겨지며 단맛이 강하다. 평안남도 강서군 수산리에 있는 약밤나무는 천연기념물 제59호로 지정되어 보호를 받고 있다. 약밤나무의 열매는 품질이 매우 뛰어나지만, 밤나무혹벌에 약하기 때문에 중부 이남 지역에서는

❶ 밤나무_ 수꽃 ❷ 밤나무_ 암꽃 ❸ 약밤나무_ 수꽃 ❹ 약밤나무_ 암꽃

❶ 구실잣밤나무_ 꽃과 잎 ❷ 나도밤나무_ 꽃과 잎 ❸ 너도밤나무_ 꽃과 줄기 ❸ 모밀잣밤나무_ 꽃과 잎

이 있다. 과실은 식용 및 약용으로 한다. 구실잣밤나무는 남부지방 바닷가의 산기슭에서 자라는 상록교목이며 관상용으로도 심어 기른다. 꽃은 밤나무와 비슷한 모양이고 열매는 크기가 아주 작으며 도토리처럼 생겼다. 10월에 열매가 익으면 날로 먹거나 구워서 먹고 떡에 넣어서 먹기도 한다. 모밀잣밤나무는 남부지방 바닷가의 산지에서 자라며 구실잣밤나무보다 가지가 가늘게 갈라지고 열매의 크기가 더 작다. 너도밤나무는 울릉도에 자생하며 성인봉 일대에서 아름드리 원시림 군락을 형성한다. 울릉도 특산으로 높이 300~900m에 분포하며 높이가 20m에 달한다. 나도밤나무(*Meliosma myriantha* Siebold & Zucc.)는 엉뚱하게 나도밤나무과(科)의 나도밤나무속(屬) 식물인데, 바닷가 산기슭에서 자라는 낙엽소교목이다. 해안을 따라 황해도 앞바다까지 북상해서 자

비교 밤나무, 구실잣밤나무, 나도밤나무, 너도밤나무, 모밀잣밤나무, 약밤나무

▲ 밤나무_ 열매

▲ 구실잣밤나무_ 열매

▲ 나도밤나무_ 열매

▲ 너도밤나무_ 열매

▲ 모밀잣밤나무_ 열매

▲ 약밤나무_ 열매

평안남도 이남의 한반도 지역에서 주로 재배되고 있는 것은 대부분 고유의 재래종인 밤나무가 대부분이다. 한국에서는 예로부터 산에 심어서 그냥 내버려두는 방식으로 재배해 왔다. 다른 과일나무에 비하여 저절로 잘 자라고 산간지에서도 비교적 쉽게 재배할 수 있다. 운반이 쉽고 저장성이 크기 때문에 재배면적은 더욱 늘어날 전망이다. 연평균기온 10~14℃와 4~10월의 평균기온이 16~20℃인 지방에서 잘 자란다. 접목묘는 -15~-16℃ 이하의 고장에서는 동해가 발생하기 쉽다. 강수량은 연간 1,000~1,500㎜ 정도가 좋으나, 6월 개화기의 강우는 결실률을 떨어뜨리기 쉽다. 너무 그늘진 북향이나 산간에서는 잘 자라지 않는다. 뿌리를 깊이 내리므로 건조에 강하며 여러 토양에도 잘 적응하나 지하수위가 너무 높으면 수명이 짧아지기도 한다. 밤나무는 사람이 살기 적합한 기후환경과 토지환경에서 잘 자란다. 밤나무의 견과(堅果)는 일찍이 우리 인간에게 귀중한 식량자원이다. 우리가 즐겨 먹는 밤은 모두가 야생하는 밤나무로부터 만들어진 개량품종이고 자연선택이 아니라 인공선택에서 획득된 형질이라 할 수 있다.

밤나무 무리들의 비교 특징

밤나무는 참나무과(科)에 속하는데, 이런 비슷한 종류들도 꽤 여러 가지가 있다. 밤나무(*Castanea crenata* Siebold et Zucc.)와 약밤나무(*Castanea bungeana* Blume)는 밤나무속(屬)의 식물이며 구실잣밤나무(*Castanopsis cuspidata* var. *sieboldii* Nakai)와 모밀잣밤나무[*Castanopsis cuspidata* (Thunb.) Schottky]는 잣밤나무속(屬)에 속하고 너도밤나무[*Fagus japonica* var. *multinervis* (Nakai) Y. Lee]는 유일하게 너도밤나무속(屬) 식물이다. 중부 이남 지역에서 자라는 종류는 대부분 밤나무이지만, 약밤나무는 중부 이북의 산기슭이나 마을 근처에서 주로 자란다. 약밤나무의 견과는 소형으로 밑면이 좁고 내피가 잘 벗겨지며, 속이 단단하고 고소하며 단맛

🌿 열매 식물의 방어전략

밤톨은 영양분을 듬뿍 저장하는 맛있는 열매로 야생동물들의 주요 먹이자원이다. 밤송이는 바깥 껍질에 억센 가시가 돋고 속 알맹이는 다시 딱딱한 껍질로 싸여있다. 하나를 까먹는 데에도 많은 노력과 시간이 드는데, 이것이 바로 포식자를 귀찮게 하는 열매 식물의 방어전략이다. 이처럼 귀하고 맛있는 소중한 열매를 지키려는 식물 자체의 방어전략 때문에 밤송이는 앙칼진 가시가 돋아있는 것이다. 장미는 예쁜 꽃을 보호하면서 후손을 남기려는 보호본능이 있는데, 밤나무는 열매를 훔치려는 동물에게 날카로운 가시를 선물함으로써 스스로 포기하도록 하여 종족이 보존되는 방어전략을 사용하는 것이다. 밤송이는 속이 다 익어서 터지면 열매가 밖으로 드러난다.

▲ 밤나무_ 열매가 익어서 밖으로 드러난 모습

단단한 껍질에 싸인 견과는 한참 동안 썩지 않고 버티지만, 자연상태에서 발아하지 못하면 땅속에서 저장되지 않고 쉽게 썩어버린다. 땅속에 종자은행으로 저장되는 것이 아니라, 곧바로 땅을 기름지게 하는 거름이 된다. 다람쥐는 자신이 월동할 집안에 밤송이를 까서 참나무 잎 침대 위에 비축해 두고서 잠결에 먹어가며 겨울을 난다.

🌱 밤나무의 재배

예로부터 우리나라에서 재배해 온 약밤나무는 중국이 원산지인데, 만주의 남부로부터 화북 및 화중 지방에 주로 분포되어 있다.

❶ 밤나무_ 꽃봉오리 ❷ 밤나무_ 수꽃 ❸ 밤나무_ 암꽃 ❹ 밤나무_ 열매

익으면 다갈색으로 변한다. 품종에 따라 열매의 크기와 맛이 약간씩 다르다. 밤은 대추와 함께 전통적인 주요 과일이다. 시골에서는 야산에 심어둔 나무에서 추석 무렵에 수확을 하는데, 가을을 알리는 대표적인 열매로 통한다. 썩지 않도록 잘 보관해 두었다가 겨울에 굽거나 삶아 먹으면 별미의 맛을 볼 수 있는 전통음식이다. 주로 열매를 먹거리로 많이 사용하는 편이고 견과류로 잘 알려진 식물이며, 종자를 싸고 있는 열매는 포침으로 덮여있어서 수확하려면 따갑고 찔리기도 하니 많은 주의가 요구된다.

밤나무의 특징

산기슭이나 들에서 자라며 인가 주변에서 흔히 심어 기르는 낙엽활엽교목이다. 처음에는 사람이 심은 것이 살아남아서 야생처럼 번지고 씨가 떨어져서 번식이 되어 낮은 산에서 군락을 이루고 있다. 높이 10~15m이고 줄기는 지름 30~50cm이다. 나무껍질은 세로로 길게 갈라진다. 수피는 어두운 회색이고 세로로 깊이 갈라진다. 맹아(萌芽)를 잘 형성한다. 작은가지는 자줏빛을 띤 붉은 갈색이며 초기에는 짧은 털이 나지만 나중에는 없어진다. 잎은 어긋나고 곁가지에서는 2줄로 늘어서며 타원형, 긴 타원형 또는 타원 모양의 피침형이다. 길이 10~20cm, 폭 4~6cm이고 물결 모양이며 잎 가장자리에는 끝이 날카로운 톱니가 있다. 잎의 측맥(側脈)은 17~25쌍이고 그 측맥의 연장선상이 침이기 때문에 세포 속의 엽록체가 살아있어서 녹색을 띤다. 하지만 굴참나무나 상수리나무는 그 침이 엽록체가 없는 죽은 세포여서 녹색을 띠지 않는다. 잎의 겉면은 짙은 녹색이며 윤기가 있고 뒷면은 별 모양으로 생긴 성모가 난다. 잎자루는 길이 1~1.5cm이다.

밤나무의 꽃과 열매

꽃은 6~7월에 백색으로 피며 암수한그루(雌雄同株)로 새 가지 밑 잎겨드랑이에 달린다. 암꽃과 수꽃이 따로 핀다. 수꽃은 꼬리 모양의 긴 꽃차례에 달리고 독특한 냄새가 난다. 암꽃은 그 밑부분에서 2~3개씩 한군데 모여 둥근 모양으로 달린다. 꽃이 필 때면 벌과 나비가 모여들어 꿀을 빠는 탓에 양봉업자들은 이때를 기다려서 꿀을 채취하기도 한다. 밤꽃이 화려하게 핀 숲 속을 거닐고 있노라면 향긋하면서도 달착지근하고 비릿한 향기에 젖어들게 된다. 열매는 견과로서 9~10월에 익으며 한 송이에 1개 또는 3개씩 들어 있다. 열매는 포침으로 싸이며 익으면 벌어지고 견과는

참나무과(科)

밤나무

한국의 전통과일, 밤(chestnut)의 진실

▲ 밤나무_ 열매

🌿 한국의 전통적인 과일

제사상이나 명절 차례상에 빠져서는 안 되는 몇 종의 과일이 있는데, 그 중 하나가 바로 밤이다. 밤은 밤나무에 달리는 열매인 밤송이를 따서 가시로 된 과피를 벗겨낸 종자를 말하는데, 잘 익은 밤은 짙은 갈색으로 두꺼운 껍질을 가진 동글동글한 모습이다. 잘 깎아서 날로 먹거나 구워서 먹으면 제법 고소한 맛을 내는 한국 전통의 과일이다.

[밤나무]

며 위장을 튼튼하게 하는 데 쓴다. 잎에서 즙을 내어 종기를 치료하거나 뱀이나 벌레 물린 데 바르기도 한다. 잎과 열매는 강정, 강장, 해독 등의 효능이 있고 허약증, 발기부전, 폐결핵, 종기, 뱀·벌레에 물린 상처를 치료한다. 박주가리 씨를 찧어서 상처에 바르면 지혈에 효과가 있고 새살이 오르는 데 도움이 된다. 또 기운을 보충해 주고 젖을 잘 나오게 한다. 종기를 치료하거나 뱀이나 벌레에 물린 상처에는 생잎을 짓찧어서 환부에 붙인다. 박주가리는 잎부터 뿌리, 씨까지 먹지 못하는 것이 없다. 박주가리의 줄기와 잎에서 나오는 하얀 유액은 사마귀를 없애는 데 즉효다. 잎과 줄기를 잘라 사마귀에 바르면 유액이 굳는데, 박주가리의 하얀 유액은 사마귀를 없앨 정도이니 독성이 있다고 할 만하다. 과하지만 않으면 얼마든지 식용과 약용으로 활용할 수 있다. 문제는 좋다고 마구잡이로 먹고 쓰는 인간의 욕심이 탈이다. 덜 익은 열매와 종자는 식용으로 먹기도 하고 기운을 보하는 강장제로 쓰이기도 한다. 꼬투리째 생으로 먹으면 풋풋하고 향긋한 단맛이 도는데, 어린 고구마 맛과 비슷하다. 덜 익은 씨는 아이들이 심심풀이로 먹기도 한다. 열매 안에 실 같은 것들이 씹히는데 상당히 부드럽다. 종자에 달린 흰색의 우산털은 도장밥 또는 바늘쌈지 등을 만드는 데 쓰기도 한다. 10월경 익은 종자가 날리기 전에 받아 이듬해 봄에 화단에 뿌린다. 열매가 터진 상태에서 종자를 받아 아랫부분에 있는 종자만 남기고 깃털을 제거한 후 파종하면 된다.

❶ 세포큰조롱_ 줄기 ❷ 가는털백미꽃_ 줄기

만, 몸 전체가 가는 털로 잔뜩 덮여있는 점이 다르다. 염분이 많은 해변의 뚝방에서 다른 풀들과 뒤엉켜 군락을 이루면서 자란다. 세포큰조롱은 줄기가 가늘고 길며 털이 적어서 말쑥한 모습이지만, 가는털백미꽃은 짧고 통통한 줄기가 꼬불꼬불하며 털이 많아서 어수선한 느낌을 준다.

용도 및 번식법

관상용으로 기르며 지상부 모두는 약으로 쓴다. 봄에 어린줄기와 잎을 따서 데쳐서 물에 씻어 쓴 맛을 없애고 양념을 해서 나물로 먹는다. 흰 즙 속에 경련을 일으키는 독성분이 들어 있으므로 데쳐서 잘 우려낸 다음 나물로 무쳐야 하는데, 맛은 대단히 좋다. 한방에서는 가을에 열매를 따서 말린 것을 '나마자(蘿摩子)'라고 하가리는 잎의 질이 다소 두껍고 덩굴박주가리보다 둥글고 넓은 것으로 구별하면 쉽게 해결이 된다. 흑박주가리는 부화관이 난상 3각형으로서 암술이나 수술대보다 약간 짧은 편이며, 덩굴박주가리는 부화관이 암술이나 수술대 길이에 비해 1/2 정도에 머무르는 편이다. 큰조롱[Cynanchum wilfordii (Max.) Hemsl.]은 양지바른 산기슭이나 풀밭에서 자라며 잎이 삼각상 심장형이고 끝이 뾰족하다. 뿌리를 '백하수오'라고 하며 강장제로 사용한다. 세포큰조롱[Cynanchum volubile (Maxim.) Hemsl.]은 강원도 세포에서 처음 발견된 큰조롱으로 줄기와 잎이 가늘고 아주 약하게 생겼다. 어릴 때 줄기와 잎에 곱슬털이 많다가 거의 없어지고 아주 약간만 남는다. 꽃은 8월에 피는데 아주 작고 맑은 흰색이다. 가는털백미꽃(Cynanchum chinense R. Brown)은 세포큰조롱과 비슷하지

❶ 덩굴박주가리_ 갈색 꽃 ❷ 덩굴박주가리_ 열매 ❸ 흑박주가리_ 꽃 ❹ 흑박주가리_ 열매

▲ 왜박주가리_ 꽃

있다. 박주가리 다음으로 많이 볼 수 있는 것은 왜박주가리이다. 왜박주가리(*Tylophora floribunda* Miq.)의 가장 큰 특징은 꽃이 흑자색이고 꽃차례가 길며 많이 갈라져 있는데, 잎보다 위로 높게 올라와서 아주 작은 꽃들이 피는 것이 특징이다. 제일 구별하기 어려운 것은 바로 덩굴박주가리와 흑박주가리인데, 덩굴박주가리(*Cynanchum nipponicum* Matsum.)의 꽃은 녹색으로 피는 것과 흑자색으로 피는 것이 있으며 꽃자루가 짧아서 잎겨드랑이에 바짝 붙어서 달리는 것은 모두 덩굴박주가리이다. 흑박주가리[*Cynanchum nipponicum* var. *glabrum* (Nakai) H. Hara]는 처음에 줄기가 가늘고 꼿꼿하게 서서 자라다가 나중에는 약간 덩굴을 이루는 편이고 덩굴박주가리는 처음부터 줄기가 덩굴을 이루면서 다른 물체를 감아 오르는 것이 특징이다. 덩굴박주가리의 꽃이 흑자색으로 필 때는 흑박주가리와 구별이 어려운 편이지만, 흑박주

박주가리, 가는털백미꽃, 덩굴박주가리, 세포큰조롱, 왜박주가리, 큰조롱, 흑박주가리 비교

▲ 박주가리_ 자주색 꽃

▲ 가는털백미꽃_ 꽃

▲ 덩굴박주가리_ 꽃

▲ 세포큰조롱_ 꽃

▲ 왜박주가리_ 꽃

▲ 큰조롱_ 꽃과 잎

▲ 흑박주가리_ 꽃

▲ 흑박주가리_ 잎

❶ 박주가리_ 종자에 달린 흰 솜털 ❷ 박주가리_ 흰색 꽃 무리

보면 마치 별 모양 또는 불가사리 모양으로 생겼다. 화관은 넓은 종 모양이고 5갈래로 깊게 갈라지며 갈래 안쪽에 긴 털이 밀생하고 끝이 뒤로 말린다. 수술은 5개이고 암술머리는 긴 부리 모양이다. 열매는 표주박처럼 생긴 넓은 피침형이고 길이 10㎝로서 겉에 사마귀 같은 돌기가 있다. 종자는 편평한 도란형이고 길이 6~8㎜로서 흰 명주실 같은 솜털이 달려 있어 바람이 불면 쉽게 떨어져 날린다. 길쭉하고 끝이 뾰족한 열매는 9월에 볼 수 있지만, 열매가 세로로 갈라져서 목화의 흰 솜털 모양을 하고 있는 것은 10월에 볼 수가 있다.

박주가리 무리들의 비교 특징

식물 이름에 박주가리라는 명칭이 들어 있는 것도 재미있는 일이고, 이런 이름을 가진 덩굴식물도 꽤 여러 종이 있다. 가장 흔한 종류로는 전국 아무 데서나 흔히 자라는 자주색과 흰색 꽃의 박주가리[*Metaplexis japonica* (Thunb.) Makino]가 있고, 그 다음으로는 왜박주가리와 덩굴박주가리, 그리고 흑박주가리가 있으며 이와 특징이 아주 유사한 큰조롱, 세포큰조롱, 가는털백미꽃 등이에 깃털이나 날개를 종자에 붙여 멀리까지 퍼져나가게 하는 독특한 습성을 지닌다.

박주가리의 특징

박주가리는 전국의 들판이나 풀밭에서 자라는 여러해살이 덩굴식물이다. 생육환경은 토양이 비옥하고 양지바른 곳에서 잘 자란다. 땅속줄기처럼 보이는 뿌리가 옆으로 길게 뻗고 여기서 덩굴이 나와 길이 3m 정도로 자란다. 한 장소에 오래 정착하면서 여러 개의 덩굴이 서로 뭉쳐서 큰 무리를 만든다. 줄기와 잎을 자르면 하얀 젖 같은 유액이 나온다. 잎은 마주나고 긴 심장형이며 가장자리가 밋밋하다. 잎의 길이 5~10cm, 폭 3~6cm로 약간 두꺼우며 끝이 뾰족하고 뒷면은 분처럼 희다. 잎자루는 길이 2~5cm이다. 잎에는 부드러운 털이 있으며 만져보면 부직포처럼 부드럽다. 열매는 9~10월에 익으며 껍질이 배 모양으로 갈라지는데, 속에는 면사상의 털이 있어 바람에 날리는 것이 인상적이다.

박주가리의 꽃과 열매

꽃은 통꽃으로 엷은 보라색 또는 흰색을 띠며 7~8월에 잎겨드랑이에서 총상꽃차례를 이루어 피는데, 5갈래로 깊게 갈라진 꽃부리 안쪽에는 연한 흰털이 촘촘하게 나 있다. 꽃 모양을 잘 관찰해

❶ 박주가리_ 흰색 꽃 ❷ 박주가리_ 열매

박주가리과(科)

불가사리 모양으로 생긴 박주가리

▲ 박주가리_ 지상부

🌿 박주가리 무리의 공통 특징

꽃과 잎의 모양은 조금씩 다르지만, 박주가리과(科)의 공통 특징은 바로 열매의 모습이다. 종류를 불문하고 열매는 모두 길쭉하고 끝이 뾰족하게 생긴 것이 특징이다. 익으면 모두 껍질이 터지면서 속에 있는 종자가 깃털을 달고 바람에 날아가 적당한 장소에 자리 잡고 번식을 한다. 식물은 자기의 후손이 한 군데에 모여 사는 걸 원치 않고 넓은 영역에 고루 퍼져 자라는 걸 원하기 때문

[왜박주가리]

하다. 포천바위솔(*Orostachys latiellipticus* Y. N. Lee)의 잎은 짙은 갈색을 띠고 꽃차례가 피라밋형으로 가운데가 볼록해서 다른 바위솔과 구별이 잘 된다. 울릉연화바위솔(*Orostachys iwarenge* for. *magnus* Y. N. Lee)은 울릉도 해변의 현무암 바위 절벽에 붙어서 자라고 있는 연화바위솔이다. 일반 연화바위솔과 닮았으나 잎이 넓은 타원형이고 수술이 주황색인 점이 다르다.

용도 및 번식법

관상용으로 가치가 있어서 많이 기른다. 지방에 따라서는 어린순을 데쳐서 나물로 먹기도 하고 일찍이 한방 재료로 많이 이용한 자원식물이다. 바위솔의 꽃차례는 가을이 되면 말라죽는데, 한방에서는 이것을 작엽하초(昨葉何草)라 부르며 약재로 쓴다. 여름과 가을에 지상부를 뜯어 햇볕에 말린다. 맛은 시고 쓰며 성질은 서늘하다. 간경(肝經), 폐경(肺經)에 작용한다. 열을 내리고 해독하며 출혈을 멎게 하고 습사(濕邪)를 없애며 부기를 가라앉힌다. 토혈, 코피, 적리(赤痢), 학질, 열림(熱淋), 치질, 옹종(癰腫), 정창(疔瘡), 습진, 화상 등에 쓴다. 하루 15~30g을 탕제·환제 형태로 먹거나 신선한 것을 짓찧어 즙을 내어 먹는다. 외용약으로 쓸 때는 찧어서 붙이거나 달인 물로 씻는다. 까맣게 볶아서 가루를 내어 기초 약제에 개어 붙이기도 한다. 한방에서는 항염증제로 간염 등을 치료하는 데 쓰이고 토혈을 치료하는 혈장제로도 쓰인다. 일본에서는 잎을 습진 치료에도 사용한다. 식용이나 약용으로 아무리 효용가치가 높다고 해도 소중한 식물을 야생에서 함부로 채취하는 것은 금물이다. 씨를 받아 발아시켜 기르면서 적절히 활용할 필요가 있다. 특히, 자생지는 파괴되지 않도록 우리 모두가 힘을 합쳐 보호에 힘을 쏟아야만 하겠다.

❶ 정선바위솔_ 접사 ❷ 연화바위솔_ 접사

색의 작은 꽃들이 가지각색의 무늬들로 장식이 되어 더욱 아름답다. 꽃이 흰색으로 피는 좀바위솔은 흰좀바위솔(*Orostachys minuta* f. *alba* Y. N. Lee)이라 부른다. 연화바위솔[*Orostachys iwarenge* (Makino) H. Hara]은 이름 그대로 덩치가 크면서 몸이 연하게 생긴 것이 특징이다. 꽃은 흰색에 가까운 연한 녹색으로 핀다. 어릴 때 자라는 잎의 모습이 연꽃을 닮았다고 하여 연화바위솔이란 이름이 붙었다.

지역 이름이 접두사로 붙는 바위솔

그 밖에도 지역적인 이름이 접두사로 붙은 바위솔 종류들이 있다. 해당 지역에서 자라고 있는 모습이 처음 발견되어 지어진 이름들이다. 정선바위솔, 포천바위솔, 울릉연화바위솔 등이 대표적인 것이며, 이름마다 조금씩 다른 특징을 비교해 보는 것도 흥미로운 일이나. 성선바위솔(*Orostachys chongsunensis* Y. N. Lee)의 꽃은 다양한 색깔로 피고 있어서 다른 바위솔보다 유달리 예쁜 편이고 잎은 둥근바위솔처럼 넓은 편이다. 바위 조각이 떨어져서 모인 정선 지역의 전석지에서 뾰족뾰족 자라는 모습이 귀엽기만

비교 연화바위솔, 울릉연화바위솔, 정선바위솔, 좀바위솔

▲ 연화바위솔_ 지상부

▲ 연화바위솔_ 잎

▲ 울릉연화바위솔_ 지상부

▲ 울릉연화바위솔_ 잎

▲ 정선바위솔_ 지상부

▲ 정선바위솔_ 열매

▲ 좀바위솔_ 지상부

▲ 좀바위솔_ 무리

바위솔, 가지바위솔, 난장이바위솔, 둥근바위솔, 포천바위솔, 흰좀바위솔 비교

▲ 바위솔_ 지상부

▲ 가지바위솔_ 지상부

▲ 난장이바위솔_ 지상부

▲ 둥근바위솔_ 지상부

▲ 포천바위솔_ 지상부

▲ 흰좀바위솔_ 지상부

다 잎이 넓으면서 끝이 둥근 것이 특징이다.

그 나머지 무리들의 비교 특징

잎의 모양과 생긴 특징에 따라서 바위솔 종류들은 몇 가지로 구분이 된다. 난장이바위솔[*Meterotachys sikokiana* (Makino) Nakai]은 전국의 높은 산 바위 겉에 붙어서 자라는 여러해살이풀이다. 키는 아주 작아서 10㎝ 내외이고 뿌리에서 많은 줄기가 뭉쳐나서

▲ 좀바위솔_ 무리

자라는 것이 특징이다. 잎은 줄기 끝에 모여 달리며 끝이 뾰족하다. 난쟁이바위솔이라 부르기도 한다. 가지바위솔(*Orostachys ramosus* Y. N. Lee)이라 부르는 것은 바위솔이나 둥근바위솔의 줄기가 갈라져서 2가닥 이상으로 자라는 것을 말하는데, 탐사를 하다가 보면 가끔 그런 모습을 발견할 수 있다. 좀바위솔 [*Orostachys minuta* (Kom.) A. Berger]은 겨울이 오기 직전의 늦은 가을철에 볼 수 있는 꽃인데, 다른 어느 바위솔보다도 작고 깜찍하면서 모습이 예뻐서 좋다. 산골짜기의 계곡 바위 겉에 붙어서 자라는데, 좁고 길쭉하게 올라간 꽃차례를 돌아가며 달리는 홍자

다. 꽃자루는 없다. 포는 피침형이고 끝이 날카로우며 꽃잎과 꽃받침잎은 각각 5개씩이다. 꽃잎은 끝이 침처럼 뾰족해지며 길이가 5~6㎜이다. 수술은 10개이고 암술과 씨방은 5개이며 꽃밥은 붉은색이지만, 점차 검은색으로 변한다. 열매는 골돌이고 자루가 있으며 10~11월에 익는다.

바위솔과 둥근바위솔의 비교 특징

바위솔[*Orostachys japonica* (Maxim.) A. Berger]은 이들 중에서 가장 대표적인 종으로서 산지의 바위 겉이나 오래된 기와지붕 위에 붙어서 자란다. 키는 크면서 잎도 길고 끝이 뾰족한 것이 특징이다. 다육질의 잎이 줄기에 아주 빽빽이 달려 있고 육수꽃차례처럼 보이는 총상꽃차례를 갖는다. 바위솔은 둥근바위솔에 비해서 잎은 피침형으로서 더욱 가늘고 끝이 가시처럼 되며, 꽃잎은 피침형이므로 구분이 잘 된다. 이와는 대조적으로 둥근바위솔(*Orostachys malacophyllus* Fisch.)은 주로 바닷가의 바위틈에 붙어 자라는데, 이를 찾는 사진가들은 주변 경치와 해안풍경을 넣어서 사진을 담으려고 안간힘을 쓰기도 한다. 둥근바위솔은 바위솔보

▲ 둥근바위솔_ 바닷가 근처에서 자라는 모습

장 사이의 바위솔은 보기 어렵고 산지나 바닷가의 바위에서 그 명맥을 이어오고 있다.

바위솔의 특징

돌나물과(科)의 여러해살이풀이며 높이 10~30cm 정도이다. 온몸이 두꺼운 육질로 된 여러해살이풀이지만, 꽃이 피고 열매를 맺으면 죽는다. 뿌리에서 나온 잎은 로제트형으로 퍼지고 끝이 굳어져서 가시처럼 된다. 줄기에서 돋는 잎은 다닥다닥 달리며 녹색이지만 종종 붉은빛을 띠고 피침형이며 잎자루는 없다. 원줄기에 달린 잎과 여름에 뿌리에서 나온 잎은 끝이 굳어지지 않으며 자주색 또는 흰색이다. 바위솔이 주로 자라는 곳은 오래된 담장이나 기와지붕, 성벽, 산 절개지, 하천

▲ 바위솔_ 지상부

변의 절벽 등인데, 직사광선과 극단적인 건조에 노출될 수 있는 수분스트레스가 우려되는 환경이다. 거기다가 틈바구니에 있는 흙의 양이 극히 제한적이고 영양이 부족한 상태이나, 바위솔은 그런 조건을 이겨낼 수 있는 물 저장조직이 있다. 광합성 원료인 물의 부족이나 결핍으로 인한 광호흡(光呼吸)을 극복하기 위해 잎이 다육질이다.

바위솔의 꽃과 열매

꽃은 9~10월에 피고 줄기 끝에서 수상꽃차례에 빽빽하게 달리며 흰색이다. 아래에서 위를 향해 순차적으로 올라가면서 꽃이 핀

돌나물과(科)

바위에 붙어 자라는 **바위솔** 약재로 인기가 높은 식물

▲ 바위솔_ 기와지붕 위에서 자라는 모습

🌱 바위에 붙어 자라는 바위솔

산지의 바위 겉이나 돌담 위에 붙어 자라는 바위솔은 잎이 가늘고 길며 끝이 뾰족하여 마치 어린 소나무가 싹이 터서 자랄 때의 모습과 비슷하다고 하여 바위솔이라 부른다. 오래된 기와지붕 위에서도 자란다고 하여 와송(瓦松)이라 불리기도 하는데, 이는 기와지붕 위에서 자라는 소나무란 뜻이기도 하다. 오래된 기와지붕에서 바위솔을 볼 수 있었지만, 전통가옥의 감소로 이제는 기왓

[둥근바위솔]

볼 수 있다.

🌿 용도 및 번식법

관상용으로 많이 쓰인다. 바람꽃 종류들은 제법 다양하고 봄부터 여름까지 화려하게 피는 꽃이라서 관상 가치가 아주 높은 식물이다. 바람꽃은 바람이 많이 불고 그늘이 지는 높은 지대에 자생하는 식물이므로 여름에도 서늘한 조건을 갖추는 고랭지에서 재배하는 것이 좋다. 햇볕이 많이 들지 않고 마사토가 많은 곳의 반그늘에 심어 기른다. 고산식물의 대부분이 고온에 약하듯이 바람꽃도 여름의 고온다습한 환경에 약하다. 10월에 종자를 받아 바로 뿌리거나 종이에 싸서 냉장고에 보관한 후 이듬해 봄에 일찍 뿌린다. 종자 발아율은 높다. 뿌리 번식은 잎이 고사하는 가을이나 이른 봄 새순이 올라올 때 한다.

❖ 바람꽃의 전설

바람꽃 종류들의 속명(屬名)은 '아네모네(Anemone)'인데, 이 속명을 얻은 데는 다음과 같은 이야기가 전해 내려온다. 옛날 꽃의 신 플로라에게는 아름다운 미모를 지닌 아네모네라는 시녀가 있었다. 그런데 플로라의 남편인 바람의 신 제피로스가 그만 아네모네를 사랑하게 되었다. 이 사실을 알게 된 플로라는 아네모네를 멀리 내쫓아버렸으나 제피로스는 바람을 타고 그녀를 뒤쫓아가서 깊은 사랑에 빠지게 된다. 이 두 사람의 사랑을 지켜본 플로라는 질투에 눈이 멀어 아네모네를 꽃으로 만들어버렸고 슬픔에 젖은 제피로스는 언제까지나 아네모네를 잊지 못하여 매년 봄이 오면 따뜻한 바람을 보내어 아네모네를 아름답게 꽃피운다고 한다. 그래서 오늘날 바람꽃들은 아네모네(Anemone)라는 속명을 얻게 된 것이다. 또한 아네모네(Anemone)는 그리스어로 '바람의 딸'이라는 뜻을 가지고 있다.

2월 중순쯤 남녘에서는 변산바람꽃이 피면서 북쪽으로 꽃소식이 전해지면, 중부 이북에서는 3월 초 너도바람꽃이 피면서 바람꽃 종류들이 각기 저 잘난 모습으로 극성을 부리다가 8월 초 기본종인 바람꽃으로 마무리를 하게 된다. 너도바람꽃은 총포엽이 깃처럼 갈라지지만, 변산바람꽃은 총포엽이 깃처럼 갈라지지 않고 선형이다. 둘 다 꽃받침잎이 꽃잎처럼 보인다. 기존의 여러 도감에서는 흔히 홀아비바람꽃의 꽃대가 갈라져서 2개로 올라온 것을 쌍동이바람꽃(Anemone rossii S. Moore)이라고 올려놓았는데, 쌍동이바람꽃은 홀아비바람꽃 군락에서 절대 함께 어울려 자라는 식물이 아니다. 홀아비바람꽃은 강원도 지역에서 자라며 꽃밥이 황색이지만, 쌍동이바람꽃은 북부지방에서 자라며 꽃밥이 흰색인 점이 다르다. 이제, 봄이 서서히 깊어지면서 산지에는 꿩의바람 꽃(Anemone raddeana Regel), 만주바람꽃[Isopyrum manshuricum (Kom.) Kom.], 회리바람꽃(Anemone reflexa Steph. & Willd.), 들바람꽃(Anemone amurensis KOM.), 숲바람꽃(Anemone umbrosa C. A. Mey.), 태백바람꽃(Anemone pendulisepala Y. Lee), 나도바람꽃(Enemion raddeanum Regel)이 봄소식을 전하고 남부 및 제주도 지역에서는 남바람꽃(Anemone flaccida Fr. Schmidt.)과 세바람꽃(Anemone stolonifera Maxim.)이 화려하게 꽃대를 피워 올린다. 늦은 봄에서 여름으로 접어들 무렵, 백두산 및 북부 지역에서는 쌍동이바람꽃, 외대바람꽃(Anemone nikoensis Maxim.), 긴털바람꽃[Anemone narcissiflora subsp. crinita (Juz.) Kitag], 가래바람꽃(Anemone dichotoma L.)이 각기 독특하게 모습을 드러내고 한여름에 이르면 전망이 좋은 높은 산에서 바람꽃이 맘껏 자라 위엄을 뽐내는 모습을 볼 수가 있다. 이름이 좀 엉뚱하긴 해도 모데미풀(Megaleranthis saniculifolia Ohwi)은 틀림없이 바람꽃 종류 중의 한 종이다. 한국특산식물이고 전국의 높은 산 몇 지역에서 자라는데, 소백산에는 아주 큰 군락을 이루면서 자라는 모습을

긴털바람꽃, 모데미풀, 홀아비바람꽃, 너도바람꽃, 가래바람꽃, 변산바람꽃 비교

▲ 긴털바람꽃_ 꽃　　　　　　▲ 모데미풀_ 꽃

▲ 홀아비바람꽃_ 꽃　　　　　　▲ 너도바람꽃_ 꽃

▲ 가래바람꽃_ 꽃　　　　　　▲ 가래바람꽃_ 잎

▲ 변산바람꽃_ 꽃　　　　　　▲ 변산바람꽃_ 잎

비교 숲바람꽃, 태백바람꽃, 세바람꽃, 외대바람꽃, 나도바람꽃, 남바람꽃

▲ 숲바람꽃_ 꽃

▲ 태백바람꽃_ 꽃

▲ 세바람꽃_ 꽃

▲ 외대바람꽃_ 꽃

▲ 나도바람꽃_ 꽃

▲ 나도바람꽃_ 잎

▲ 남바람꽃_ 꽃

▲ 남바람꽃_ 잎

바람꽃, 들바람꽃, 쌍동이바람꽃, 꿩의바람꽃, 만주바람꽃, 회리바람꽃 비교

▲ 바람꽃_ 꽃　　　　　　　　　　　　▲ 바람꽃_ 잎

▲ 들바람꽃_ 꽃　　　　　　　　　　　▲ 들바람꽃_ 잎

▲ 쌍동이바람꽃_ 꽃　　　　　　　　　▲ 꿩의바람꽃_ 꽃

▲ 만주바람꽃_ 꽃　　　　　　　　　　▲ 회리바람꽃_ 꽃

람꽃은 크기가 크며 튼튼하게 생긴 것이 특징이다.

바람꽃의 특징

설악산 이북의 고산지대 습기가 많은 풀밭에서 자라는 여러해살이풀이다. 다소 그늘지고 유기질이 많은 토양에서 잘 자란다. 높이 20~40cm이고 뿌리에서 돋은 잎과 꽃줄기가 뭉쳐나며 전체에 긴 털이 있다. 근경은 굵고 마른 잎자루의 섬유로 덮여있다. 뿌리에서 돋은 잎은 잎자루가 길고 둥근 심장형이며, 3개로 갈라진 갈래조각은 다시 잘게 갈라진다. 총포엽은 길이 2~4cm로서 선형으로 갈라진다. 줄기 끝에 3개의 잎이 달리고 그 가운데에서 몇 개의 꽃이 산형(傘形)으로 자란다.

바람꽃의 꽃과 열매

꽃은 7~8월에 흰색으로 피고 꽃잎이 없으나 꽃잎 같은 꽃받침잎이 5개 또는 7개 정도 있다. 꽃줄기는 1~4개이고 소화경은 5~6개로 나누어져 끝에 꽃이 1개씩 달린다. 꽃받침잎은 길이 1.2~1.5cm로서 난형 또는 타원형이다. 총포는 줄 모양으로 길이 2~4cm이다. 열매는 수과로서 넓은 타원형이고 가장자리에 두꺼운 날개가 있으며 끝에 꼬부라진 암술대가 남아 있다. 수과는 길이 약 0.6cm, 폭 0.5cm 정도로서 10월에 익는다.

바람꽃 무리들의 비교 특징

이들은 대부분 봄에 꽃이 피지만, 키가 크고 꽃이 많이 달리는 바람꽃(*Anemone narcissiflora* L.)은 한여름에 핀다. 뜨거운 뙤약볕이 내리쬐는 8월 초, 강원도의 높은 산을 찾아야 바람꽃을 볼 수 있다. 가물가물 풍경이 내려다보이는 높은 산의 능선부에서 무리지어 자라는 꽃이다. 나머지 바람꽃 종류들은 전부 3월부터 5월까지, 전국의 각 장소에서 종류별로 개화되는 모습을 볼 수 있다.

▲ 바람꽃_ 풍경

있다. 경기도와 강원도 지역에서는 변산바람꽃과 특징이 유사한 너도바람꽃(*Eranthis stellata* Maxim.)이 산지 곳곳에서 활짝 피어나는 것을 볼 수 있다. 이 시기 강원 지역의 산지에서는 홀아비바람꽃(*Anemone koraiensis* Nakai)이 봄의 전령사 노릇을 한다.

예쁘게 촬영하기 어려운 꽃

봄을 예비하는 여러 종류의 바람꽃들은 각기 조금씩 특징을 달리하지만 공통적으로 키가 모두 작으면서 꽃 색이 희며 1개 또는 아주 적은 수의 꽃이 줄기 끝에 달려 있는 것이 특징이다. 또한 이들은 다른 식물의 잎이 돋기 전에 꽃을 피우기 때문에 암만 공들여 촬영을 해도 좋은 사진을 얻기가 힘들다. 일반적으로 꽃 사진은 주변이 녹색일 때 가장 예쁘게 찍히는 법인데, 바람꽃이 꽃망울을 터뜨리는 시기는 눈의 흔적이 아직 남아 있는 흰색의 세상이거나 주변이 모두 갈색의 대지이기 때문이다. 대부분의 바람꽃 종류들은 봄에 피지만, 기본종인 바람꽃은 여름에 피는 꽃이다. 바람꽃 종류들은 대부분 크기가 작거나 왜소하지만, 기본종인 바

새로운 생명과 희망을 불러오는 바람꽃

작고 가냘픈 모습으로 봄에 피는 꽃들은 대부분 여성스럽다. 그 중에서도 이 바람꽃 종류들은 가장 여성스럽고 한국적인 고운 미와 성품을 잔뜩 지닌 꽃이라고 할 수 있다. 이유인즉 외적으로는 그리 화려하지 않지만, 정겨움과 순박한 미를 갖추고 있고 내적으로는 차가운 땅을 뚫고 나오는 강한 생명의 기운을 품고 있기 때문이다. 바람꽃이 피어난 순간에도 여전히 차가운 공기와 꽁꽁 얼어붙은 땅 위의 찬바람은 조금만 더 견디어 보라고 우리에게 말을 건다. 조금만 견디면 긴 겨울이 지나고 생명과 희망이 가득 넘치는 봄이 반드시 올 것임을 예고해 준다. 비록 몸은 여리지만 강건한 생명력으로 활력과 희망이 넘실거리며 봄을 불러오는 우리 꽃이다.

발견지 지명을 따서 이름 지어진 변산바람꽃

야생 산지 봄꽃들의 태동은 바람꽃 무리들로부터 시작이 된다. 전북 변산반도 일대에서 이 꽃이 처음 발견된 후, 발견지 지명을 따서 이름도 변산바람꽃(Eranthis byunsanensis B. Y. Sun)이라고 지어졌는데, 겨우내 쌓였던 눈이 채 녹기도 전에 이 꽃이 하얀 꽃망울을 터뜨리게 되면, 비로소 그 해의 봄은 시작이 된다. 기후온난화의 영향에 따라 남부지방에서만 발견되던 변산바람꽃이 점점 북상하여 이제는 충청도, 경기도, 강원도 구별할 것도 없이 전국 각지에서 속속 발견되고

▲ 변산바람꽃_꽃

여린 몸으로 봄을 불러오는 바람꽃

미나리아재비과(科)

▲ 바람꽃_ 무리

🌿 얼어붙은 땅을 비집고 올라오는 꽃

잔설이 채 녹지 않은 이른 봄에 차갑게 얼어붙은 땅을 비집고 올라와 가장 먼저 꽃을 피우는 것이 있다. 바로 '바람꽃'이다. 바람꽃은 종류도 꽤 다양하며 생김새도 각양각색인 꽃이다. 바람꽃이라는 이름이 지닌 느낌처럼 꽃 전체가 바람에 흔들릴 정도로 작고 여리며, 바람처럼 일찍 피었다가 바람처럼 빨리 사라지는 꽃이다.

제비꽃과(科)

강남 갔던 제비가 돌아올 무렵에 피는 제비꽃

▲ 제비꽃_ 지상부

🌿 4월에 가장 많이 볼 수 있는 꽃

따스한 봄바람이 부는 4월이면 길옆이나 풀밭, 양지바른 산자락, 어디서든 보랏빛의 작은 제비꽃이 귀엽게 올라오는 모습을 볼 수 있다. 돌 틈이나 갈라진 시멘트 틈바구니에서도 쉽게 볼 수 있는 꽃이 바로 제비꽃이다. 아지랑이가 가물가물 피어오르는 봄 언덕에 보랏빛 얼굴로 방긋 웃는 제비꽃은 전국 어디서나 볼 수 있으며, 그 종류만 해도 우리나라에 무려 60여 종이나 자라고 있다. 꽃의 색깔도 다양하지만, 보랏빛이 주종을 이루고 있고, 그 외에도 흰색, 황색, 홍자색, 자주색, 하늘색, 남색 등으로 봄 언덕을 아름답게 수놓는 꽃이다.

제비꽃의 유래

강남 갔던 제비들이 돌아올 무렵 꽃이 피고 꽃의 모양이 하늘을 나는 제비처럼 생겼다고 하여 제비꽃이라는 이름이 붙었다. 음력으로 3월 초사흗날인 삼짇날에는 제비가 돌아오는 날이라 하여 제비집을 손질하고 꽃잎을 따서 전을 부쳐 먹으며 춤추고 노는 화전놀이의 풍습이 옛날부터 전해 내려오고 있다. 제비꽃을 '오랑캐꽃'이라고도 부르는데, 이 꽃이 필 무렵에 북방의 오랑캐가 쳐 내려와서 모든 것을 약탈해 갔다고 하여 붙여진 이름이며, 꽃의 뒷부분 꿀주머니 모양이 마치 오랑캐의 머리채와 같아서 붙여진 이름이라고도 한다. 식물체가 작고 귀엽다는 뜻에서 '앉은뱅이꽃'이라고도 불린다. 또 다른 이름인 '병아리꽃'은 따스한 봄날 양지를 찾아 삐약거리며 어미닭을 쫓아다니는 병아리를 연상시키는 꽃이기에 붙여진 이름이기도 하다. 제비꽃의 꽃 색은 여러 가지가 있으니, 아마도 병아리꽃은 노랑제비꽃을 보고 그렇게 불렀으리라 생각이 된다.

많은 사람들로부터 사랑받는 꽃

제비꽃은 꽃 색이 청초하고 은은하면서도 고상하게 느껴진다. 꽃은 비록 작게 피지만, 많은 사람들로부터 사랑받고 있다. 따스한 봄날 길가에 핀 이 꽃을 따서 반지를 만들어 손가락에 끼고 다니며 '반지꽃'이라고 부를 정도로 사랑을 많이 받는 꽃이다. 종류가 많은 제비꽃의 특징과 이름을 구별은 다 못해도 제비꽃이란 이름 하나만은 누구나 잘 알고 있을 정도다. 남쪽에서 제비가 올 때쯤 꽃이 피고 모양이 제비와 비슷하기 때문에 사람들의 마음속에 쉽

❶ 제비꽃_ 돌 틈에 핀 제비꽃 ❷ 제비꽃_ 열매

게 기억이 된 꽃이다. 제비꽃의 꽃말은 '겸양(謙讓)'을 뜻하며, 흰 제비꽃은 '티없는 소박함'을 나타내고 하늘색은 성모 마리아의 옷 색깔과 같으므로 '성실, 정절'을 뜻하며, 노란색 제비꽃은 농촌의 행복으로 표시하고 있다.

개미와의 공생

제비꽃이 있는 곳에는 꼭 개미집이 있다. 개미와 제비꽃은 어떤 관계일까? 개미가 제비꽃 씨를 물어다 제 구멍에다 놓으면 그 곳에서 제비꽃이 피어난다. 제비꽃 씨에는 젤리 상태의 지방산 덩어리인 엘라이오솜(elaiosome)이라는 물질이 붙어 있다. 개미는 엘라이오솜이 붙어 있는 씨를 가지고 이동하여 필요한 엘라이오솜만 가지고 개미집 안으로 들어가 유충에게 먹이고 씨는 개미집 밖으로 버린다. 이렇게 해서 제비꽃이 개미를 통해 번식하게 된다. 개미집 사이에 제비꽃이 많이 보이는 것도 이 때문이다.

제비꽃의 특징

우리나라 전역의 산과 들에 자라는 여러해살이풀이다. 높이 10~15㎝이며 생육환경은 양지 혹은 반음지의 물 빠짐이 좋은 곳에서 자란다. 원줄기가 없고 뿌리에서 긴 자루가 있는 잎이 자라서 옆으로 비스듬히 퍼진다. 잎은 길이 3~8㎝, 폭 1~2.5㎝로서 긴 타원상 피침형이다. 잎의 끝은 뭉툭하고 가장자리에 얕고 둔한 톱니가 있다. 잎자루 윗부분에 날개가 있으며 꽃이 진 다음 잎은 크게 자라서 넓은 삼각형 또는 피침형으로 된다. '장수꽃, 병아리꽃, 오랑캐꽃, 씨름꽃, 앉은뱅이꽃'이라고도 부른다.

제비꽃의 꽃과 열매

꽃은 4~5월에 잎 사이에서 꽃줄기가 자라서 끝에 1개씩 옆을 향하여 피며, 크고 작은 5장의 꽃잎으로 이루어져 있다. 꽃의 지름은 1.5cm 안팎이고 빛깔은 짙은 보랏빛이다. 꽃받침잎은 피침형이나 끝이 뾰족하며 부속체는 반원형으로 가장자리가 밋밋하다. 꽃잎은 측판에 털이 있으며 커다란 꿀주머니가 있다. 여름철에는 꽃이 피지 않으면서 열매를 맺는 특이한 성질을 가지고 있다. 꽃잎을 열지 않고 씨앗 맺는 꽃을 식물학에서는 '폐쇄화'라고 한다. 연약하고 귀여운 제비꽃은 벌 없이도 자립적인 방법으로 가루받이하여 제 씨를 만들 수 있는 억센 면도 있다. 열매는 삭과로서 6월에 익는다.

제비꽃 무리들의 비교 특징

제비꽃(*Viola mandshurica* W. Becker)은 종류가 많기로 유명해서 우리나라에만도 60여 종이나 자라고 있다. 이들을 구별할 때 우선은 원줄기가 있는 종류와 원줄기가 없는 종류로 크게 구별할 수 있고, 다음은 꽃 색과 잎 모양에 따른 특징별로 구별을 하면 된다. 원줄기를 갖는 종류로는 왕제비꽃(*Viola websteri* Hemsley), 선제비꽃(*Viola raddeana* Regel), 졸방제비꽃(*Viola acuminata* Ledeb.)을 비롯해서 콩제비꽃(*Viola verecunda* Hara), 섬제비꽃(*Viola takeshimana* Nakai), 낚시제비꽃(*Viola grypoceras* A.Gray), 장백제비꽃(*Viola biflora* L.) 등이 있다. 나머지는 대부분 원줄기가 없이 뿌리에서 여러 개의 긴 꽃자루가 올라와서 그 위에 꽃이 하나씩 달리는 모습을 볼 수 있다. 이런 종류들을 하나하나 꽃의 색깔별로 구분하고 잎의 특징별로 분류하면 된다. 예컨대, 꽃이

제비꽃, 고깔제비꽃, 낚시제비꽃, 남산제비꽃, 노랑제비꽃, 단풍제비꽃, 서울제비꽃, 선제비꽃 **비교**

▲ 제비꽃_ 지상부

▲ 고깔제비꽃_ 지상부

▲ 낚시제비꽃_ 지상부

▲ 남산제비꽃_ 지상부

▲ 노랑제비꽃_ 꽃과 잎

▲ 단풍제비꽃_ 지상부

▲ 서울제비꽃_ 지상부

▲ 선제비꽃_ 꽃

비교 섬제비꽃, 알록제비꽃, 왕제비꽃, 장백제비꽃, 졸방제비꽃, 콩제비꽃, 흰젖제비꽃, 흰제비꽃

▲ 섬제비꽃_ 지상부

▲ 알록제비꽃_ 지상부

▲ 왕제비꽃_ 꽃과 잎

▲ 장백제비꽃_ 꽃과 잎

▲ 졸방제비꽃_ 꽃과 잎

▲ 콩제비꽃_ 꽃과 잎

▲ 흰젖제비꽃_ 지상부

▲ 흰제비꽃_ 지상부

고깔제비꽃, 선제비꽃, 알록제비꽃, 흰젖제비꽃 비교

▲ 고깔제비꽃_ 열매

▲ 선제비꽃_ 열매

▲ 알록제비꽃_ 열매

▲ 흰젖제비꽃_ 열매

흰색인 흰제비꽃(*Viola patrini* DC.), 꽃이 노랑색인 노랑제비꽃[*Viola orientalis* (Maxim.) W. Becker], 잎이 나올 때 모습이 고깔처럼 생긴 고깔제비꽃(*Viola rossii* Hemsl.), 잎이 단풍잎을 닮은 단풍제비꽃(*Viola albida* var. *takahashii* Nakai), 잎 표면이 알록달록한 알록제비꽃(*Viola variegata* Fisch. ex Link), 서울과 경기 지역에 많이 자라는 서울제비꽃(*Viola seoulensis* Nakai), 우리나라 전역에서 볼 수 있고 잎이 가장 가늘게 많이 갈라지는 남산제비꽃[*Viola albida* var. *chaerophylloides* (Regel) F. Maek. ex Hara] 등 여러 종류들이 있다.

용도 및 번식법

제비꽃은 지피식물로 가치가 있으며 관상용으로 기르기도 한다.

어린잎은 뿌리와 함께 나물로 먹는다. 4월 중하순 경에 새순을 따서 샐러드나 데친 나물로 먹기도 한다. 꽃을 따서 설탕에 절여 말린 다음 밀폐된 용기에 잘 보관하거나 냉동실에 보관하였다가 차로 음용하는 것도 좋다. 뿌리는 삶아서 잘게 썰어 밥에 섞어 먹기도 하고 갈아서 초로 만들어서 먹기도 한다. 전초를 캐서 깨끗이 씻어 상큼한 소스를 얹어 샐러드로 먹거나 잘 말려 차로 끓여 먹어도 좋다. 꽃은 자주색 물을 들이는 염료로도 사용한다. 뿌리와 잎은 약으로 쓴다. 5~7월에 뿌리째 채취하여 햇볕에 말리거나 생것을 쓴다. 말린 것은 사용하기에 앞서서 잘게 썬다. 풀 전체는 해독, 소염, 소종, 지사, 최토, 이뇨 등의 효능이 있으며 최면작용도 한다. 적용질환은 설사, 소변이 잘 나오지 않는 증세, 임파선염, 황달, 간염, 수종 등이다. 기타 종기와 독사에 물린 상처 치료에는 생풀을 짓찧어 붙인다. 한방에서는 피를 맑게 하고 가래를 삭이는 데 주로 사용하며 이뇨제로도 쓴다. 꽃은 향료나 향수의 원료로 쓰기도 한다. 7월에 종자를 받아 보관 후 9월에 뿌리거나 이른 봄 새순이 올라올 때 포기나누기를 하면 된다. 화단이나 화분에 심는다. 물 빠짐이 좋은 곳이면 어디서나 잘 자란다.

◈ 제비꽃의 전설

유럽에서는 아테네를 상징하는 꽃이었으며, 로마시대에는 장미와 더불어 흔하게 심었다. 그리스도교 시대에는 장미, 백합과 함께 성모께 바치게 되었는데, 장미는 아름다움을 나타내고 백합은 위엄을 나타내며 제비꽃은 성실과 겸손을 나타낸다고 하였다. 용맹의 상징으로 알려진 나폴레옹은 젊었을 때 '제비꽃소대장'으로 불릴 만큼 제비꽃을 사랑하여 동지를 확인하는 표식으로 사용하기도 하였으며, 또 엘바섬에 유배되었을 때는 "제비꽃이 필 무렵 다시 돌아가겠다"고도 하였다. 그의 아내인 조세핀도 나폴레옹처럼 제비꽃을 무척 좋아했지만, 나폴레옹과의 이혼 후 한 번도 제비꽃을 쳐다보지 않았다고 한다.

[감 꽃]

갈매나무과(科)

조율이시의 교훈과 리더가 갖추어야 할 4가지 덕목

▲ 감_꽃

🌿 조율이시(棗栗梨柿)의 교훈

우리 조상들은 제사를 지낼 때마다 조율이시(棗栗梨柿)의 교훈을 깊게 새기면서 조상님께 예(禮)를 올리고 있다. 동방예의지국에서 보이고 있는 미풍양속의 하나라 생각된다. 즉, 대추, 밤, 배, 감을 중요한 과일로 여겨서, 이들을 순서대로 갖추어 놓고 조상님께 제사를 지내는 것이다. 이 각각의 열매에는 다음과 같은 중요한 뜻이 담겨져 있다.

❶ 대추_ 열매 ❷ 밤_ 열매

🌿 대추(棗)가 주는 교훈

첫째, 대추(棗)가 주는 교훈은 '한 번 시작한 일은 반드시 열매를 맺어라.'라는 것이다. 대추는 새 신부의 치마폭에 던져주는 열매로 다산을 기원하는 과일이다. 대추가 다산의 상징이 된 이유는 대추나무에 꽃이 피면 열매를 맺지 않고 지는 꽃이 한 송이도 없기 때문이다. 대추나무(Zizyphus jujuba MILL.)는 꽃이 피면 반드시 열매를 맺고 지는 특성이 있어서 대추는 '시작하면 끝을 맺어라.'는 교훈을 나타내는 과일이다.

🌿 밤(栗)이 주는 교훈

둘째, 밤(栗)이 주는 교훈은 '처음의 열정을 기억하고 잊지 마라.'

❶ 배_ 열매 ❷ 감_ 열매

는 것이다. 밤나무(*Castanea crenata* S. et Z.)는 잘 아는 것처럼 아무리 오래 되었어도 맨 처음 심었던 밤톨이 처음 심은 그대로 뿌리 끝에 달려 있는 특성이 있다. 수년 전 어느 수목원에서 밤나무를 이식할 때에도 뿌리 끝에 달려 있는 최초의 밤톨이 그대로 붙어 있는 것이 관찰되었다고 한다. 그러므로 밤나무가 수백 년이 지나도 첫 씨앗을 그대로 달고 있는 것처럼 '처음을 잊지 마라.'는 것이 밤나무가 주는 교훈이다.

🌿 배(梨)가 주는 교훈

셋째, 배(梨)가 주는 교훈은 '좋은 가치에 집중하라.'는 것이다. 우리가 다 아는 고려시대 이조년의 「다정가」 가운데 '이화에 월

백하고 은한이 삼경인제~'라는 말로 시작하는 시조가 있다. 봄이 되면 배나무[*Pyrus pyrifolia* (Burm. f.) Nakai var. *cultiva* (Makino) Nakai]의 꽃이 흐드러지게 피어서 온 가지를 뒤덮고 달빛에 하얗게 빛을 반사하며 아름다움을 뽐낸다. 그런데 만일 농부가 아름다움에 취해서 꽃을 그대로 놔두면 그해 농사는 모두 망치고 만다. 아무리 꽃이 보기 좋아도 8~12%만 남기고 모두 따내어야 튼실한 배가 열리게 된다. 무슨 뜻일까? 아무리 좋아도 큰 가치에만 집중하고 다른 욕심은 과감히 버려야 튼실한 열매를 맺는다는 교훈이다.

🌿 고려시대 이조년의 시조 「다정가」

"이화에 월백하고 은한이 삼경인제
 일지춘심을 자규야 알랴마는
 다정도 병인 양하여 잠 못 들어 하노라."
 … 하얗게 핀 배꽃에 달이 환히 비치고 은하수는 돌아서 자정을 알리는 때에
 배꽃 한 가지에 어린 봄날의 정서를 자규(두견잇과에 속한 새)가 알고서 저리 우는 것일까 마는
 다정다감한 나는 그것이 병인 양, 잠을 이루지 못하노라.

🌿 감(柿)이 주는 교훈

넷째, 감(柿)이 주는 교훈은 '배우고 익혀 성장하라.'는 것이다. 잘 아는 것처럼 처음부터 감이 열리는 나무는 없다. 고욤나무에 접을 붙이면 튼실한 감이 열리는 감나무(*Diospyros kaki* Thunb.)가 된다. 처음 가진 지식만으로 성과를 만들 수는 없다. 그러므로 끊임없이 새로운 지식과 학문의 길을 열어 더 좋은 결실을 맺을 수가 있다는 것이다.

비교 감, 고욤나무, 대추, 배꽃, 산돌배, 돌배나무, 묏대추, 밤나무, 약밤나무

▲ 감_ 꽃
▲ 고욤나무_ 꽃
▲ 대추_ 꽃
▲ 배_ 꽃
▲ 산돌배_ 꽃
▲ 돌배나무_ 꽃
▲ 묏대추_ 잎
▲ 밤나무_ 잎
▲ 약밤나무_ 잎

❶ 고욤나무_ 열매 ❷ 돌배나무_ 열매 ❸ 산돌배_ 열매 ❹ 묏대추_ 열매

🌿 리더(leader)의 4가지 덕목

우리 조상들은 옛날부터 조율이시(棗栗梨柹)의 교훈을 중시 여겼고 제사를 지낼 때마다 4가지 과일을 빼놓지 않고 제사상에 올리면서 예(禮)를 다해 왔다. 리더(leader)는 이 4가지 과일의 덕목을 가슴 속에 깊이 간직하고 조직을 통솔하면 실패가 없을 것이다. 즉, 한 번 시작한 일은 반드시 끝을 맺어야 하고, 처음의 열정을 기억하고 끝까지 잊지 말아야 하며, 아무리 좋아도 큰 가치에만 집중하고 다른 욕심은 과감히 버려야 하며, 끊임없이 새로운 지식과 학문의 길을 열어야 큰 결실을 맺을 수가 있다는 4가지 과일의 속성을 명심해야 할 것이다.

[황록선운족도리]

쥐방울덩굴과(科)

한국의 전통혼례를 연상케 하는 족도리풀

▲ 족도리풀_ 지상부

족도리풀이라는 이름

한국전통방식으로 혼례를 치를 때 신부의 머리 위에 쓰는 족두리를 닮은 꽃이라고 하여 족도리 또는 족도리풀이라는 이름으로 불리게 된 식물이 있다. 국어 문법에 맞지 않는다고 하여 족도리풀을 족두리풀로 고쳐야 한다는 일부의 의견도 있기는 하지만, 식물의 이름은 그 자체가 하나의 고유명사로 정해져서 불리는 것이기 때문에 국어 문법적으로 맞지 않는다고 해도 함부로 고쳐 써서는 안 된다.

족도리풀의 생태 특징

꽃이 낙엽 속에 묻혀있거나 땅에 바짝 붙어서 피기 때문에 벌과 나비가 꽃을 잘 확인할 수가 없다. 더구나 모양이나 향기도 그리 좋지 않기 때문에 벌과 나비에 의한 수분은 별로 기대할 수가 없다. 땅 위를 걸어 다니거나 똥이나 썩은 물질을 좋아하는 버섯파리류가 꽃에 다가와서 수분을 시켜주거나, 땅속을 기어 다니는 개미나 지렁이들에 의해 수분이 된다고 하는 정말 특이한 생태 특징을 지닌 꽃이다.

생태계의 조화

이른 봄에 부화되어 날아다니는 나비 종류들 중에서 '애호랑나비'라고 하는 희귀한 곤충은 유생 때 족도리풀의 잎을 먹고 자라서 나비가 되는데, 족도리풀과 인연이 깊은 참 재미있는 곤충이다. 애호랑나비의 암컷은 애벌레가 자라서 날개가 돋을(羽化, 우화) 때까지 먹을 수 있을 정도의 양을 정확히 측정하여 적당한 양의 알을 잎 뒷면에 낳는다. 매운맛이 강한 족도리풀의 방어물질에 적응을 한 애호랑나비의 생존전략은 실로 놀랍기만 하다. 족도리풀은 애호랑나비에게 알을 낳도록 잎을 허락해 주고 꽃은 파리 같은 중매자에게 부탁하여 수분을 하며 씨앗은 개미에게 내주니 전략이 기가 막히

▲ 족도리풀_ 어린잎

▲ 족도리풀_ 꽃

다. 몸의 크기가 호랑나비보다 작아 애호랑나비라고 부르고 다른 나비들이 아직 보이지 않는 이른 봄에 먼저 나와서 활동을 하니 '이른봄애호랑나비'라고도 부른다.

오묘한 자연의 섭리

족도리풀의 잎 뒷면에 붙은 애호랑나비의 알은 마치 보석을 연상케 한다. 방울방울 푸른빛의 옥구슬처럼 생겼는데, 알에서 부화된 후 징그럽게 생긴 애벌레들은 잎 뒷면에 붙어서 잎을 다 갉아 먹으면 애호랑나비로 우화(날개가 있는 성충)된다. 쥐방울덩굴과(科)에는 족도리풀 종류들 외에 쥐방울덩굴과 등칡이 있는데, 이들의 꽃도 제법 특이하고 예쁜 편이다. 잎은 사향제비나비 애벌레의 먹이로 공급이 되는데, 그 모습을 잘 관찰해 보면 무척 흥미롭다. 사향제비나비의 애벌레도 애호랑나비 못지않을 정도로 무섭게 생겼다. 이들의 모습을 잘 관찰하면서 자연의 섭리는 정말 오묘하고 신기하다는 걸 다시 한 번 깨닫게 된다.

족도리풀의 특징

전국 각처의 산지에서 자라는 여러해살이풀이다. 생육환경은 반그늘 또는 양지의 토양이 비옥한 곳에서 자란다. 키는 15~20㎝이고 잎은 심장 모양이고 폭 5~10㎝이다. 자줏빛을 띠는 줄기 끝에서 잎은 보통 2장이 나며 긴 잎자루가 있다. 표면은 녹색이고 가장자리는 밋밋하며 뒷면 맥 위에 잔털이 있다. 뿌리줄기는 마디가 많고 옆으로 비스듬히 기며 마디에서 뿌리가 내린다.

족도리풀의 꽃과 열매

꽃은 4월에 피고 잎 사이에서 꽃대가 나와서 끝에 1개의 꽃이 옆을 향하여 달린다. 꽃은 끝이 3개로 갈라져서 다소 뒤로 젖혀진다. 항아리 모양으로 생긴 꽃이 잎 사이에서 올라오기 때문에 잎 주변에 쌓인 낙엽을 들어내면 속에 꽃이 숨어 있다. 지면에 거의 붙어서 꽃이 피기 때문에 꽃자루는 처음에는 짧고 휘어있으나, 나중에 3~4㎝까지 길게 자라면서 곧게 서며, 화피는 보통 변두리가 컴컴한 자갈색으로 된 녹색이거나 드물게는 녹색 또는 자갈색이다. 수술은 12개이고 암술대는 6개이며 밑은 맞붙었고 윗부분은 좀 떨어져 있다. 암술머리는 유두 모양으로 둥글다. 씨방은 3갈래이며 둥근 기둥 모양이다. 열매는 8~9월에 결실하며 장과(漿果)이고 끝에 꽃받침잎이 달려 있다. 종자는 길이 3~3.5㎜, 폭 1.2~1.7㎜이며 표면에 윤기가 있다.

족도리풀 무리들의 비교 특징

대개는 한 포기에 꽃이 한두 개 정도 달린 것에 비하여, 깊은 산속에서 여러 해 동안 제대로 자란 것은 포기가 다발로 퍼져 자라서 꽃이 무더기로 핀 모습을 볼 수 있다. 종류도 제법 다양해서 기본종인 족도리풀(*Asarum sieboldii* Miq.) 외에도 잎 표면에 희끗한

족도리풀, 각시족도리, 개족도리, 금오족도리, 등칡, 무늬족도리, 민무늬족도리, 뿔족도리 비교

▲ 족도리풀_ 지상부

▲ 각시족도리_ 지상부

▲ 개족도리_ 지상부

▲ 금오족도리_ 지상부

▲ 등칡_ 지상부

▲ 무늬족도리_ 지상부

▲ 민무늬족도리_ 지상부

▲ 뿔족도리_ 지상부

비교 자주족도리, 황록선운족도리, 쥐방울덩굴, 사향제비나비, 애호랑나비

▲ 자주족도리_ 지상부

▲ 황록선운족도리_ 지상부

▲ 쥐방울덩굴_ 꽃과 잎

▲ 사향제비나비

▲ 사향제비나비_ 애벌레

▲ 애호랑나비

▲ 애호랑나비_ 애벌레

▲ 애호랑나비_ 알

▲ 족도리풀_ 녹색꽃

무늬가 많으면서 잎이 두껍고 털이 많은 개족도리(*Asarum maculatum* Nakai), 잎과 꽃의 표면에 흰색 반점 무늬가 많은 무늬족도리(*Asarum sieboldii* var. *versicolor* Yamaki), 꽃에만 반점 무늬가 있는 민무늬족도리(*Asarum versicolor* var. *non-versicolor* Y. N. Lee), 꽃이 작고 꽃잎이 뒤로 발딱 자빠지는 각시족도리[*Asarum glabrata* (C. S. Yook & J. G. Kim) B. U. Oh], 꽃잎이 길어서 옆으로 길고 넓게 펼쳐지면서 잎에 무늬가 없는 금오족도리(*Asarum patens* B. U. Oh), 전체적인 특징은 금오족도리와 같지만 꽃잎이 맑은 황록색을 띠는 황록선운족도리(*Asarum sonunsanense* Y. Lee var. *viriluteolum* Y. Lee), 꽃은 작지만 앞부분의 꽃잎이 길게 뻗어서 끝만 뾰족하게 튀어나와 꼬부라진 뿔족도리[*Asarum sieboldii* Miq. f. *cornutum* (Y. N. Lee) M.Kim & S. So.], 잎이 자주색인 자주족도리[*Asarum Koreanum* (J. Kim & C. Yook) B. U. oh. & J. K. Kim] 등 제법 다양한 족도리풀의 모습을 볼 수 있다. 아주

드물기는 하지만 일반 족도리풀의 꽃 색이 밝은 녹색으로 변해 있는 특이한 모습도 간혹 발견이 된다.

용도 및 번식법

관상가치가 높은 식물이라서 원예 및 관상용으로 쓰인다. 한방에서는 뿌리를 세신(細辛)이라 하여 말린 것은 발한제, 해열제, 진통제로서 감기, 두통, 치통에 쓰며, 기침, 기관지염, 기관지천식 등에 진해거담제로 사용한다. 또 뿌리줄기는 박하사탕의 맛을 내는 원료로 쓰기도 한다. 뿌리와 줄기에는 아시티닌, 세사민과 메틸 유게놀이란 기름성분이 들어 있다. 씨앗과 근경(根莖)으로 번식하며 늦가을이나 이른 봄에 포기나누기로 번식시키거나 9월경 받은 종자를 바로 뿌린다. 화분, 화단이나 토양이 비옥한 반그늘에 심는다.

◈ 족도리풀의 전설

경기도 포천에 아주 예쁜 소녀가 살고 있었는데, 그녀의 아름다움이 꽃과 같다고 하여 '꽃아가씨'라 불렸다. 꽃아가씨는 산나물을 캐고 꽃나무를 심으며 생활했는데, 궁녀로 뽑혀가 시집도 못가고 궁에서 생활하던 중 다시 중국으로 팔려가고 말았다. 머나먼 중국 땅의 들판에 굴러다니는 풀과 같은 인생을 겪고 세월이 흘러 할머니가 되어서도 고향으로 돌아오지 못하고 중국 땅에서 죽고 말았다. 그러는 동안 그녀의 어머니도 죽음을 맞이하였는데, 이상하게 두 모녀가 죽은 뒤, 그 집 뒷마당에 풀들이 자라기 시작하고 꽃은 마치 처녀가 시집갈 때 쓰는 족두리 같은 모양이었다고 한다. 이 이야기가 널리 퍼져 많은 사람들이 구경을 와서 하는 말이 꽃아가씨의 한이 맺힌 풀꽃 같다며 '족도리풀'이라 불리게 되었다고 한다.

[흰진달래]

진달래과(科)

봄을 알리는 화사한 꽃 **진달래**

▲ 진달래_ 무리

🌼 진달래가 알리는 봄소식

봄꽃을 대표하는 야생의 꽃은 과연 무엇일까? 봄이 왔음을 알리는 꽃으로는 개나리와 진달래를 빼놓을 수가 없다. 4월 초순이면 전국의 산야가 불에 타듯 붉어지는 모습을 볼 수 있는데, 그건 바로 진달래가 활짝 피어서 알리는 반가운 봄소식이다. 이때쯤 되면 으레 동네 꼬마들은 진달래를 한 움큼씩 따서 입에 넣기도 하고 동네 처녀들은 꽃을 한 바구니씩 따와서 화전을 부치거나 술을 담는 전통이 옛날부터 있어 왔다.

수줍음을 잔뜩 안은 꽃

봄이 되면 북쪽의 백두산에서부터 남쪽의 한라산에 이르기까지 잎보다 앞서 꽃을 피워 산을 온통 진분홍으로 물들이는 꽃, 진달래는 오랜 세월을 두고 우리 겨레와 애환을 함께 하며 살아온 한국의 꽃이다. 한국인의 정서는 순수와 미덕이다. 이 진달래야말로 우리 한국인의 정서를 가장 잘 간직하고 표현해 주는 꽃이 아닐까? "나 보기가 역겨워 가실 때에는 말없이 고이 보내 드리오리다. 영변에 약산 진달래꽃 아름 따다 가실 길에 뿌리오리다. 가시는 걸음걸음 놓인 그 꽃을 사뿐히 즈려밟고 가시옵소서. 나 보기가 역겨워 가실 때에는 죽어도 아니 눈물 흘리오리다." 김소월님의 시 구절에서도 진달래는 정말 소박하고 수줍음 많은 한국 여인의 서정적인 마음을 노래한 것이 아닐까? 우리 민족의 소박하고 순수한 마음을 그대로 담고 있는 꽃이 바로 진달래이다.

참꽃과 개꽃

진달래를 참꽃이라 부르고 철쭉꽃을 개꽃이라고 불렀다. '개'란

❶ 진달래_ 꽃 ❷ 철쭉꽃_ 꽃

개꿈·개소리·개떡 등의 경우와 같이 흔히 참된 것이나 좋은 것이 아니라는 접두어로 사용되었는데, 여기서는 참꽃에 대한 반대 개념으로 사용된 것이다. 그런데 꽃의 생김새로 보아서는 철쭉꽃이 훨씬 더 탐스러운 꽃인데 굳이 '개'자를 붙인 이유는 진달래는 먹을 수 있고 철쭉꽃은 독성이 강하여 먹을 수 없다는 데서 참꽃과 개꽃으로 구별하여 부르게 된 것이다. 옛날부터 4월에 피는 진달래를 참꽃이라 하고 이보다 약 1달 정도 늦게 피는 철쭉꽃을 개꽃이라 하는데, 먹을 수 있다는 뜻의 참꽃과 한라산의 참꽃나무는 엄연히 다른 것이므로 바르게 구별할 줄 알아야 한다.

진달래의 특징

전국의 산과 들에서 무리지어 자라는 낙엽관목이다. 높이는 2~4m이고, 밑동에서 줄기가 여러 개 갈라지거나 뿌리에서 줄기가 여러 개 올라와서 자란다. 줄기 윗부분에서 많은 가지가 갈라지고 비스듬히 뻗어 전체가 둥그스름해진다. 작은 가지는 연한 갈색이고 비늘조각이 있다. 잎은 어긋나고 긴 타원 모양의 피침형

▲ 진달래_ 단풍이 든 모습

또는 거꾸로 선 피침형이며, 길이가 4~7cm이고 양 끝이 좁으며 가장자리가 밋밋하다. 잎 표면에는 비늘조각이 약간 있고 뒷면에는 비늘조각이 빽빽이 있으며 털이 없다. 가을에는 단풍으로 붉게 물들며 잎자루는 길이가 6~10mm이다. 어린줄기는 밝은 갈색을 띠지만 묵을수록 회색이 되며 가지가 떨어진 자리에 불룩한 옹이가 생긴다. '참꽃' 또는 '두견화'라고도 부른다.

진달래의 꽃과 열매

꽃은 4월에 잎보다 먼저 피고 가지 끝부분의 곁눈에서 1개씩 나오지만, 2~5개가 모여 달리기도 한다. 화관은 벌어진 깔때기 모양이고 끝이 5개로 갈라진다. 꽃은 홍자색 또는 연한 홍색으로 피며 지름이 4~5cm이고 겉에 털이 있다. 수술은 10개이고 수술대 밑부분에 흰색 털이 있으며 암술은 1개이고 수술보다 훨씬 길다.

▲ 진달래_ 열매

열매는 삭과이고 10월에 길이 2cm 정도의 긴 원통 모양의 열매가 붉은 황색으로 익는다. 끝부분에 암술대가 남아 있다. 다 익으면 열매껍질이 5갈래로 길게 갈라져 씨앗이 나온다. 겨울에도 열매껍질이 가지에 매달려 있다.

진달래의 생육환경

생육환경은 토양조건에 관계없이 반그늘과 양지에서 잘 자라며 군락성이 강하다. 낮은 산에서 높은 산까지 50~2,000m 고지의 양지바른 곳에 주로 분포한다. 진달래는 촉촉한 곳을 매우 싫어

하고 영양분이 풍부한 곳에서는 다른 식물과의 경쟁에서 밀려난다. 그래서 늘 척박한 산지에서 자주 관찰된다. 때문에 자연림이 발달해야 할 곳에 진달래꽃이 만발한 산비탈이 있다면, 그곳은 분명 산불이나 벌채로 수 년 또는 그 이전에 훼손된 곳이라는 것을 알려준다.

진달래와 철쭉의 구별

진달래가 피고 나서 철쭉은 약 1달쯤 뒤에 꽃이 핀다. 그러나 위도와 고도가 다른 곳이라면 거의 같은 시기에 꽃을 볼 수도 있다. 이들을 구별하는 가장 큰 특징은 진달래의 경우는 꽃이 먼저 피고 나서 꽃이 질 때쯤 잎이 돋지만, 철쭉의 경우는 잎과 꽃이 거의 동시에 핀다. 또한 잎에서도 큰 차이를 보이는데, 진달래의 경우는 잎에 끈적거림이 거의 없는 반면, 철쭉의 경우는 잎에 끈적거림이 많다. 그래서 철쭉과 산철쭉의 잎은 독성이 있어 동물들이 잘 먹지 않는다. 경상남도 밀양에서는 진달래꽃이 진 뒤에 연달아서 철쭉꽃이 핀다고 하여 '연달래'라고도 부른다.

진달래 무리들의 비교 특징

전국 어디서나 흔하게 볼 수 있는 진달래(*Rhododendron mucronulatum* Turcz.)는 홍자색 또는 연한 홍색으로 꽃이 피고 흰진달래[*Rhododendron mucronulatum* Turcz. for. *albiflorum* (Nakai) Okuyama]는 흰색으로 꽃이 핀다. 털진달래(*Rhododendron mucronulatum* Turcz. var. *ciliatum* Nakai)는 잔가지와 잎에 털이 많고 바닷가와 높은 산에서 흔히 자란다. 털진달래 중에서 흰색 꽃이 피는 것을 흰털진달래(*Rhododendron mucronulatum* Turcz. for. *alba* Nakai)라고 하며 해안 근처에서 간혹 볼 수 있다. 진달래와 흰진달래는 꽃이 먼저 피었다가 진 후에 잎이 피지만, 털진달래와 흰털진달래는 꽃이 피어 있는 상태에서 잎이 함께 피기 시

비교 진달래, 꼬리진달래, 담자리참꽃나무, 좀참꽃, 참꽃나무, 털진달래, 흰진달래, 흰참꽃, 흰털진달래

▲ 진달래_ 꽃

▲ 꼬리진달래_ 꽃

▲ 담자리참꽃나무_ 꽃

▲ 좀참꽃_ 지상부

▲ 참꽃나무_ 꽃

▲ 털진달래_ 꽃

▲ 흰진달래_ 꽃

▲ 흰참꽃_ 꽃

▲ 흰털진달래_ 꽃

작하는데, 잎의 표면에 털이 보송보송한 편이며 진달래보다 약 한 달 정도 늦게 핀다. 진달래는 산지의 낮은 곳에서 많이 볼 수 있는 반면, 털진달래는 아주 높은 산의 정상 근처에서 볼 수 있는데, 다른 진달래들이 다 진 다음 철쭉꽃이 만발할 무렵에 볼 수 있는 것이 특징이다. 꼬리진달래(*Rhododendron micranthum* Turcz.)는 '참꽃나무겨우살이'라고도 부르며, 석회암이 많이 분포하는 어느 지역에서는 산골짝의 계곡을 따라 올라가며 대군락으로 모여 자라기도 한다. 6월 초순에서 중순에 걸쳐 볼 수 있는데, 남한 일대에서 볼 수 있는 진달래 종류들 중에서는 가장 늦게 피는 여름 꽃이다. 생김새는 진달래와 영 거리가 먼 것 같지만, 잎 모양에서 진달래의 특징을 그대로 띠고 있는 것을 볼 수 있다. 한라산에는 진달래보다 꽃이 크고 밝은 색을 띠는 참꽃나무(*Rhododendron weyrichii* Maxim. var. *weyrichii*)가 있는데, 넓은 난형의 잎이 어긋나고 가지 끝에서 3개씩 돌려나는 것이 특징이다. 지리산과 가야산의 바위지대에서 볼 수 있는 흰참꽃나무(*Rhododendron tschonoskii* Maxim.)는 2~5개의 작은 흰색 꽃이 산형꽃차례를 이루면서 피는 것이 특징이다. 백두산 정상 부근의 초원에는 키가 아주 작은 좀참꽃(*Rhododendron redowskianum* Maxim.)이 자란다. 광활한 산지에서 군락을 이루어 피는 모습을 볼 수 있으며 키는 대략 10cm 정도인데, 아주 작은 식물 이름 앞에 '좀'이라는 접두사를 붙여서 부르는 것이 특징이다. 백두산 정상 주변에서 6월 초 가장 일찍 붉게 피는 꽃이 바로 담자리참꽃나무(*Rhododendron parvifolium* Adams for. *albiflorum* Hara)이다. 키가 약 20cm 정도로 작고 바닥에 다닥다닥 붙어서 달리는 꽃들이 매우 귀엽기만 하다.

용도 및 번식법

주로 관상용으로 쓰이며 꽃은 식용 또는 약용으로 한다. 이른 봄에 피는 꽃으로 화전을 만들어 먹거나 진달래술(두견주)을 담그기도 하고 차를 끓여 마시기도 한다. 한방에서는 꽃을 영산홍(迎山紅)이라 하여 약재로 쓰며 해수, 기관지염, 감기로 인한 두통, 이뇨작용에 효과가 있다. 진해, 조경(調經)의 효능이 있고 혈액순환을 활발하게 한다. 적용질환은 기침, 고혈압, 토혈, 월경불순, 폐경, 월경이 멈추지 않는 증세 등이다. 바람이 잘 통하는 그늘에 살짝 말려서 약으로 쓴다. 꽃을 한꺼번에 많이 먹으면 눈이 침침해질 수 있으며 꽃술에 약간 독성이 있으므로 떼어내고 사용한다. 꽃과 잎은 봄에 채취하여 생것을 쓰거나 바람이 잘 통하는 그늘에 잠시 말려서 쓰고 뿌리는 가을과 봄에 채취하여 햇빛에 말려서 쓴다. 고혈압, 관절염에 뿌리·줄기·잎을 말려서 달여 마신다. 기관지염에 꽃술을 떼어낸 생 꽃을 같은 양의 흑설탕에 재워서 효소를 만든 뒤 물에 타서 먹는다. 봄에 돋아난 새순을 가을에 꺾꽂이하고 9~10월경에 익은 종자로도 번식을 하지만 종자는 워낙 미세종자이고 발아력도 많이 떨어지기 때문에 잘 하지는 않는다.

❖ 진달래의 전설

하늘나라 선녀의 다리를 치료해 준 나무꾼은 그것이 인연이 되어 선녀와 결혼하고 예쁜 딸을 낳아 이름을 달래라고 지었다. 어느덧 예쁘게 자라난 달래는 새로 부임한 사또의 첩이 되는 것을 한사코 거절하다 화가 난 사또에 의해 죽임을 당했고 나무꾼 또한 딸을 부둥켜안고 울다가 그 자리에서 죽고 말았다. 그런데 달래의 시신은 온데간데없어지고 나무꾼의 시신도 빨간 꽃이 피어 무덤을 만들었다. 그 후 사람들은 이 꽃을 나무꾼의 성(姓)인 '진'과 딸의 이름인 달래를 합쳐 '진달래'라고 부르게 되었다. 한편 진달래꽃은 두견화라고도 하는데, 옛날 촉나라 임금 우두가 억울하게 죽어 그 넋이 두견새가 되었고 두견새가 울면서 토한 피가 두견화로 변했다고도 한다.

[참나물]

산형과(科)

야생 산나물의 제왕 참나물 삼형제

▲ 참나물_ 꽃과 잎

🌿 산나물로 인기가 높은 식물

산에서 야생하는 대표적인 산나물 종류를 꼽으라면, 취나물과 더불어 이 참나물을 빼놓을 수가 없다. 야생의 식물들 중에서 나물로 먹을 수가 있고 비교적 귀하며 인기가 높은 식물의 이름 앞에는 '참'이라는 접두사가 많이 붙는데, 이름만 보아도 참나물은 꽤나 귀한 나물인 듯싶다. 향이 좋고 맛이 일품인 참나물에는 3종류가 있다. 가장 흔하면서 식품으로 많이 이용되고 있는 참나물을

❶ 노루참나물_ 잎 ❷ 가는참나물_ 잎

비롯해서, 잎 모양을 자세히 잘 관찰해 보아야만 구별이 가능한 노루참나물과 가는참나물이 더 있다.

식물생태 사진의 촬영

식물 분류의 방법이 대부분 그러하듯 꽃보다는 잎을 기준으로 하여 더 세밀히 비교해 보는 습관을 갖는 것이 매우 중요하다. 교육용 자료이거나 식물 공부를 위주로 하는 도감용 생태 사진에서는 반드시 꽃과 잎을 함께 촬영하는 습관을 들여야 한다. 꽃이 예뻐서 접사로 촬영을 하였다면, 반드시 잎 사진도 1장을 곁들여서 전체 모습을 쉽게 알아볼 수 있도록 촬영하는 것이 중요하다.

참나물의 특징

전국 각지의 높은 산 숲 속에서 자라는 여러해살이풀이다. 산지의 나무그늘 밑에서 자라며 온몸에 털이 없고 향긋한 냄새를 풍긴다. 줄기는 높이 50~80cm로 자라며 약간의 가지를 친다. 잎은 어긋나고 잎자루는 밑부분이 넓어져서 줄기를 감싼다. 잎자루가 줄기 아래쪽에서는 길지만 위로 올라갈수록 점점 짧아진다. 잎은 3개의 작은잎으로 되어 있다. 작은잎은 달걀 모양으로 끝이 뾰족하고 밑은 둥글다. 잎 가장자리에는 고르지 않은 날카로운 톱니가 있다.

🌿 참나물의 꽃과 열매

꽃은 6~8월에 피고 흰색이며 줄기 끝이나 가지 끝에 복산형꽃차례로 달린다. 작은 꽃자루는 10개 정도이며 각각 13개 내외의 흰색 꽃이 자잘하게 달린다. 꽃의 지름은 3㎜ 안팎이다. 총포는 없고 소총포는 1~2개이며 가늘고 짧다. 꽃잎은 5장이고 안으로 굽었으며 5개의 수술이 있고 씨방은 하위이다. 꽃받침은 뚜렷하다. 열매는 9월에 맺으며 편평하고 넓은 타원형이며 털이 없다.

🌿 참나물 무리들의 비교 특징

3종류의 꽃은 모두 같은 시기에 피는데, 꽃의 모양은 전부 비슷하나 잎의 모양은 완전 딴판이다. 잎이 한 번만 3갈래로 갈라져서 소엽이 3개인 것은 참나물[*Pimpinella brachycarpa* (Kom.) Nakai], 잎이 3출겹잎으로 2회 갈라져서 소엽이 5~9개인 것은 노루참나물(*Pimpinella gustavohegiana* Koidz.), 그리고 잎이 가늘고 길게 갈라져서 좁은 빗살 모양을 이루고 있는 가는참나물[*Pimpinella koreana* (Yabe) Nakai]이 있다. 나물을 뜯는 분들은 대개 기본종인 참나물만 먹는 것으로 알고 있지만, 잎 모습이 다양한 3종 모두 나물로 이용할 수 있으며 같은 맛을 낸다. 시중에서 참나물로 길러서 파는 식물 중에는 참나물과 비슷하게 생긴 파드득나물(*Cryptotaenia japonica* Hassk.)이 적지 않은 양을 차지하고 있다. 파드득나물도 맛과 향이 좋고 참나물과 아주 비슷하게 생겼지만, 잎의 모양이 길쭉하며 줄기 위쪽으로 올라갈수록 잎자루가 짧아져서 줄기에 바짝 붙는 점이 다르다.

비교 참나물, 가는참나물, 노루참나물, 참취

▲ 참나물_ 꽃   ▲ 참나물_ 잎
▲ 가는참나물_ 꽃   ▲ 가는참나물_ 잎
▲ 노루참나물_ 꽃   ▲ 노루참나물_ 잎
▲ 참취_ 꽃   ▲ 참취_ 잎

파드득나물 비교

▲ 파드득나물_꽃

▲ 파드득나물_잎

참취와의 비교

취나물 중에서 제왕의 자리를 차지하고 있는 참취(Aster scaber Thunb.)도 사람들에게 잘 알려져 있고 여러 용도로 다양하게 쓰이고 있다. 묵나물이나 산나물비빔밥의 재료로 소비되는 양이 워낙 많기 때문에 밭에서 많이 심어 기르기도 한다. 원래, 식물 이름 앞에 붙는 '참'이라는 접두사는 '먹을 수 있다', '진짜 맛있다'는 뜻이고 '귀하며 값이 비싸다'는 의미도 내포되어 있다. 참나물과 참취는 한국인의 밥상에 자주 오르는 아주 중요한 식재료로 잘 알려진 야생식물이다.

용도 및 번식법

어린줄기와 잎을 생식하거나 김치를 담아 먹는다. 봄과 초여름에 연한 잎을 잎자루와 함께 생으로 쌈을 싸서 먹거나 데쳐서 나물로 먹는다. 쌈으로 먹고 나면 미나리처럼 은은한 향기가 난다. 참나물은 주로 생채로 활용하는데, 셀러리와 미나리의 향기를 합친 맛이 나는 듯하다. 제법 상쾌하면서도 독특한 향기가 구미를 잃기 쉬운 봄철 입맛을 되찾아주는 매력 있는 귀한 산나물이다. 특히 김치로 만들어 먹는 봄철 별미 재료로 좋다. 참나물은 베타카

▲ 참취_ 무리

로틴이 풍부하며 특유의 향을 가지고 있는 산채나물로 대표적인 알칼리성 식품이다. 잎이 부드럽고 소화가 잘 되며 섬유질이 많아 변비에도 좋다. 잎은 데쳐서 무쳐 먹거나 잎을 이용하여 쌈으로 먹기도 한다. 참나물은 영양뿐만 아니라 고혈압과 중풍을 예방하고 신경통과 대하증에도 효과가 있는 것으로 알려져 있다. 여름에 전초를 뜯어 그늘에서 말린다. 약리 실험에서 항알레르기 작용을 하는 것이 밝혀져 민간에서는 항알레르기약으로 사용한다. 뿌리는 이질에도 효과가 있다. 번식은 종자 번식과 포기나누기로 한다. 건조하지 않다면 어느 정도 햇볕이 강해도 잘 견디지만, 대개 그늘진 곳에서 잘 자라므로 차광재배를 하는 것이 좋다. 평지보다는 고산지나 한랭지에서 재배하는 것이 좋으며 부식질이 풍부한 사질양토나 부식토에서 잘 자란다.

[창포]

천남성과(科)

비슷한 식물이름 창포 종류들 구별하기

▲ 창포_꽃

이름이 비슷한 식물들의 구별

이름이 비슷한 식물은 대개 특징이 비슷하거나 같은 속명을 갖는 식물들이 대부분이다. 그런데 비슷한 이름을 가졌음에도 불구하고 전혀 모양이 딴판인 식물들이 있어 혼란이 초래되는 경우도 있다. 천남성과(科)의 창포와 석창포, 붓꽃과(科)의 꽃창포, 백합과(科)의 돌창포가 그러하며, 이들을 확실히 구별하여 식물분류에 대한 이해를 돕고자 한다.

▲ 꽃창포_ 꽃과 잎

창포와 꽃창포의 사용 오류

예로부터 머리를 감을 때 써왔던 '창포'라는 천남성과(科)의 식물을 붓꽃과(科)의 꽃창포와 혼동해서 처음 개발된 샴푸 광고에 꽃창포 사진을 잘못 실었던 해프닝이 있었다. '인공적으로 만든 샴푸의 성능이 천연세제에 가깝다는 뜻'으로 게재한 꽃 사진이 창포 사진이 아닌 꽃창포 사진을 잘못 올렸던 것이다. 잘못된 사진은 광고 포장지는 말할 것도 없고 한때 TV 광고에까지 등장했던 적이 있었다. 식물에 대한 이해의 부족에서 발생된 큰 오류였던 것이다. 식물의 비슷한 이름을 잘 구별하고 파악해서 실생활에 맞게 적용할 줄 아는 능력이 필요하겠다.

창포의 특징

연못이나 하천 습지에서 자라는 여러해살이풀이다. 높이 40~70㎝ 정도이다. 뿌리줄기는 옆으로 길게 자라며 육질이고 마디가 많다. 색깔은 흰색이거나 연한 홍색이며 지상에 있는 줄기와 더불어 독특한 향기가 난다. 잎은 뿌리줄기 끝에서 무더기로 나오고 칼처럼 생겼으며 짙은 녹색이고 밑부분이 붓꽃처럼 얼싸안는다. 잎의 아랫부분은 붉은 자주색을 띠고 단단한 다육질이다. 잎의

▲ 창포_ 무리

길이는 약 70㎝, 폭은 1~2㎝이며 밝은 녹색으로 광택이 있다. 주맥(主脈)이 다소 굵고 뚜렷하다. 종종 물이 들어차기도 하고 빠지기도 하는 연못 가장자리가 창포의 서식처다. 뿌리줄기가 아주 건실하기 때문에 창포만 우점하는 단순 군락에서 다른 종이 파고들기란 쉬운 일이 아니다. 그런데 창포는 인간이 간섭하지 않은 원시 상태의 자연습지에서는 관찰되지 않는다. 즉, 한 번이라도 인간의 정주(定主)와 개척 역사가 있었던 습지에서만 창포는 서식한다는 점이다. 아주 맑은 물보다는 적절한 수준의 부영양화 수질이 창포의 생존에 도움이 된다는 것이다.

창포의 꽃과 열매

꽃줄기는 잎처럼 생겼고 중앙 상부 한쪽에 1개의 육수꽃차례가 달린다. 꽃차례는 원기둥 모양으로 잎 사이에서 비스듬히 옆으로 올라온다. 포는 꽃줄기가 연장된 것처럼 보이고 꽃차례는 길이 5㎝, 지름 6~15㎜ 정도이며 황록색 꽃이 밀생한다. 꽃대는 잎같이 생겼으나 다소 짧으며 중앙부에 꽃차례가 달린다. 꽃은 6~7월에 피며 암술과 수술이 한 꽃 안에 있고 황록색으로서 빽빽하게 달린다. 화피(花被)는 달걀을 거꾸로 세워놓은 모양으로 6개이며 안쪽으로 굽는다. 암술은 1개이고 수술은 6개이다. 꽃밥은 노란색이고 씨방은 둥근 타원형이다. 열매는 장과(漿果)로 긴 타원형이며 7~8월경에 달리고 붉은색이다.

단옷날의 풍습

창포(*Acorus calamus* var. *angustatus* Bess.)는 샴푸가 개발되기 전 옛날부터 머리를 감는 데에 좋은 천연세제로 알려져 있었다. 5월 단오절에는 창포 뿌리와 잎을 잘라서 끓인 물로 머리를 감으면 머릿결이 좋아진다고 알려져 있었다. 머리를 창포물에 감아 곱게 빗고서 그네를 타면, 동네총각이 홀딱 반해 넘어간다는 그 창포다. 한국 고전의 춘향전에서는 단옷날 창포물에 머리를 감고 그네를 탔던 춘향이의 고전적인 풍속을 그대로 보여주고 있다. 창포 뿌리를 깎아서 비녀를 만들어 꽂고 한복을 곱게 차려입은 춘향이의 자태를 보고 이도령은 한눈에 반해버린 게 아니었을까?

창포 무리들의 비교 특징

꽃창포[*Iris ensata* var. *spontanea* (Makino) Nakai]는 붓꽃과(科)의 여러해살이풀이며 산의 습지에서 자란다. 붓꽃과 외형이 비슷하고 같은 시기에 피기 때문에 많은 사람들은 붓꽃으로 혼동을 하는 식물이다. 붓꽃보다 꽃 색이 붉으며 외화피 안쪽에 노란색 줄무늬가 있는 것이 특징이다. 돌창포(*Tofieldia nuda* Maxim.)는 백합과(科)의 여러해살이풀이며 습기 있는 바위 곁에서 자란다. 경사진 곳의 낭떠러지나 절벽에 붙어서 자라기 때문에 가까이 접근하여 촬영을 하려면 위험이 따른다. 흔히 돌에 붙어서 자라기 때문에 돌창포라는 이름이 붙었으며 '꽃장포'라 부르기도 한다. 석창포(*Acoris gramineus* Sol.)는 천남성과(科)의 창포속(屬)에 속하는 여러해살이풀이며 산지나 들판의 냇가에서 자란다. 창포와 석창포가 같은 천남성과(科)이기 때문에 모양이 비슷하고 많은 수

비교 창포, 꽃창포, 돌창포, 석창포

▲ 창포_ 꽃　　　　　　　　　▲ 꽃창포_ 꽃

▲ 돌창포_ 꽃　　　　　　　　▲ 석창포_ 꽃

의 꽃이 빽빽이 달려서 수상꽃차례를 이루는 모습을 볼 수 있다. 잎이 창포보다 좁고 길이가 짧으며 뿌리가 가는 것이 특징이고 산골짜기 맑은 냇가에서 자란다.

용도 및 번식법

주로 관상용이며 한방에서는 뿌리를 약으로 사용한다. 뿌리줄기에는 방향성 물질이 함유되어 있기 때문에 목욕 시 물에 넣어 사용하기도 한다. 보통 8~10월경에 채취하여 털뿌리를 제거하고 잘 씻어서 햇볕에 말렸다가 사용하기에 앞서서 잘게 썬다. 한방에서는 건위, 진경, 진정, 거담 등에 효능이 있어 약재로 이용하며, 뿌리를 소화불량, 설사, 기관지염, 간질병, 건망증, 정신불안,

기침, 기관지염, 악성종기, 옴 등에 사용하기도 한다. 또한 뿌리줄기는 방향성 건위제로 사용을 한다. 악성종기나 옴의 경우에는 약재를 달인 물로 환부를 닦거나 곱게 가루로 빻은 것을 기름에 개어서 바른다. 이외에 내과적인 질환에는 말린 약재를 달이거나 또는 가루로 빻아 복용한다. 특히, 단오절에 창포 뿌리를 삶은 물에 머리를 감고 뿌리를 깎아서 비녀를 만들어 꽂는 것도 뿌리에서 좋은 향기가 나기 때문에 시작된 것으로 여겨지며, 또 술을 담가서 마시면 사기를 쫓고 병마를 물리친다는 풍속도 함께 전해지면서 더욱 성행한 것으로 추측된다. 8월경에 종자를 받아 물에 3일 정도 불린 후 뿌린다. 종자가 딱딱하기 때문에 모래와 같은 곳에 문질러 뿌리는 것도 좋다. 이른 봄이나 가을에는 뿌리를 캐어서 뿌리나누기를 해도 좋다.

🌸 창포의 전설

인도에서는 창포가 애용되던 약초여서 일 년 내내 시장에서 많은 양의 창포가 거래되었다고 한다. 전해오는 말에 의하면 창포는 어린아이들이 장에 탈이 났을 때 쓰이는 매우 소중한 약초였기 때문에 늦은 밤 창포를 사러 온 사람에게 문을 열어주지 않는 약사는 처벌을 받을 정도였다고 한다. 인도인들은 많은 양의 창포를 내복하여 구토제로 이용하였고 적은 양을 사용하여 흥분제와 강장제 그리고 가스를 제거해 주는 용도로 이용하였다. 또한 중풍과 여타의 신경성 장애 증상에도 이용하였다. 회교도인들은 결석증에 창포를 사용하였고 이가 나는 어린이들에게 창포를 물게 하였다. 실론(Ceylon, 스리랑카의 옛 이름)지방에서는 창포로 만든 차는 어린이들의 기생충 구제에 효과가 뛰어나다고 생각하였다. 창포를 뜻하는 영어와 독일어 등의 일반이름의 어원인 칼라무스(calamus)는 '갈대' 혹은 '줄기'를 의미하는 그리스어에서 파생된 낱말이다.

[철쭉꽃]

산에서 만나는 5월의 여왕 **철쭉꽃** 진달래과(科)

▲ 철쭉꽃_ 꽃

🌿 5월은 철쭉꽃의 계절

4월에 진달래가 피었다가 지면서 또 한 번 전국의 온 산천을 붉게 물들이는 꽃이 피는데, 그게 바로 철쭉꽃이다. 진달래가 지면서 잠깐 숨 돌릴 틈도 없이 바로 이어서 피는 꽃인데, 진달래와 철쭉꽃을 제대로 구별하지 못하는 사람들이 많다. 같은 시기에 피는 꽃인 철쭉꽃과 산철쭉을 정확히 구별하는 방법도 알아야 한다. 5월에 철쭉꽃이 만발하여 전국의 산천이 붉게 물들게 되면, 등산

객은 물론이고 본격적인 봄나들이가 시작된다. 꽃을 좋아하는 사람들은 카메라를 메고 들과 산으로 정신없이 쏘다니지만, 그렇지 않은 일반 사람들의 마음도 잔뜩 들떠있는 계절이 되기 때문이다.

진달래와 철쭉꽃의 구별

진달래는 4월 초 잎이 없는 상태에서 꽃이 먼저 핀다. 앙상했던 줄기에 꽃이 잔뜩 달리니 더없이 화려하게 보이는 꽃이다. 철쭉꽃은 진달래가 지면서 열매로 변할 무렵인 5월 초에 꽃과 잎이 함께 피는데, 꽃과 잎이 가지에 함께 붙어 있으니 진달래보다는 좀 덜 화려하게 보일 수밖에 없다. 둘 다 전국 방방곡곡의 산지를 가득 채우며 꽃이 피고 있으니, 봄철의 야생화를 대표하는 종이라 불릴만한 꽃이다. 옛날부터 진달래를 먹을 수 있는 꽃이라고 하여 참꽃이라 부르고 철쭉꽃은 독성이 있어 먹을 수 없는 꽃이라 하여 개꽃이라 불렀다. 식물 이름 앞에 '참'자가 접두사로 들어가면 대부분 먹을 수 있다는 걸 의미하고 비교적 가치가 높거나 귀하며 품위가 있다는 뜻을 내포하고 있다. 반면에 식물 이름 앞에 '개'자가 접두사로 들어가면 그 식물은 대부분 먹을 수 없다는 걸 의미하며 아무데나 흔하고 털이 있으며 쓸모없다는 뜻으로 해석이 된다.

철쭉꽃과 산철쭉의 구별

같은 시기에 피는 꽃인 철쭉꽃과 산철쭉을 정확히 구별한다는 것은 꽤 어려운 일이다. 꽃에 관심이 있는 꽤 많은 사람들도 철쭉꽃과 산철쭉을 서로 반대로 생각하는 사람들이 부지기수다. 철쭉꽃은 대개 2~5m 정도로 키가 크고 높은 산의 계곡과 상부 능선부에 주로 분포해서 자라며, 잎이 넓고 끝이 둥글며 꽃도 크고 색깔은 아주 연한 분홍색으로 핀다. 반면에 산철쭉은 대개 낮거나 높은 산지 계곡의 주변부에 많이 자라고 있는 편이다. 키는 대략 70~

▲ 산철쭉_ 풍경

150㎝ 정도로 자라서 철쭉꽃에 비해 키가 아주 작고 꽃 색은 홍자색으로 짙으며 잎은 좁고 끝이 뾰족한 것으로 구별할 수 있다. 같은 산을 기준으로 하면, 아래쪽 계곡의 가장자리에는 산철쭉이 피고 위쪽 능선으로 올라가면 철쭉꽃이 피는 편이다. 지역과 산에 따라 분포하는 식물종은 다르기도 하다. 예를 들면, 소백산 철쭉제와 태백산 철쭉제는 철쭉꽃이 주종을 이루고 한라산 철쭉제와 바래봉 철쭉제는 산철쭉이 주종을 이룬다. 축제에 참여하거나 등산을 하면서도 이런 간단한 이론에 신경을 좀 썼으면 좋겠다.

철쭉꽃의 특징

전국의 산지에서 자라는 낙엽관목이며 높이 2~5m이다. 밑동에서 줄기가 갈라지거나 뿌리에서 몇 개가 올라와 곧거나 조금 비스듬히 자란다. 줄기에서는 굵은 가지가 많이 나오고 비스듬히 뻗어 전체가 둥그스름해진다. 수피는 연한 황갈색이며 어린가지에 선모(腺毛)가 있으나 차츰 없어지며 회갈색으로 된다. 잎은 가지에 어긋나게 달리며 길이 5~10㎝ 정도이다. 가지 끝에서는 5개씩 모여 달려서 총생(叢生)한 것처럼 보인다. 잎의 모양은 도란형이고 끝은 둥글거나 다소 오목하며 가장자리가 밋밋하다. 표면은 녹색이고 처음에는 털이 있으나 점차 없어지며 뒷면은 연한 녹색으로 맥 위에 털이 있다. 가을에 선명한 붉은색으로 물든 단풍이 예쁜 편이다.

철쭉꽃의 꽃과 열매

꽃은 5월에 잎과 함께 연한 분홍색으로 핀다. 끈끈한 잔털이 있고 끝이 우산살처럼 갈라진 짧은 꽃대에 끝마다 3~7송이씩 모여서 달리며 산형꽃차례를 이룬다. 꽃받침은 작은 꽃줄기와 더불어 선모가 있다. 화관은 깔때기 모양이고 5개로 갈라져 넓게 퍼지며 위쪽 갈래조각에 적갈색 반점이 있다. 수술은 10개, 암술은 1개이며 씨방에 잔털이 있다. 꽃받침잎은 달걀 모양이고 5장이다. 꽃자루와 씨방에 끈끈한 잔털이 있어 만져보면 끈적끈적하다. 열매는 삭과(蒴果)로 난상 타원형이고 10월에 붉은 갈색으로 익는다. 열매 끝에 암술대가 붙어 있으며 다 익으면 5갈래로 길게 갈라져 씨앗이 나온다. 열매는 겨울에도 가지에 매달려 있다.

❶ 철쭉꽃_ 잎 ❷ 철쭉꽃_ 열매

철쭉꽃 무리들의 비교 특징

철쭉꽃(*Rhododendron schlippenbachii* Maxim.)은 키가 크고 잎이 둥글며 꽃이 연한 분홍색으로 피는 것이 특징이다. 반면에 산철쭉[*Rhododendron yedoense* var. *poukhanense* (Lev.) Nakai]은 키가 작으며 잎이 좁고 끝은 뾰족하며 꽃이 홍자색으로 짙게 피는 점이 다르다. 이들은 모두 전국의 산지에서 군락을 이루면서 자란다. 아주 드물기는 하지만, 이 무리들 중에서 꽃이 흰색으로 피는 것들도 있는데, 철쭉꽃이 흰색으로 꽃이 필 때 흰철쭉꽃(*Rhododendron schlippenbachii* for. *albiflorum* Y. N Lee)이라 부르고 산철쭉이 흰색으로 꽃이 필 때 흰산철쭉(*Rhododendron yedoense* for. *albiflora* Chang)이라 부른다. 흰색으로 꽃이 피는 두 개체는 꽃 색만 다르고 나머지는 모두 철쭉꽃과 산철쭉의 특징을 그대로 닮았다. 흰철쭉꽃의 꽃봉오리는 약간 연분홍빛을 띠고 있다가 꽃이 활짝 피면 흰색으로 보이는 것들이 대부분이다. 산철쭉의 꽃이 겹으로 필 때 겹산철쭉(*Rhododendron yedoense* Maxim.) 또는 만첩산철쭉이라 부른다. 이외에도 원예종으로 심어 기르는 황철쭉[*Rhododendron japonicum* for. *flavum* (Miyoshi) Nakai]은 꽃이 황색이거나 주황색이다. 원산지는 일본이며 중국에도 분포한다. 한 자리에서 꽃이 9개 정도 피기 때문에 '구봉화'라고도 불린다. 산철쭉의 개량종인 영산홍[*Rhododendron indicum* (L.) Sweet]은 꽃 색깔이 다채로워서 원예종으로 많이 심어 기른다. 단조롭고 균일한 색깔인 산철쭉의 꽃을 호화롭고 다양하게 개량시켜 공원이나 화단을 화려하게 꾸미려는 의도는 좋은 것이라 생각이 된다. 흔히 공원이나 정원에 철쭉꽃이라며 많이 심어 기르는 것들은 대부분 영산홍이라고 보면 된다.

비교 철쭉꽃, 겹산철쭉, 영산홍, 황철쭉, 흰산철쭉, 흰철쭉꽃, 산철쭉

▲ 철쭉꽃_ 꽃

▲ 겹산철쭉_ 꽃

▲ 영산홍_ 꽃

▲ 황철쭉_ 꽃

▲ 흰산철쭉_ 꽃

▲ 흰철쭉꽃_ 꽃

▲ 산철쭉_ 꽃

▲ 산철쭉_ 단풍

🌿 철쭉꽃의 방언

철쭉꽃은 대개 산의 능선에서 자라고 산철쭉은 대개 계곡을 따라 물가에서 자라기 때문에 경상도에서는 이를 두고 지역 방언으로 '수달래'라 부르기도 하지만, 수달래의 생태학적 특징은 산철쭉과 똑같다. 능선에 위치하고 키가 크게 자라며 꽃이 연한 분홍색으로 피는 철쭉꽃을 진달래가 지면서 연달아서 피는 꽃이라고 하

❶ 철쭉꽃_ 산의 능선에서 자라는 모습 ❷ 산철쭉_ 계곡을 따라 자라는 모습

여 '연달래'라 부르기도 한다. 수달래나 연달래는 참 예쁜 이름이고 오누이나 남매 같은 정겨운 느낌이 든다. 식물의 이름을 기억할 때에는 그 식물의 특징을 잘 살펴야 하지만, 방언을 기억하는 것도 많은 도움이 될 때가 있다. 비록 정명은 아니라 해도 그 지역에서 옛날부터 많은 사람들이 그렇게 믿어 왔고 관찰해 왔던 내용이 식물 어디엔가는 숨어있는 특징이 될 수가 있기 때문에 이를 절대 무시해서는 안 될 일이다.

용도 및 번식법

철쭉꽃은 진달래속(屬) 식물들 중에서 가장 우아한 꽃을 피우는 나무로서 좋은 관상수로 많이 이용되고 있다. 산철쭉은 비교적 작고 아담한 편이어서 돌담을 쌓은 틈바구니에 많이 심는다. 산철쭉의 개량종인 영산홍은 키가 대략 1m 정도로 작으며 꽃이 아주 다채롭고 화려해서 관상용으로 많이 심어 기른다. 이렇게 철쭉꽃 종류들은 많은 양을 생활 주변으로 옮겨와서 관상용으로 심고 있기 때문에 공원이나 정원, 화단이나 길거리에서도 흔히 볼 수가 있는 식물이 되었다. 꽃은 탈모 치료에 쓰기도 하는데, 독성이 있어 한의사의 처방 없이는 사용할 수가 없다. 탈모가 심할 때 뿌리를 바람이 잘 통하는 그늘에 말려서 달인 물에 머리를 감으면 효과가 있다. 10월에 갈색으로 익은 열매를 따서 바로 심거나 이듬해 봄에 심는다. 봄철에 어린가지를 잘라 꺾꽂이해도 된다.

◈ 철쭉꽃의 전설

옛날 경상남도 하동 금오산에 처녀 달님과 총각 별님이 살았는데, 서로 사랑하며 앞날을 기약했다. 인근에 살고 있던 지신(地神)이 예쁜 달님을 탐내 별님을 해치려고 기회를 노리고 있던 어느 날 지신은 못된 잡신에게 별님을 죽여주면 하동의 넓은 들인 너뱅이들을 주겠다고 약속하였다. 잡신은 칼과 도끼를 들고 별님을 공격하였고, 이를 본 산새들이 남해에 있는 산신령 호랑이 부부에게 알렸다. 영감 호랑이는 할멈 호랑이에게 하던 일을 끝내고 갈 테니 먼저 가서 별님을 구하라고 했다. 그런데 할멈 호랑이가 금오산에 도착하기도 전에 남해가 육지에서 떨어져 나갔다. 지신이 할멈 호랑이가 못 오게 도술을 부렸던 것이다. 별님이 잡신의 칼에 맞아 죽자, 달님도 자결하고 말았다. 선남선녀인 별님과 달님이 죽으며 흘린 피가 철쭉꽃으로 변하였다고 전해지며, 이 설화는 주인공인 선남선녀, 공격자인 지신과 잡신, 원조자인 산신 부부가 등장하여 경합을 벌이지만, 선신인 산신보다 악신인 지신과 잡신이 승리한다.

[피나물]

양귀비과(科)

줄기를 자를 때 붉은 유액을 내뿜는 피나물

▲ 피나물_ 꽃과 잎

🌱 양귀비(科)의 식물들

양귀비과(科)의 피나물 종류도 몇 가지가 있다. 우선 피나물과 매미꽃은 꽃 색깔도 같고 모양이 비슷해서 많이 혼동되는 꽃이다. 뿌리에서 돋는 잎을 근생엽, 줄기에서 돋는 잎을 경생엽이라 하는데, 피나물은 근생엽과 경생엽을 함께 갖지만 매미꽃은 모든 잎이 근생엽이라는 점이 다르다. 피나물은 뿌리에서 원줄기가 올라오고 그 줄기에서 잎이 달리지만, 매미꽃은 원줄기가 없으며

❶ 매미꽃_ 지상부 ❷ 애기똥풀_ 꽃과 잎

잎은 모두 뿌리에서만 돋기 때문이다. 줄기를 자를 때 나오는 유액이 피나물과 매미꽃은 붉은색이고 애기똥풀은 노란색이다. 피나물을 다른 이름으로 노랑매미꽃이라 부르기도 한다.

줄기를 자를 때 나오는 유액

피나물과 매미꽃은 줄기나 잎을 자르면 황적색의 유액이 나오는데, 이 때문에 숲 해설을 하는 사람들은 체험학습으로 줄기를 하나씩 잘라 보이며 설명을 하곤 한다. 이해는 잘 되지만, 식물자원의 보존이라는 차원에서 한 번쯤은 생각해 봐야 할 일이다. 설명을 하느라고 무심코 하나씩 자르게 되면, 야생의 식물들은 금방 큰 피해를 받는다는 점을 염두에 두어야만 한다. 피나물과는 대조적으로 애기똥풀은 줄기를 자르면 노란색의 유액이 나오는 것을 볼 수 있다.

피나물의 특징

중부 이북의 숲 속에서 자라는 여러해살이풀이다. '여름매미꽃', '하청화', '노랑매미꽃'이라고도 부른다. 뿌리줄기는 짧고 굵으며 여기서 잎과 줄기가 나와서 높이 30㎝ 정도로 자라고, 자르면 노란빛을 띤 붉은색 유액이 나온다. 잎은 깃꼴겹잎이고 작은잎은 넓은 달걀 모양이며 가장자리에 불규칙하고 깊게 패어진 톱니가 있다. 뿌리잎은 잎자루가 길고 줄기와 길이가 비슷하며 5~7개의 작은잎으로 갈라진다. 줄기잎은 어긋나고 잎자루가 짧으며 3~5장의 작은잎으로 갈라져 있다. 상처가 났을 때 피가 나는 것에 빗대어 피나물이라 흔히 부르나, 매미꽃과 유사하여 노랑매미꽃이라 부르기도 한다. 유액은 붉은색이지만 꽃은 노란색이고 4개의 화피로 구성된 양귀비과(科)의 전형적인 형태를 지니고 있다. 햇볕이 충분히 들거나 다소 그늘진 산지의 습기가 많은 땅에서 잘 자란다.

피나물의 꽃과 열매

꽃은 양성화로 4~5월에 피고 윗부분의 잎겨드랑이에서 1~3개씩 달린다. 꽃이 모여 산형꽃차례를 이루며 꽃은 지름 3㎝ 정도이고 일찍 떨어진다. 꽃자루는 길고 끝에 꽃이 1개씩 달린다. 꽃받침잎은 2개이고 꽃잎은 4개이며 윤기가 나는 노란색이다. 수술은 여러 개다. 열매는 삭과로서 7월에 익는데, 좁은 원기둥 모양이며 길이 3~5㎝이고 속에 많은 종자가 들어 있다.

피나물 무리들의 비교 특징

매미꽃(*Hylomecon hylomeconoides* Nakai)의 근생엽은 모두 잎자루가 길지만, 피나물(*Hylomecon vernalis* Maxim.)의 근생엽은 잎자루가 긴 반면, 경생엽은 잎자루가 짧은 것이 특징이다. 매미꽃은 몸에 잔털이 아주 약하게 돋지만, 피나물은 온몸에 곱슬털이 아주 길게 많이 붙어 있어서 비교가 잘 된다. 피나물은 중부 이북의 산지에서 자라지만, 매미꽃은 남부지방의 산지에서만 자라는 것도 비교되는 특징이다. 피나물의 꽃은 4~5월경에 피었다가 꽃이 지기 시작하면 흔적도 없이 사라지지만, 매미꽃은 매미가 울

피나물, 매미꽃, 새발노랑매미꽃, 새발매미꽃, 애기똥풀 비교

▲ 피나물_ 지상부

▲ 매미꽃_ 지상부

▲ 새발노랑매미꽃_ 지상부

▲ 새발매미꽃_ 지상부

▲ 애기똥풀_ 꽃

▲ 애기똥풀_ 열매

▲ 피나물_ 무리

기 시작할 무렵인 6~7월에 가서야 꽃이 피기 시작해서 여름 한 철 오랫동안 꽃을 볼 수 있는 점이 다르다. 이들은 대개 잎이 둥글 둥글하면서 3~7개의 소엽으로 갈라져 끝이 뾰족해지며 잎 가장 자리에 날카로운 톱니가 발달한다. 피나물과 매미꽃 둘 다 노란 색의 꽃이 피고 유액은 붉은색이나, 피나물은 매미꽃에 비해서 잎을 단 줄기가 있으며 꽃은 숫자가 적고 일찍 피므로 구분이 잘 된다. 전국의 산지 및 계곡 주변에서 흔히 볼 수 있는 애기똥풀 [*Chelidonium majus* var. *asiaticum* (Hara) Ohwi]과도 비슷한데, 애 기똥풀은 유액이 노란색이다. 이 종류들 중에서 잎의 모양이 새 의 발가락처럼 가늘고 길게 뻗어서 끝이 아주 뾰족하게 발달한 것을 새발매미꽃과 새발노랑매미꽃이라고 부른다. 기존의 도감 에는 이들 자료가 아직 제대로 올라있지는 않지만, 이들을 인정 하는 분위기가 대세이고 새발노랑매미꽃(*Hylomecon vernalis* var. *sasundaeensis* Y. N. Lee)의 기록은 인터넷에 많이 있으나 새발매 미꽃에 관한 기록은 전혀 없는 편이다. 기록이 전혀 없다고 인정 을 못 받는 것은 아니고 아직 이들을 체계적으로 관찰하고 인정

▲ 애기똥풀_ 무리

할 만한 가치기준이 마련되지 못한 탓이 아닐까 한다. 양귀비과(科)의 식물들 중에서 이와 유사한 특징을 가진 식물에는 야생에서 잠깐 꽃이 피었다가 사라지는 여느 야생화들과는 달리 애기똥풀은 4~10월까지 꽃이 피는 모습을 볼 수 있는 특이한 식물이다. 야생화이지만 원예식물처럼 긴 기간 동안 꽃을 볼 수 있는 식물이다. 꽃도 비슷하지만, 줄기를 자르면 짙은 노란색의 유액을 내뿜는 특징이 피나물을 많이 닮았다.

애기똥풀 이야기

양귀비과(科) 식물들 중에서 가장 흔한 것이 바로 애기똥풀인데, 워낙 생명력이 강해서 어디서나 잘 자란다. 들판이나 길가, 빈 공터 등에서 쉽게 찾아볼 수 있다. 이른 봄부터 시작해서 가을까지 꽃을 볼 수 있는 식물이다. 이토록 흔한 애기똥풀도 관찰할수록 예쁘다는 생각이 든다. 이름이 왜 애기똥풀인지 숲 해설을 하는 사람은 누구든 한 번쯤은 줄기를 잘라서 체험학습으로 설명을 하는 꽃이다. 줄기를 자르면 나오는 노란색의 유액과 4장의 예쁜 꽃잎이 바로 양귀비과(科)의 식물임을 잘 말해 주고 있다. 유독식물이라서 그런지 잎을 보면 벌레 먹은 곳이 없이 늘 깨끗한 편이다. 즙을 짜서 물과 섞어서 뿌리면 진딧물을 없앨 수 있고 천연 농약으로 쓰기도 한다. 독성이 강해 음식으로는 먹지 않는다. 줄기를 자를 때 나오는 노란색의 유액에 살균 효과가 있어서 피부병이나 무좀 치료, 천연염료로 사용하기도 한다.

용도 및 번식법

화초로서도 우수한 가치가 있어 조경용으로 심는다. 풀 전체는 약으로 쓰고 독성이 있으나, 봄에 나물로 먹기도 한다. 맛이 쓰고 몸에 해로운 성분이 함유되어 있어 데쳐서 흐르는 물에 잘 우려낸 다음 조리해서 먹는다. 뿌리를 약재로 쓰는데, 매미꽃의 뿌리도 함께 쓰인다. 식물체에 알칼로이드 화합물이 풍부한 것으로 알려져 있다. 이들 화합물은 항염증, 진정제, 항균, 항종양 등의 약효를 지니는 것으로 알려져 있다. 봄부터 가을 사이에 채취하여 햇볕에 말린 후 잘게 썬다. 진통, 거풍, 활혈, 소종 등의 효능을 가지고 있다. 적용질환으로는 풍습으로 인한 관절염, 신경통, 염좌, 몸이 피곤한 증세, 타박상, 습진, 종기 등이다. 말린 약재를 달이거나 가루로 빻아 복용한다. 타박상, 종기, 습진에는 생뿌리를 찧어서 환부에 붙이거나 말린 약재를 가루로 빻아 기름에 개어 바른다. 6~7월에 달리는 종자를 바로 화분이나 화단에 뿌리거나 종자를 종이에 싸서 냉장보관 후 가을이나 봄에 뿌리고 가을이나 이른 봄에 뿌리를 잘라 포기나누기를 한 후 뿌리가 발달되면 물기가 많은 곳에 옮겨 심는다.

[산할미꽃]

미나리아재비과(科)

할머니의 굽은 허리와 흰머리를 닮은 할미꽃

▲ 할미꽃_꽃

🌿 어디서나 쉽게 볼 수 있던 꽃

할미꽃은 햇빛이 잘 드는 곳이라면 어디서든 쉽게 볼 수 있던 꽃이다. 전형적인 양지식물이기 때문에 빛 조건만 좋으면 어디에서든 잘 자란다. 지금도 할미꽃은 묘지에서 많이 볼 수 있는데, 이는 해마다 잘 깎아주고 관리되는 묘지라는 증거다. 과거에는 집 주변이나 야산에서 많이 보였던 할미꽃이 지금은 잘 보이지 않는다고 종종 말을 한다. 예전에는 산에서 나무를 해다가 난방용으로 사용했기 때문에 햇빛이 잘 들어서 할미꽃이 많았고, 지금은 산에 나무가 우거져서 할미꽃이 저절로 설 자리를 잃게 된 것이다.

할미꽃의 생김새 관찰

할미꽃은 꽃이 필 때 고개를 숙이고 땅을 향해 피는데, 이는 마치 할미꽃의 꽃줄기가 할머니의 굽은 허리를 닮은 모습이다. 꽃이 피고 나서 차츰 고개를 들다가 열매가 맺힐 때쯤이면 할미꽃은 신기하게도 하늘을 향해 똑바로 서는데, 종자가 다 익어서 날아갈 때쯤 목화솜처럼 산발을 한다. 기본종의 흔한 할미꽃은 꽃이 필 때 꽃 색이 적자색이고 꽃잎 끝이 약간만 벌어져서 땅을 보고 피는 것이 특징이다. 그래서 할미꽃을 한자로는 백두옹(白頭翁)이라 한다. 즉, 머리가 하얀 노인이라는 뜻이다.

묘지는 할미꽃의 안식처

봉분을 만드는 우리나라의 장묘문화는 할미꽃의 종 보존에 기여하는 서식처를 제공하는 셈이다. 무덤 환경은 습하지 않고 양지바른 곳이 필수요건이다. 흙을 쌓아서 지표면으로부터 솟아오른 봉분은 할미꽃 서식처로서는 최적의 지형조건이다. 거기에다가 주기적으로 풀을 베는 예초 덕택에 다른 종들이 규칙적이고 지속적으로 제거됨으로써 빛 환경도 잘 유지된다. 하지만 할미꽃이 극복해야만 하는 무덤만의 환경조건이 있다. 축축한 물터로부터 멀리 위치하는 지형 특성과 직사광선에 완전히 노출되는 무덤은 쉽게 건조해질 수밖에 없고, 특히 통기성과 통수성이 불량한 세립질 진흙 토양으로 쌓은 봉분은 수분스트레스 현상으로 가뭄 피해를 쉽게 입을 수도 있다. 할미꽃은 식물체 전체가 백색 털로 뒤덮여있는데, 치명적인 직사광선과 복사열에 대응하고 수분스트레스 피해를 방지하기 위한 진화의 결과이다. 야생에서 우리가 보는 할미꽃은 그러한 자연의 선택 과정을 무사히 통과한 개체군

▲ 할미꽃_ 무리

이다. 봉분문화의 변천으로 할미꽃은 나날이 분포 면적이 감소해 가는 추세다. 머지않아 할미꽃을 보호식물로 지정해야 하고, 식물원 속에 무덤 모형을 만들어 키워서 보여주어야 할 때가 올 것 같다. 다행스런 일은 할미꽃은 직근성(直根性)으로 잘 발달한 땅속 저장기관이 있기 때문에 한 번 뿌리를 내리고 정착하면 쉽게 죽지 않고 오랫동안 살아가는 여러해살이풀이라는 점이다.

할미꽃의 특징

제주도를 제외한 전국 각처에서 자라는 여러해살이풀이다. 생육환경은 양지바른 곳의 토양이 중성화된 곳에서 서식한다. 줄기는 없으며 뿌리는 굵고 긴 흑갈색이다. 땅속으로 곧게 들어간 뿌리 위쪽에서 잎이 무더기로 나와서 비스듬히 퍼진다. 키는 30~40㎝이고 잎도 길이가 30~40㎝로 새의 날개처럼 깊게 2~5갈래로 갈라진다. 전체에 긴 백색 털이 밀생하여 흰빛이 돌지만 표면은 짙은 녹색이고 털은 없다. 잎은 잎자루가 길고 5개의 작은잎으로 된 깃꼴겹잎이다. 작은잎은 길이 3~4㎝이며 3개로 깊게 갈라진다. 총포는 꽃줄기를 감싸며 3~4갈래로 갈라지고 긴 털이 있다.

할미꽃의 꽃과 열매

꽃은 4~5월에 피고 꽃자루 끝에서 밑을 향해 달리며 적자색이다. 꽃줄기의 길이는 30~40㎝이다. 작은 포는 꽃대 밑에 달려서 3~4개로 갈라지고 꽃자루와 더불어 흰털이 빽빽이 난다. 꽃받침

❶ 할미꽃_ 싹 ❷ 할미꽃_ 열매 ❸ 가는잎할미꽃_ 꽃봉오리 ❹ 노랑할미꽃_ 열매

잎은 6개이고 긴 타원형이며 길이 35㎜, 폭 12㎜이고 겉에 털이 있으나 안쪽에는 없다. 꽃받침잎 6개가 꽃잎을 대신하고 꽃받침잎 바깥쪽에 면모가 밀생한다. 수술과 암술은 많고 꽃밥은 노란색이다. 꽃이 피기 시작할 때 꽃줄기가 구부러져 꽃이 아래로 숙이고 있다가 개화가 시작된 후 약 6~10일이 지나면 직립한다. 이는 꽃가루가 수분에 매우 취약하기 때문에 생긴 적응현상이라 할 수 있는데, 개화기에 꽃줄기가 구부러짐으로써 꽃받침이 아래로 향하게 되어 꽃받침이 우산처럼 꽃가루를 비에 젖지 않게 보호해 줌으로써 꽃가루 생존 능력을 유지하게 한다. 열매는 수과로서 6월경에 익으며 긴 달걀 모양이다. 길이 4㎝쯤 자란 암술대가 깃 모양으로 열매 끝에 남아 있다. 흰털로 덮인 열매의 덩어리가 할머니의 하얀 머리카락같이 보이기 때문에 '할미꽃'이라는 이름이 붙었다.

할미꽃 무리들의 비교 특징

야산이나 무덤가 양지바른 곳에서 자라는 할미꽃 종류들은 대개 꽃이 땅을 보고 피었다가 열매를 맺기 시작하면 고개를 하늘로 향해 쳐든다. 기본종인 할미꽃[*Pulsatilla koreana* (Yabe ex Nakai) Nakai ex T. Mori]은 꽃이 적자색이지만, 노랑할미꽃(*Pulsatilla koreana* for. *flava* Y. Lee)은 꽃이 황색이고 분홍할미꽃[*Pulsatilla davurica* (Fischer) Spreng.]은 분홍색이다. 제주도에서 자라는 가는잎할미꽃[*Pulsatilla cernua* (Thunb.) Spreng.]은 잎이 가늘고 꽃이 흑자색이며 북부지방의 높은 지대에서 자라는 산할미꽃(*Pulsatilla nivalis* Nakai)은 꽃이 밝은 홍자색이면서 옆 또는 위를 향해서 꽃이 핀다. 한국특산식물인 동강할미꽃(*Pulsatilla tongkangensis* Y. N. Lee & T. C. Lee)은 정선, 영월, 평창의 동강 바위 절벽 돌 틈에서 자라는 것이 특징이다. 세계 다른 지역에서는 찾을 수 없고 오로지 한국에서만 볼 수 있는 자랑스러운 우리

할미꽃, 가는잎할미꽃, 노랑할미꽃, 동강할미꽃, 분홍할미꽃, 산할미꽃 비교

▲ 할미꽃_ 꽃   ▲ 가는잎할미꽃_ 꽃

▲ 노랑할미꽃_ 꽃   ▲ 동강할미꽃_ 꽃

▲ 분홍할미꽃_ 꽃   ▲ 산할미꽃_ 꽃

비교 동강할미꽃 꽃색

▲ 동강할미꽃_ 보라색 꽃

▲ 동강할미꽃_ 홍자색 꽃

▲ 동강할미꽃_ 자주색 꽃

▲ 동강할미꽃_ 흰색 꽃

꽃이다. 동강할미꽃은 색깔도 제법 다양하다. 자주색, 홍자색, 보라색, 흰색 등으로 피는데, 꽃이 필 때 꽃잎이 활짝 벌어지면서 하늘을 향해 피는 점이 다르다. 할미꽃 종류들 중에서 다른 어느 종류보다 가장 늠름해 보이고 활기가 있어서 좋다. 동강에 댐을 막으려 할 때 동강할미꽃 보호 때문에 댐을 막지 못했다는 이야기가 있을 정도로 이 꽃에 대한 관심도는 대단한 편이다. 동강할미꽃은 자생지의 흙에서 자라는 것은 볼 수가 없고 전부 석회암 지대의 바위틈에 뿌리를 박고 자라는 것으로 봐서, 석회암과 밀접한 연관을 맺고 살아가는 식물로 보인다.

❖ 할미꽃의 전설

옛날, 어느 깊고 외진 산골에서 할머니가 두 손녀를 데리고 살고 있었다. 할머니는 가난했지만, 부지런히 일을 하며 어렵게 두 손녀를 키웠다. 큰 손녀는 얼굴이 예쁜 편이었지만 마음씨는 고약하기 이를 데 없었다. 그런데 작은 손녀는 별로 예쁜 얼굴은 아니었지만 마음 씀씀이가 곱고 착했다. 손녀들을 시집보낸 지도 몇 년쯤 되었을 때 할머니는 홀로 쓸쓸한 마음을 달래면서 지내고 있었다. 할머니는 이제 너무 늙고 병까지 들어 도저히 혼자서 살 수가 없었다. 큰 손녀를 보러 갔다 문전박대를 당한 할머니가 작은 손녀를 보러 가던 중 작은 손녀의 집이 바라다 보이는 고갯마루에서 돌아가셨다. 작은 손녀는 양지바른 곳에 장사를 지냈고, 그 곳에는 매년 작은 손녀를 보러오는 할머니 같은 꽃이 피었다고 해서 할미꽃이라는 이름으로 불리게 되었다고 한다. 손녀가 그리워 연약하고 불편한 몸을 이끌고 손녀의 집을 찾아 산길을 걷던 할머니가 끝내 손녀를 못 보고 산언덕에서 돌아가셨다는 할미꽃에 얽힌 슬픈 전설 때문인지 많은 분들이 할미꽃은 금방 알아본다. 꽃줄기가 굽은 모습이 할머니 같다는 둥, 열매 맺어 하얗게 부푼 모습이 할머니 같다는 둥, 자신들의 할머니 모습을 떠올리는지 이런저런 얘기들이 많이도 쏟아진다.

🌿 용도 및 번식법

주로 관상용으로 기르며 뿌리는 약으로 사용하는데, 할미꽃의 뿌리는 무척 독성이 강한 식물이다. 옛날에는 뒷간에 구더기가 많이 발생하면 이 할미꽃을 몇 뿌리 뽑아다가 넣었다고 한다. 할미꽃 뿌리의 독성 때문에 구더기의 발생이 억제되고 민간에서는 지사제 및 학질을 치료하는 데에도 썼다고 한다. 간혹 충치로 고생하는 분들은 이 할미꽃 뿌리를 충치구멍에 맞게 잘라서 끼우기도 하는 등, 치통 및 신경통 치료에 썼다는 기록이 있다. 유독식물이지만 뿌리는 해열, 수렴, 소염, 살균 등의 효능을 가지고 있으며 뜨거운 피를 식혀주는 작용도 한다. 적용질환으로 학질, 신경통, 코피 흐를 때, 이질, 설사, 치질로 인한 출혈, 월경곤란, 임파선염 등이다. 진통제, 항염제, 항경련, 진정제의 효과가 있고 민간에서는 학질과 신경통을 치료하는 약으로 쓰기도 한다. 조제와 처방에 따라 훌륭한 약이 되지만, 잘못 먹으면 목숨을 잃을 수도 있다. 가을 또는 이른 봄에 채취하여 깨끗이 씻은 다음 햇볕에 말려서 잘게 썬다. 말린 약재를 물로 달이거나 또는 곱게 가루로 빻아 복용한다. 번식은 종자를 이용하는 것이 가장 좋다. 6월경에 익은 종자를 바로 화분이나 화단에 뿌리는 것이 종자 발아율이 가장 높다. 냉장고에 저장을 하면 기간에 따른 차이는 있지만, 종자 수명이 길지 않아 발아율이 높지 않다. 모래가 많고 물 빠짐이 좋으며 햇볕이 잘 드는 땅에 심는다.

[가는잎향유]

꿀풀과(科)

가을 향기를 그윽하게 풍기는 꽃 향유

▲ 향유_ 꽃

🌿 그윽한 향기를 풍기는 꽃

꿀풀과(科)의 향유속(屬) 식물들은 향기와 더불어 맵시가 있어서 많은 사람들이 좋아하는 식물이다. 꿀을 찾는 꿀벌과 나비들도 매우 좋아하는 꽃이다. 가을 들판을 은은한 향기로 채우는 꽃들이며, 이들 중에서도 향유는 가장 독특한 특징을 자랑하는 대표적인 가을꽃이다. 몇 포기만 있어도 주변 공간이 그윽해지며 길가나 풀밭, 개울가나 들판 어디에서도 맘껏 볼 수 있어서 좋다. 꽃이 가늘고 길며 꽃 색이 연한 향유보다는 꽃이 크고 화려한 꽃향유가 눈에도 잘 띄고 사람들의 사랑을 듬뿍 받는 꽃이라 할 수 있다.

가을을 표현하는 꽃 색깔

향유 종류들의 꽃은 대부분 붉은색을 띠면서도 푸른빛을 은밀하게 간직하고 있는 꽃이다. 가을에 피는 꽃들은 대개 푸른색을 많이 띠고 있는데, 이들은 꽃을 보는 사람의 마음을 시원하게 해줘서 좋다. 봄꽃은 대개 노란색이 많아 따뜻해 보이고 가을꽃은 대개 푸른색이 많아 시원해 보인다. 가을에 피는 용담이나 쑥부쟁이, 개미취, 쓴풀 종류들이 모두 푸른색을 띠고 있으며, 가을을 대표하는 꽃들이라 할 수 있다. 향유(香薷) 종류들은 모두 꿀풀과(科)이며 향기가 좋기 때문에 다른 꽃들보다 벌과 나비가 많이 모이는 것이 특징이다. 멀리서도 향기를 맡고 찾아올 수 있도록 은근한 향기를 멀리까지 풍긴다.

향유의 특징

우리나라 전역의 산지나 길가에서 흔히 자라는 한해살이풀이며 아시아의 온대에서 유럽에 걸쳐 널리 분포한다. 높이 30~60㎝로서 식물 전체에 다소 연한 털이 있고 향기가 짙다. 줄기는 4각형으로 각이 있으며 가지를 친다. 잎은 길이 3~10㎝, 폭 1~6㎝의 긴 난형 또는 긴 타원형으로 마주나는데, 끝이 날카로우며 양 끝이 좁고 잎 가장자리에 무딘 톱니가 있다. 잎자루의 길이는 0.5~2㎝로서 긴 편이다.

▲ 향유_ 지상부

🌿 향유의 꽃과 열매

꽃은 9~10월에 피고 연한 자줏빛이다. 줄기 끝과 가지 끝에서 수상꽃차례를 이루며 피는데, 한쪽으로 치우쳐서 이삭 모양으로 된다. 포는 둥근 부채같이 생기고 때로 자줏빛이 돈다. 꽃받침과 화관에 털이 있고 화관은 입술 모양이다. 꽃받침은 종 모양이고 길이가 2~3mm로서 5개로 갈라져 있으며 꽃부리와 함께 잔털이 있다. 4개의 수술 중 2개는 길고 2개는 짧다. 향유는 늦여름부터 가을까지 꽃이 피며 저물어가는 태양 빛을 한줄기라도 더 맞이할 듯이 태양을 향해서 핀다. 빽빽하게 매달린 꽃차례는 옛날 식칼의 날처럼 중간부분이 부드러운 선을 그리면서 둥글게 튀어나온 모양이다. 열매는 길이가 2mm 정도의 분과이며 깨알 같은 크기의 씨를 깨처럼 쏟아낸다. 향유는 씨가 땅에 떨어져서 토양 알갱이 사이의 물 분자와 접촉하게 되면 가수분해되고, 그 결과 이당류가 만들어져서 약간 진득진득하게 점성이 생긴다. 미세한 씨앗들이 토양에 달라붙어서 일체를 이루면서 향유는 발아할 기회를 가지게 된다.

🌿 향유의 생육환경

한해살이풀이며 종자로 번식을 한다. 전국적으로 분포하며 산야의 풀밭이나 길가에서 자란다. 향유나 꽃향유는 토양이 기름지고 습기가 많은 곳을 좋아하지만, 가는잎향유와 좀향유, 변산향유는 고산지대나 바위 절벽 같은 척박한 환경을 좋아하는 식물들이다. 양분과 습기가 부족한 환경을 극복하면서 자라다가, 비가 오면 물을 잔뜩 흡수해서 광합성 재료로 조금씩 사용하며 자라는 것이 특징이다. 향유 무리들의 향기와 밀원은 더위에 지친 곤충들에게 더없이 훌륭한 식량자원이 된다.

❶ 향유_ 무리 ❷ 꽃향유_ 무리

향유와 꽃향유의 구별

향유와 가장 많이 닮은 꽃향유는 잎의 가장자리 톱니가 향유보다 거칠고 예리한 것으로 구별된다. 향유는 주로 들판에 분포하지만, 꽃향유는 산비탈에 치우쳐서 분포한다. 2종 모두 건조한 땅에서는 살지 않으며 촉촉하고 양지바르며 산뜻하고 서늘한 곳에서 잘 자란다. 향유의 꽃차례는 가늘면서 길고 색이 연해서 다른 풀과 섞여 있으면 눈에 잘 띄지 않는다. 하지만 꽃향유는 화려하고 색이 짙어서 누구라도 금방 찾아낼 수 있는 꽃이다. 둘 다 향기가 짙어서 눈으로 보지 않더라도 금방 존재 가치를 확인할 수 있는 꽃이다.

향유 무리들의 비교 특징

향유 종류들 중에서 대표격인 향유[*Elsholtzia ciliata* (Thunb.) Hylander]가 비교적 화려하지 않고 풀 속에 묻혀서 볼품없이 자라는 편이고 나머지 종류들은 전부 일정한 위치에 옹기종기 모여서 꽃을 피워대는 모습을 볼 수 있다. 향유와 꽃향유(*Elsholtzia splendens* Nakai ex F. Maek.)는 전국 각지에서 자라지만, 나머지

비교 향유, 가는잎향유, 꽃향유, 배초향, 변산향유, 애기향유, 좀향유, 흰꽃향유

▲ 향유_ 꽃

▲ 가는잎향유_ 꽃

▲ 꽃향유_ 꽃

▲ 배초향_ 꽃

▲ 변산향유_ 꽃

▲ 애기향유_ 꽃

▲ 좀향유_ 꽃

▲ 흰꽃향유_ 꽃

는 모두 특수한 지역에서 자라기 때문에 아무데서나 흔하게 볼 수 없는 꽃들이다. 향유보다 꽃이 크고 훨씬 붉은 꽃향유가 있고, 꽃향유와 비슷한 품종으로 백색의 꽃이 피는 흰꽃향유(*Elsholtzia splendens* for. *albiflora* Y. N. Lee)가 있으며, 잎이 선형인 가는잎향유[*Elsholtzia angustifolia* (Loes.) Kitag.], 키가 2~5cm이고 꽃차례가 짧으며 잎 뒷면에 선점이 있는 좀향유(*Elsholtzia minima* Nakai) 등이 있다. 도감에는 아직 올라있지 않지만, 변산향유(*Elsholtzia byeonsanensis* M. Kim)는 변산 지방의 바닷가 절벽에 붙어 자라며 잎이 두껍고 혁질인 점이 다르다. 애기향유(*Elsholtzia serotina* Komar.)도 해변 지역에서 자라는데, 향유에 비해 키가 작고 가늘며 포엽이 자색을 띤다. 배초향[*Agastache rugosa* (Fisch. & Mey.) Kuntze]은 향유와 특징이 비슷하지만, 꽃이 사방으로 달리는 점이 다르다.

용도 및 번식법

어린순은 식용하며 밀원용, 관상용으로도 이용한다. 어린잎은 삶아서 나물로 먹고 꽃차례와 식물 전체는 약재로 쓴다. 한방에서는 꽃이 필 때 전초 말린 것을 향유라고 한다. 약으로 쓸 때는 탕으로 하거나 산제로 하여 사용하며 술을 담그기도 한다. 임신부가 많이 복용하면 유산의 위험이 따르므로 주의한다. 꽃이 있는 원줄기와 잎을 말려서 발한제, 해열제, 이뇨제, 소염제·지혈제로 쓰고 부스럼, 각기, 수종, 위염, 비혈, 소염, 청간화, 복통, 하병, 구취, 토사 등에 사용한다. 민간에서는 식물 전체를 목욕하는 데 사용하기도 한다. 잎에는 강한 향기가 있어 향료식물로 이용을 한다. 향유와 꽃향유는 아름다운 꽃차례와 은은한 향 그리고 그 약성 때문에 전 세계로 퍼져나가 화훼자원으로 많이 이용되기도 한다. 10월에 받은 씨를 냉장 보관하였다가 봄에 뿌린다. 물이 잘 빠지는 모래땅이 적합하다.

[수염현호색]

독성이 강한 예쁜 꽃 현호색

현호색과(科)

▲ 현호색_ 꽃과 잎

🌿 독성이 강한 예쁜 꽃

예쁜 꽃들이 흔히 그러하듯, 현호색 종류들도 꽃은 예쁘지만, 아주 강한 독성을 갖고 있다. 현호색과(科)의 식물에는 현호색 무리들과 괴불주머니 무리들이 있는데, 이들의 모습도 정말 비슷하다. 대개 현호색이라는 이름이 들어가는 식물 종류들은 주로 홍자색 꽃들이 많고 괴불주머니라는 이름이 들어가는 식물 종류들은 노란색의 꽃들이 많은 편이다. 현호색 종류들은 모두 땅속에 둥근 덩이줄기를 갖고 있는데, 이것이 강한 독성을 가짐과 동시에 다양한 약재로 쓰인다. 꽃이 예쁜 탓에 노루귀나 복수초처럼 이른 봄의 정취를 담으려는 사진가들에게 인기가 높다.

현호색의 특징

현호색과(科)의 여러해살이풀이다. 우리나라 각처의 산과 들에서 자라는데, 습기가 있는 곳을 매우 좋아한다. 생육환경은 양지 혹은 반그늘의 물 빠짐이 좋고 토양이 비옥한 곳에서 잘 자란다. 덩이줄기(塊莖)는 지름 1.5~2cm 정도이고 여기서 나온 줄기는 20cm 정도 자란다. 덩이줄기는 속이 황색이다. 밑부분에 포 같은 잎이 1개 달리고 거기서 가지가 갈라진다. 잎은 어긋나고 잎자루가 길며 1~2회 3개씩 갈라진다. 잎의 표면은 녹색이고 뒷면은 분백색이다. 갈래조각은 도란형이고 윗부분이 깊게 또는 결각상으로 갈라지며 가장자리에 톱니가 있다. 잎의 형태에 따라 많은 종류로 갈라진다.

현호색의 꽃과 열매

꽃은 4월에 피고 연한 홍자색이며 총상꽃차례로 5~10개가 원줄기 끝에 뭉쳐서 달린다. 줄기에 비해 꽃이 크고 많이 피며 꽃이 필 무렵엔 줄기가 연약하여 건드리면 잘 쓰러진다. 화관은 길이 2.5cm 정도이다. 꽃의 색은 홍자색이 가장 많지만, 그 외에

▲ 현호색_ 분홍색 꽃

자라는 지역에 따라서 자주색, 분홍색, 흰색 등 다양하다. 포는 쐐기형이며 길이 1~1.8cm로서 손바닥처럼 갈라지고 꽃받침은 2개이며 일찍 떨어진다. 꽃은 앞쪽이 입술처럼 벌어지고 뒤쪽은 통같은 머느리발톱으로 되어 밑으로 굽는다. 수술은 6개가 2개로 합쳐진다. 꽃 색깔은 토양조건에 따라 많은 영향을 받는 것으로 알려져 있다. 2장의 꽃잎이 아래위로 벌어져 있는 모습을 정면에서 보면, 새끼 새들이 먹이를 물고 나타난 어미 새를 보고 먹이를 서로 달라고 입을 벌리고 있는 모습이 연상된다. 열매는 삭과(蒴果)로서 편평하고 긴 타원형이다. 길이 2cm, 폭 0.3cm 정도이고 7월경에 익으며 종자는 광택이 있고 흑색이다.

현호색 무리들의 비교 특징

기본종인 현호색(Corydalis remota Fisch. ex Maxim)은 잎이 어긋나고 잎자루가 길며 3개씩 1~2회 갈라지고 열편이 도란형이다. 줄기 끝에 달린 포(苞)는 타원형이고 끝이 빗살처럼 갈라지는 것이 특징이다. 반면에 댓잎현호색[Corydalis turtschaninovii Besser var. linearis (Regel) Nakai]은 잎이 3개씩 갈라진 후 소엽이 선형 또는 피침형인 점이 다르며 애기현호색[Corydalis turtschaninovii Besser for. fumariaefolia (Maxim.) T. Lee]은 열편이 깃처럼 많이 갈라지고 최종열편은 선형인 점이 다르다. 이 밖에 왜현호색(Corydalis ambigua Cham. & Schleht)은 소엽이 도란형 또는 장타원형이고 포의 끝이 갈라지지 않는다. 울릉도에서 자라는 섬현호색(Corydalis filistipes Nakai)은 꽃이 흰색에 가까운 연한 황색이며 열편이 뾰족하다. 꽃이 진 다음 꽃차례가 밑을 향하여 자라는 것이 특징이다. 갈퀴현호색(Corydalis grandicalyx B. U. Oh & Y. S. Kim)은 높은 산에서 군락으로 자라고 꽃받침 끝이 갈퀴처럼 갈라지며 향기가 좋다. 점현호색(Corydalis maculata B. U. Oh & Y. S. Kim)은 잎에 흰색 반점이 많고 꽃이 일찍 피며 빗살현호색

비교 현호색, 각시현호색, 갈퀴현호색, 날개현호색,
남도현호색, 댓잎현호색, 들현호색, 빗살현호색

▲ 현호색_ 꽃과 잎

▲ 각시현호색_ 꽃과 잎

▲ 갈퀴현호색_ 꽃과 잎

▲ 날개현호색_ 꽃

▲ 남도현호색_ 꽃

▲ 댓잎현호색_ 꽃과 잎

▲ 들현호색_ 꽃

▲ 빗살현호색_ 꽃과 잎

섬현호색, 쇠뿔현호색, 수염현호색, 애기현호색, 왜현호색, 점현호색, 조선현호색 `비교`

▲ 섬현호색_ 꽃과 잎

▲ 섬현호색_ 열매

▲ 쇠뿔현호색_ 꽃과 잎

▲ 수염현호색_ 꽃과 잎

▲ 애기현호색_ 꽃과 잎

▲ 왜현호색_ 꽃과 잎

▲ 점현호색_ 꽃과 잎

▲ 조선현호색_ 꽃과 잎

현호색 • 443

비교 흰갈퀴현호색, 흰왜현호색

▲ 흰갈퀴현호색_ 꽃과 잎

▲ 흰왜현호색_ 꽃과 잎

[*Corydalis turtschaninovii* Besser for. *pectinata* (Komar.) Y. H. Chou]은 잎이 빗살 모양이다. 들현호색(*Corydalis ternata* Nakai)은 낮은 들판에서 자라고 잎이 둥글며 꽃이 유난히 붉은 홍자색이다.

새로 발견된 현호색 종류들

최근에 새로 발견이 되어 아직 도감에 정식으로 등록되지 못한 현호색 종류들도 많다. 잎이 둥글면서 가장자리에 붉은색 테두리를 선명하게 가지고 있는 각시현호색(*Corydalis misandra* B. U. Oh), 왜현호색과 비슷하지만 꽃잎을 정면에서 볼 때 내화판의 정단이 V자 모양으로 함몰되며 순판 끝이 붉거나 푸른빛을 살짝 띠는 남도현호색(*Corydalis namdoensis* B. U. Oh & J. G. Kim), 꽃이 연한 자주색이고 아래쪽 외화판 선단 모양이 쇠뿔형인 쇠뿔현호색(*Corydalis cornupetala* Y. H. Kim & J. H. Jeong), 외화판의 양측이 날개 모양을 하고 있는 날개현호색(*Corydalis alata* B. U. Oh & W. R. Lee), 수염 모양의 꽃받침을 가지고 있는 수염현호색

[*Corydalis caudata* (Lam.) Pers.], 꽃이 홍자색이면서 자주괴불주머니를 많이 닮은 조선현호색(*Corydalis turtschaninovii* Besser) 등이 있는데, 이 종류들은 이름만 들어도 꽃의 형태가 어느 정도 머릿속에 그려지는 종류들이다.

용도 및 번식법

꽃이 예뻐서 관상용으로도 많은 관심을 받고 있다. 땅속에 있는 덩이줄기를 약재로 쓴다. 덩이줄기에 약간의 진통 효과가 있어서 두통, 복통, 월경통, 관절통 등 각종 통증에 이용된다. 혈액순환작용도 있어서 진통작용을 촉진시킨다. 적용질환으로는 월경통, 월경불순, 산후 어혈로 인한 복통, 산후 출혈로 정신이 혼미해지는 증세, 허리와 무릎이 쑤시고 아픈 증세, 타박상으로 멍든 경우 등이다. 유효성분으로서 코리다린, 베르베린 등 여러 성분이 밝혀졌다. 한방에서는 덩이줄기를 정혈제, 진경제 및 진통제로 사용한다. 5~6월에 잎이 말라죽을 무렵에 덩이줄기를 캐서 깨끗이 씻은 뒤 햇볕에 말리고 사용하기에 앞서서 잘게 썬다. 또는 썬 것을 식초에 적셔 볶아서 쓴다. 말린 약재를 물로 달이거나 또는 가루로 빻아 복용한다. 번식은 7월에 받은 종자를 종이에 싸서 냉장보관 후 가을에 뿌리거나 이듬해 봄에 뿌린다. 가을에는 뿌리를 캐서 새로 생긴 작은 뿌리를 나누어 심는다. 양지쪽의 물 빠짐이 좋은 곳을 선정하여 화단이나 화분에 심으면 좋다.

[호랑가시나무]

감탕나무과(科)

크리스마스트리로 쓰는 호랑가시나무

▲ 호랑가시나무_ 수꽃

🌱 호랑이의 발톱을 닮은 잎

호랑가시나무는 감탕나무과(科)의 상록관목이며 '묘아자나무'라고도 불린다. 나무가 어려서 묘목일 때나 사람의 손이 자주 닿는 곳의 잎은 5개의 뾰족한 톱니가 있어서 마치 호랑이의 발톱과도 같다. 그러나 나무가 자라서 나이를 먹으면 가장자리의 가시는 퇴화되고 하나의 가시만 남는다. 잎은 가죽질(革質)이고 표면에 윤채(潤彩)가 있으며 몸에 털은 없다. 잎은 6각형 형태로 각이 지

▲ 호랑가시나무_ 암꽃

거나 또는 둥글면서 잎의 일부가 뾰족하게 돌출하여 가시처럼 변해 있는 것이 특징이다. 어원은 호랑이가 등이 가려울 때 잎 가장자리에 돋아난 가시로 등을 비벼 긁는다는 뜻이다.

호랑가시나무의 특징

원산지는 한국으로 변산반도 이남 지역 해안의 산지에서 자라는 상록활엽관목이다. 해변 지역 낮은 산의 양지에서 자란다. 높이는 보통 2~3m로 자라며 수피는 회백색이고 껍질눈이 발달하며 벗겨지지 않는다. 잎은 어긋나고 두꺼우며 윤기가 나고 타원상 육각형이다. 모서리의 톱니 끝이 예리한 가시로 되어 있으며 가지가 무성하고 털이 없다. 잎의 표면은 짙은 푸른빛이고 뒷면은 회녹색이며 길이는 3.5~7㎝쯤 된다. 날카로운 6각형의 잎에 가시가 있다. 한국과 중국 등에 분포하며 '묘아자나무' 또는 '호랑이발톱나무'라고도 한다. 중국에서는 늙은 호랑이의 가시라는 뜻으로 '노호자' 또는 개의 뼈라는 뜻으로 '구골'이라고 부른다. 날카롭고 잎의 색채와 가시가 무섭게 생겨 '호랑범발톱'이라고 하며 호랑이가 이 나뭇잎으로 등을 긁는다고 하여 '호랑등긁기나무'라고도 한다. 관련 풍속으로는 음력 2월 4일 호랑가시나무의 가지를 꺾어다가 정어리의 머리를 꿰어 처마 끝에 매달아 놓으면 정어리의 눈알로 귀신을 노려보고 호랑가시나무의 가시로 귀신의 눈을 찔러서 물리친다는 말이 있다.

🌿 호랑가시나무의 꽃과 열매

꽃은 4~5월에 피고 향기가 있으며 5~6개가 잎겨드랑이에 산형꽃차례로 달린다. 꽃자루는 길이 5~6㎜이다. 4장의 꽃잎을 가지

❶ 호랑가시나무_ 미성숙 열매 ❷ 호랑가시나무_ 붉은색 열매 ❸ 호랑가시나무_ 황색 열매

고 있는 꽃은 지름이 7㎜ 안팎이다. 암술은 암술대가 없고 암술머리는 약간 높아져서 4개로 갈라지고 흑색으로 된다. 수술은 4개이다. 열매는 핵과이고 지름 8~10㎜이며 9~10월에 빨갛게 익어서 겨우내 매달려 있다. 품종에 따라서는 열매가 황색으로 익는 것도 있다. 종자는 4개씩 들어 있고 난형이다.

🌿 자생지별 생육환경

수평적으로는 변산반도와 완도, 제주도에서 자생하며 표고 1,000m 이내의 저지대 산록 양지와 하천변에서 자란다. 전라북도 부안군 산내면 도청리가 자생북한지로 이곳에서 자라는 나무는 천연기념물로 지정되어 있다. 중부지방에서는 월동에 지장이 있으나 나무그늘 밑이나 음지에서는 월동이 가능하다. 토심이 깊고 비옥한 곳에서 잘 자란다. 흔히 모감주나무 등과 군락을 이루며 자생하고 추위에 약하다. 유기물이 풍부한 비옥한 곳에서 잘 자라며 공해에 강하다. 따뜻한 지방에서만 자라는 대표적 남부 수종이다. 자생지의 개체수가 적은 희귀수종이고 보호가 절실히 요구된다.

🌿 호랑가시나무 무리들의 비교 특징

감탕나무과(科)에는 호랑가시나무(*Ilex cornuta* Lindl.)와 완도호랑가시나무(*Ilex wandoensis* C. F. Miller), 감탕나무(*Ilex integra* Thunb.), 먼나무(*Ilex rotunda* Thunb.) 등이 있다. 호랑가시나무와 완도호랑가시나무는 날카로운 가시를 갖고 있지만, 감탕나무와 먼나무는 퇴화된 가시가 약간 남아 있거나 또는 거의 없다. 이 종류들은 모두 잎이 두껍고 가죽질이기 때문에 가시의 유무와 상관없이 얼른 보아도 같은 과(科)의 식물임을 쉽게 알 수 있다. 잎이 변태되어 가시 형태를 하고 있는 목서 종류들은 모두 물푸레나무과(科)의 식물들이다. 그들 중에서 은목서와 구골목서는 잎에 가시가 많아서 호랑가시나무와 혼동이 되지만, 잎을 잘 비교해 보면 쉽게 구별이 된다. 완도호랑가시나무는 호랑가시나무와 감탕나무의 자연교잡종으로서 처음에 완도에서 발견되었다고 하여 붙여진 이름이다. 호랑가시나무보다는 키가 훨씬 커서 마치 교목처럼 보이기도 하며, 붉은 열매가 가을부터 봄까지 달려 있어 관

호랑가시나무, 먼나무, 감탕나무, 완도호랑가시나무 비교

▲ 호랑가시나무_ 수꽃과 잎

▲ 호랑가시나무_ 암꽃과 잎

▲ 먼나무_ 수꽃과 잎

▲ 먼나무_ 암꽃과 잎

▲ 감탕나무_ 꽃과 잎

▲ 완도호랑가시나무_ 잎

상수로도 가치가 높다. 보통의 호랑가시나무는 높이가 2~3m인데 반해서 완도호랑가시나무는 5~8m 정도로 키가 아주 큰 것이 뚜렷한 특징이다.

감탕나무와 먼나무의 특징

감탕나무는 이들을 대표하는 과(科)명을 가진 나무이지만, 먼나무와 더불어서 잎에 가시가 간혹 있거나 또는 거의 없는 것이 대부분이다. 겨울에도 푸른 잎과 빨간 열매를 잔뜩 달고 있어서 관상가치가 훌륭하다. 대략 키는 10m 정도로서 둥글게 자라기 때문에 남부 지역의 가로수로도 많이 심는 수종이다. 겨울철에 제주도 여행을 하면 붉은 열매를 잔뜩 달고 있는 도로변의 가로수를 많이 볼 수 있는데, 이들은 대부분 먼나무들이다.

❶ 호랑가시나무_ 열매 ❷ 완도호랑가시나무_ 열매 ❸ 먼나무_ 열매 ❹ 감탕나무_ 열매

🌿 겨울에 더욱 사랑을 많이 받는 나무

이들은 대개 잎이 사철 푸르면서 잎의 일부가 가시로 변해 있는 식물이다. 가을철에 붉게 달린 예쁜 열매가 겨울철 내내 그대로 달려 있기 때문에 꽃이 없는 겨울을 꽃 대신 장식하는 식물로 사람들의 사랑을 더욱 많이 받았고 크리스마스트리로도 사용되었다. 잎에 가시가 많아서 장식품을 잘 걸 수 있고 푸른 잎과 붉은 열매 사이로 비치는 전구의 반짝거리는 불빛이 환상적이다. 하지만 살아있는 나무를 화분과 함께 옮기는 일이 쉽지 않고 잎은 따가워서 잘못 만지면 큰 화를 당하기도 한다. 그래서 구상나무 화분으로 바꿨다가 요즘은 아예 플라스틱 모형을 만들어서 크리스마스트리로 사용하는 분위기다.

🌿 용도 및 번식법

붉은 열매와 상록성 잎이 아름다워 정원수로 사용한다. 관상용으로 인기가 있으며 붉은 열매가 성숙할 때 크리스마스트리로 사용한다. 한방에서는 잎과 열매를 약재로 사용한다. 잎은 거풍, 강장 등의 효능을 가지고 있으며, 적용질환은 허리와 무릎이 저리고 아픈 증세, 풍으로 인한 마비통증, 결핵성의 기침 등이다. 열매는 강정 효능을 가지고 있으며 혈액순환을 돕는다. 적용질환으로는 신체허약, 양기부족, 유정, 뼈와 근육이 쑤시고 아픈 증세 등이다. 열매를 소주에 담가서 복용하기도 하는데, 이것을 구골주(枸骨酒)라고 하며 피로회복에도 큰 효과가 있다. 번식은 가을에 익은 종자를 채종하여 노천매장을 하였다가 봄에 파종한다. 세계적으로 호랑가시나무의 종류는 수천 종에 달하고 있으며 품종을 번식시키기 위해서는 반드시 삽목을 해야 하는데, 경지삽목보다는 여름에 녹지삽목하는 것이 발근율이 높다.

식물학 용어해설

각두(殼斗) : 참나무과 식물에서 열매와 같이 밑부분을 싸고 있는 동그란 종지 모양의 깍정이를 말하며, 많은 포가 발달하여 만든다.

거(距) : 꽃부리나 꽃받침의 일부가 길고 가늘게 뒤쪽으로 뻗어난 돌출부이다. 화관이나 꽃받침이 시작되는 곳 가까이에 닭의 뒷발톱처럼 툭 튀어나온 부분으로, 속이 비어 있거나 꿀샘이 들어 있다. (매발톱꽃, 제비꽃 등)

거치(鋸齒) : 잎 가장자리에 발달하는 톱니

건과(乾果) : 과피가 단단하고 종자와 밀착하지 않으며, 성숙해도 갈라지지 않는 열매(참나무속, 마름속 등)

건과(堅果) : 흔히 딱딱한 껍질에 싸이며, 보통 1개의 씨가 들어 있는 열매(=각과), (밤, 도토리 등)

결각(缺刻) : 잎의 가장자리가 후미지게 깊이 패어 들어간 것

경생엽(莖生葉) : 땅 위의 줄기에 달린 잎

골돌(蓇葖) : 단단하며 1심피로 되고, 익으면 1개의 봉합선이 벌어져 씨가 쏟아지는 열매(매발톱꽃, 투구꽃 등)

과피(果皮) : 과일의 겉껍질 부분을 흔히 말하며, 자방벽이 발달한 것이다.

관모(冠毛) : 수과 등에서 볼 수 있는 열매 위의 털뭉치, 국화과에서는 꽃받침이 털로 변한 것을 말한다. 국화과의 잡초가 귀화하기 쉬운 것은 관모에 기인한다.

관목(灌木) : 원줄기가 여럿 있는 목본식물로, 키가 4~5m 이하인 것(=떨기나무), (무궁화, 진달래 등)

관상화(管狀花) : 꽃잎이 서로 달라붙어 대롱 모양으로 생기고 끝만 조금 갈라진 작은 꽃(=통상화)

괴경(塊莖) : 줄기 혹은 지하경이 구상 또는 괴상으로 비대해진 것으로, 잎의 변형물로 덮이지 않는 점이 구경과 다르다. (=덩이줄기), (현호색, 감자 등)

괴근(塊根) : 뿌리 자체가 방추상 또는 봉상으로 비대하고, 많은 저장양분을 함유하고 있다. (=덩이뿌리), (고구마, 다알리아 등)

교목(喬木) : 줄기가 곧고 굵으며 높이 자라고, 비교적 위쪽에서 가지가 퍼지는 나무로 키가 9~10m 이상인 것(신갈나무, 가래나무 등)

구경(球莖) : 단축된 줄기가 비대하여 구상으로 변한 것(천남성, 토란 등)

귀화식물(歸化植物) : 자생지에서 타 지역으로 이동해 온 식물이, 그 지역에 순화되어 자생상태를 이루며 생장하는 식물(개망초, 돼지풀 등)

근경(根莖) : 지하경이 전체적으로 비대해진 것으로, 지하에서 옆으로 뻗는 줄기를 말한다. (=땅속줄기)

근생엽(根生葉) : 뿌리나 땅속줄기에서 직접 땅 위로 돋은 잎

기수우상복엽(奇數羽狀複葉) : 소엽의 수가 홀수인 우상복엽

난형(卵形) : 달걀처럼 생겼고, 아랫부분이 가장 넓은 잎의 모양

다년초(多年草) : 3년 이상 자라는 초본식물로서, 해마다 가을에 땅위 줄기는 말라 죽지만, 뿌리 부분은 살아있어서 이듬해 싹을 틔움

단성화(單性花) : 수술이나 암술 중 어느 한쪽이 없는 꽃

단엽(單葉) : 1개의 엽신으로 되어 있는 잎

대생(對生) : 한 마디에 잎이 2장씩 마주 달리는 것

도란형(倒卵形) : 거꾸로 선 달걀 모양

두과(豆果) : 콩과식물의 전형적인 열매로, 하나의 심피에서 씨방이 발달한 열매로 보통 2개의 봉선을 따라 터진다. 협과 또는 꼬투리를 말한다.

두상꽃차례(頭狀花序) : 짧은 화축 끝에 꽃자루가 없는 작은 꽃이 밀생한 꽃차례(구절초, 산솜방망이 등)

둔거치(鈍鋸齒) : 둔한 톱니 같은 잎 가장자리

둔두(鈍頭) : 둔한 잎 끝

막질(膜質) : 얇은 종잇장 같은 잎의 재질

만경식물(蔓莖植物) : 줄기가 덩굴 상태로 부착근 또는 감는 덩굴이며, 다른 식물이나 구조물에 붙어서 자라는 식물(능소화, 왕머루 등)

맥액(脈腋) : 잎줄의 가장자리로서 잎줄이 잎몸과 맞닿는 곳

미상꽃차례(尾狀花序) : 화축이 하늘로 향하지 않고 밑으로 처지는 꽃차례로, 꽃잎이 없고 포로 싸인 단성화(버드나무, 참나무, 자작나무 등)

밀선(蜜腺) : 분비선의 일종으로 밀을 분비하는 조직 내지 기관이며, 많은 씨방의 기부 또는 씨방과 수술의 사이에 있고 환상 또는 판상이다.

발아(發芽) : 씨앗이나 포자가 활동을 시작하여 껍데기를 찢고 나오는 현상

복산형꽃차례(複繖形花序) : 산형꽃차례가 집합하여 전체로서 다시 산형을 이룬 꽃차례(미나리, 당근 등)

복엽(複葉) : 하나의 엽신이 갈라져 2개 이상의 잎을 이루며, 갈라진 각각의 잎을 소엽이라고 한다.

부화관(副花冠) : 화관과 수술 사이, 또는 꽃잎 사이에 생긴 꽃잎보다 작은 부속체(수선화, 용담 등)

불염포(佛焰苞) : 육수꽃차례를 싸고 있는 포를 일컫는데, 꽃차례를 덮을 만큼 신장한 포엽이다. (천남성, 앉은부채 등)

삭과(蒴果) : 속이 여러 칸으로 나뉘고 칸마다 씨가 많이 들어 있으며, 2개 이상의 봉선을 따라 터지는 열매(나팔꽃, 제비꽃 등)

산방꽃차례(散房花序) : 꽃차례 주축에 붙은 꽃자루의 길이가 아래에 달리는 것일수록 길어져서 꽃이 거의 평면으로 가지런하게 놓이며, 평면 가장자리의 꽃이 먼저 피고, 안쪽의 것이 나중에 핀다.

(마타리, 유채 등)

산형꽃차례(傘形花序) : 화축 끝에서 거의 같은 길이의 꽃자루들이 갈라져, 우산 모양으로 늘어선 꽃차례(앵초, 미나리 등)

삼출엽(三出葉) : 3개의 소엽으로 이루어진 복엽을 말한다. (조록싸리, 칡, 괭이밥, 개구리발톱 등)

선모(腺毛) : 끝이 원형의 선으로 된 털

설상화(舌狀花) : 아랫부분은 대롱처럼 되고 윗부분은 혀처럼 편평하게 생긴 꽃으로, 두상꽃차례의 중심에서 주변부에 방사상으로 붙는다. (민들레, 솜나물 등)

설상화관(舌狀花冠) : 통꽃부리의 하나. 한 꽃에 있는 꽃잎이 서로 붙어 아래는 대롱 모양이고 위는 혀 모양인 꽃(국화, 민들레, 씀바귀, 해바라기 등)

성상모(星狀毛) : 한 점에서 방사상으로 갈라져 별 모양을 이룬 털(=성모), (보리수나무, 때죽나무 등)

소교목(小喬木) : 관목과 교목의 중간 크기의 나무이며, 생김새는 교목과 같고 높이 5~10m이다. (=아교목), (산뽕나무, 자귀나무 등)

소엽(小葉) : 복엽을 이루고 있는 하나하나의 작은잎

수과(瘦果) : 껍질이 말라서 목질이나 혁질이 되고, 속에 한 개의 씨가 붙어 있으므로 전체가 씨앗처럼 보인다. (국화, 마타리, 민들레 등)

수상꽃차례(穗狀花序) : 한 개의 긴 꽃대에 꽃자루가 없는 꽃이 이삭처럼 촘촘히 붙어서 피는 꽃차례(=이삭꽃차례), (벼, 오이풀, 질경이 등)

순형화관(脣形花冠) : 좌우대칭형으로 끝부분이 위아래로 갈라져 튀어나온 입술 모양의 꽃부리(꿀풀과, 현삼과)

시과(翅果) : 2개의 심피로 되어 있으며 봉선을 따라 갈라지거나, 열매 껍질의 일부가 발달하여 날개 모양을 하고 있는 열매(=익과), (단풍나무, 고로쇠나무의 열매 등)

식재(植栽) : 초목을 심어 가꿈

신장형(腎臟形) : 잎이 콩팥 모양인 것

실생(實生) : 종자가 발아하여 생긴 초목을 말한다.
심장저(心臟底) : 잎의 아랫부분이 심장의 함몰된 모양으로 생긴 것
액생(腋生) : 식물의 잎겨드랑이에서 싹이 나거나 꽃이 핌
야생식물(野生植物) : 산이나 들에서 저절로 나서 자라는 식물
양성화(兩性花) : 한 꽃에 암술과 수술이 모두 들어 있는 꽃
엽맥(葉脈) : 고등식물의 줄기 마디에 잎이 붙어 있을 때, 줄기에서 갈라져 나와 잎으로 들어가는 유관속을 말한다. 보통 평행맥과 망상맥으로 구분한다. (=잎맥)
엽신(葉身) : 잎을 잎자루와 구분하여 자루를 제외한 넓은 부분(=잎몸)
엽액(葉腋) : 식물의 잎겨드랑이
엽초(葉鞘) : 잎자루의 밑동이 발달해서 칼집 모양이 되어 줄기를 싸고 있는 부분(=잎집), (벼, 방동사니, 미나리 등)
예두(銳頭) : 끝이 짧게 뾰족한 잎 끝
예저(銳底) : 짧게 좁아지면서 뾰족한 엽저
우상맥(羽狀脈) : 깃 모양으로 갈라진 잎맥
우상복엽(羽狀複葉) : 소엽이 총엽병 좌우로 달려 있는 복엽, 소엽의 분열 회수에 따라 1회우상, 2회우상이라고 한다. (콩과, 산형과 등)
우수우상복엽(偶數羽狀複葉) : 소엽의 수가 짝수인 우상복엽
원추꽃차례(圓錐花序) : 중심의 꽃차례축이 발달되고, 여기에서 가지가 나와 꽃을 다는 것으로 전체가 원추형인 꽃차례이며, 밑에서 꽃이 피어 위로 향한다. (갈대, 까치수영, 좁쌀풀 등)
육수꽃차례(肉穗花序) : 육질의 화축에 꽃자루가 없는 작은 꽃이 밀생하여 불염포로 싸인 꽃차례(앉은부채, 천남성 등)
육질(肉質) : 살이 깊어서 두꺼운 것
윤생(輪生) : 한 마디에 잎이 3장 이상 달려 있는 것
융모(絨毛) : 길고 곧은 털
인경(鱗莖) : 다육성 비늘조각이 짧은 줄기의 주위에 밀생하여 늘어선 것(산마늘, 양파 등)

일년초(一年草) : 파종 후 1년 내에 개화 결실한 다음에 고사하는 초본이다.

자방(子房) : 암술 밑의 볼록한 기관. 밑씨를 담고 있고 장차 열매가 된다. 씨방의 위치는 씨앗식물을 분류하는 중요한 기준이다. (=씨방)

자생식물(自生植物) : 사람의 손길이 닿지 않은 채 산과 들에서 저절로 자라는 식물이다. 즉, 어떤 지역에서 인위적인 보호가 없이 자연 상태로 생활하고 있는 식물을 말한다.

자웅동주(雌雄同株) : 단성화이면서 암수가 동일 개체 상에 생기는 것 (=자웅1가), (소나무, 밤나무, 호박 등)

자웅이주(雌雄異株) : 단성화이면서 암꽃과 수꽃이 별개의 개체에 생길 때를 말하며, 각각을 암그루, 수그루라 한다. (=자웅2가), (은행나무, 뽕나무, 환삼덩굴, 다래 등)

장과(漿果) : 육질로 되어 있는 내외벽 안에 많은 종자가 들어 있는 열매(둥굴레, 은방울꽃 등)

장상엽(掌狀葉) : 손바닥을 편 모양으로 발달된 잎

장상복엽(掌狀複葉) : 소엽이 총엽병 끝에서 방사상으로 퍼져 있는 복엽

점첨두(漸尖頭) : 점점 길게 뾰족해진 잎 끝

정생(頂生) : 꽃이나 싹이 줄기 끝에 남

정아(頂芽) : 가지의 선단에 생기는 눈

종피(種皮) : 종자의 껍질

주아(珠芽) : 식물체의 일부분에 생겨 별개의 개체로 발달하는 부분. 잎겨드랑이(참나리), 줄기의 일부 비대(마류), 잎의 비대(백합류의 인경) 등이 있다. 무성아라고도 한다.

지피식물(地被植物) : 지표면을 덮고 자라서 토양의 유실, 열방사, 건조, 모래의 비산을 방지하는 동시에 미관상 아름다움을 유지하는 식물

지하경(地下莖) : 땅속에서 수평으로 자라면서 특수한 모양으로 변하는 뿌리줄기. 모양에 따라 근경, 피경, 구경, 인경으로 구분한다.

초본(草本) : 목질부가 발달하지 못하여 잎과 초질의 줄기만으로 구성된 식물

총상꽃차례(總狀花序) : 긴 화축에 꽃자루의 길이가 같은 꽃들이 들러붙고, 밑에서부터 피어 올라간다. (조록싸리, 산꼬리풀 등)

총생(叢生) : 더부룩하게 무더기로 난다.

총포(總苞) : 여러 개의 포가 조밀하게 고리 모양으로 배열하여 꽃을 둘러싸고 있는 것. 개개의 포엽을 총포편이라 한다. (국화과의 두상꽃차례, 산형과의 산형꽃차례 등)

춘화(春化) : 저온적응에 의해 개화하는 것을 말한다.

취산꽃차례(聚散花序) : 화축 끝에 달린 꽃 밑에서 1쌍의 꽃자루가 나와 각각 그 끝에 꽃이 1송이씩 달리고, 그 꽃 밑에서 각각 1쌍씩의 작은 꽃자루가 나와 그 끝에 꽃이 1송이씩 달리는 꽃차례로 중앙에 있는 꽃이 먼저 핀 다음 주위의 꽃들이 핀다. (수국, 미나리아재비 등)

측과(側果) : 중심과 이외의 과실을 말한다.

탁엽(托葉) : 잎자루의 밑동에 나는 한 쌍의 작은잎이며, 잎은 일반적으로 엽신, 엽병과 탁엽으로 구분된다. (=턱잎)

폐쇄화(閉鎖花) : 개화하지 않은 상태에서 자가수분으로 결실하는 꽃 (제비꽃, 광대나물의 일부 등)

통상화(筒狀花) : 화관이 가늘고 긴 대롱 모양인 꽃으로 통꽃의 일종이며, 국화과 식물의 두상꽃차례에서 중심에 모여 있는 꽃이다. (-관상화, 대롱꽃)

포(苞) : 꽃대나 꽃자루의 밑을 받치고 있는 비늘 모양의 잎이며, 보통은 녹색임(=꽃턱잎, 화포), (천남성, 앉은부채 등)

포복경(匍匐莖) : 땅 위로 길게 뻗으며 마디에서 뿌리가 나는 줄기(=기는 줄기), (양딸기, 고구마 등)

포엽(苞葉) : 싹이나 꽃봉오리를 싸고 있는 편평한 잎 중 비교적 대형인 것을 포엽, 소형인 것을 인편엽이라 하나 양자의 구별이 명확

하지는 않다.

포영(苞穎) : 벼과식물의 잔이삭 기부에 있는 4개의 포 중 외부측의 2개를 말한다. 밑의 것을 첫째 포영, 위의 것을 둘째 포영이라 한다.

피침형(披針形) : 창처럼 생겼으며, 길이가 폭의 몇 배가 되고, 밑에서 1/3 정도 되는 부분이 가장 넓으며, 끝이 뾰족한 형태

핵과(核果) : 다육질의 중과피와 단단히 경화되어 핵을 형성하는 내과피 속에 하나의 씨가 든 과실(복숭아, 살구 등)

혁질(革質) : 질감이 가죽과 같이 두꺼운 것

협과(莢果) : 콩과식물에서와 같이 꼬투리로 맺히는 열매로서, 2개의 봉선을 따라 터진다. (박태기나무, 자귀나무 등)

호생(互生) : 한 마디에 잎이 1장씩 달려 있는 것

화경(花莖) : 뿌리에서 바로 올라와 꽃이 달리는 줄기(=꽃줄기), (민들레, 튤립 등)

화관(花冠) : 꽃잎 전부를 칭하는 말로서 꽃부리라고도 한다.

화병(花柄) : 꽃대나 가지에서 갈라져 나와, 꽃을 받치는 작은 자루(=꽃자루)

화서(花序) : 꽃대에 꽃이 달리는 모양과 배열상태를 말한다. (=꽃차례)

화탁(花托) : 꽃의 구성 요소 중에서 가장 바깥쪽에서 꽃잎을 받치고 있는 꽃의 보호기관의 하나, 흔히 녹색이나 갈색이다.

화피(花被) : 꽃받침과 화관의 총칭. 수술과 암술을 보호하는 기관의 복합용어. 거의 같은 모양으로 내외가 구분될 때 안쪽을 내화피, 바깥쪽을 외화피라 하며, 모양이 다른 경우는 바깥쪽을 꽃받침, 안쪽을 꽃잎이라 한다.

참고문헌

- 고경식(2003). 한국식물검색도감. 서울: 아카데미서적.
- 이명호(2003). 의정부 야생식물도감. 경기도: 성심출판.
- 이명호(2005). 어린이 식물백과. 서울: 대교출판.
- 이영노(2002). 한국식물도감. 서울: 교학사.
- 이우철(1996). 원색 한국기준식물도감. 서울: 아카데미서적.
- 이유미(2010). 한국의 야생화. 서울: 다른세상.
- 이창복(2003). 대한식물도감. 서울: 향문사.
- 정연옥・박노복・곽준수・정숙진(2010). 야생화도감. 경기도 : 푸른행복.
- 정연옥・오장근・신영준(2012). 야생화 백과사전. 경기도 : 가람누리.
- 현진오・문순화(1999). 아름다운 우리 꽃. 서울: 교학사.